Quantitative

新东方GMAT名师团多年教学精华倾囊相授

解密GMAT

数学出题点

丛书主编◎万炜　编著◎姜梦奇

本书全面系统地梳理、归纳、讲解 GAMT 数学考点。在 GMAT 数学总括中，论述了 GMAT 数学在 GMAT 考试中的重要性，简单介绍了 GMAT 数学的主要考查内容和两大题型。在第一章到第四章中，详细剖析了数论、代数、几何、文字应用题这四大考查内容，分析了每个考点涉及的概念和知识点在真正考试中的考查形式、考法和解题思路，配以若干例题讲解和练习，每一道题都呈现第一视角的解题思路，并不只是列出公式、给出答案。在第五章中，提供了三套模考练习题，帮助考生进一步熟悉相关题目的问法、句型及解题方法和技巧。附录部分提供了相关 GMAT 数学词汇，帮助考生掌握、巩固相关数学术语及表达。

图书在版编目（CIP）数据

解密 GMAT 数学出题点/ 姜梦奇编著. —北京：
机械工业出版社，2019.6
（娓娓道来出国考试系列丛书）
ISBN 978 - 7 - 111 - 63096 - 8

Ⅰ. ①解…　Ⅱ. ①姜…　Ⅲ. ①高等数学-研究生-入
学考试-自学参考资料　Ⅳ. ①O13

中国版本图书馆 CIP 数据核字（2019）第 128929 号

机械工业出版社（北京市百万庄大街 22 号　邮政编码 100037）
策划编辑：苏筛琴　　责任编辑：苏筛琴
责任印制：孙　炜
河北宝昌佳彩印刷有限公司印刷

2019 年 8 月第 1 版 · 第 1 次印刷
210mm × 260mm · 21 印张 · 1 插页 · 490 千字
标准书号：ISBN 978 - 7 - 111 - 63096 - 8
定价：62.80 元

电话服务
客服电话：010 - 88361066
　　　　　010 - 88379833
　　　　　010 - 68326294

网络服务
机　工　官　网：www.cmpbook.com
机　工　官　博：weibo.com/cmp1952
金　　书　　网：www.golden-book.com
机工教育服务网：www.cmpedu.com

丛书序
Preface

“娓娓道来出国考试系列丛书”诞生于2017年，包含了从一开始的《笔尖上的托福：跟名师练TOEFL写作TPO真题》《舌尖上的托福：跟名师练TOEFL口语TPO真题》《托福高分万能思路：跟名师练TOEFL口语/写作》，到2018年的《解密GRE阅读逻辑线》，再到如今的《解密GRE写作论证思维》《解密GMAT数学出题点》，未来还会陆续出版北美留学考试各科目书籍。

无论是我亲自动笔，还是邀请其他作者主笔，我一直坚持一个核心的理念，那就是拒绝“马后炮”式的方法论，要呈现第一视角的考场心态。在编写过程中，我们所有作者都试图把自己还原到正在考试的学生的角度，去感受考场上学生实际面对的思路上的困难，而不仅仅是呈现一个漂亮的答案解析。比如说，在GRE写作中，作为学生的我不想只看到老师给我呈现一篇思路完美的文章，因为老师想这个思路可能用了两个小时，最后写出的文章确实无懈可击，但考场上我们根本没有这样的奢侈条件可以设计出这么精美的结构。再比如，在GRE阅读中，也许一道题选C，因为ABDE在文章中没有提过，但是C在原文的第七行出现了。真正的问题不是知道答案选项在第七行但看不出来，而是我当时不记得这个信息在哪里，所以我需要知道为什么第一遍阅读时应有第七行的意识，以及我看到C选项时应该能够回到第七行，毕竟，我读完文章后不可能记住所有的东西，我也不希望老师告诉我必须练到所有句子和词都记得住，我希望老师能够给我一套普适性强的方法论，教我阅读时如何区分什么该理解，什么不需要关注。就像初中平面几何课程，我不希望老师告诉我在∠A上做辅助线可以解决某道题，我希望老师能够告诉我，当我看到这道题的时候，应该靠什么样的普适性强的方法论才能意识到应该在哪里做辅助线。

为了达到这个目的，我们要求作者们不仅仅讲出自己做题时的第一视角的思路，而且要更进一步深挖自己的直觉。因为，作为一个熟练的考生，很多习惯是下意识的——自己没有意识到自己其实已经做了某种思考，已经在潜意识里完成了这个步骤。我们都知道很多时候学霸给学渣讲题的时候会说“这很明显啊”，但是学渣感觉步骤并不明显。我们希望老师们的讲解不要高高在上，不要把自己觉得想当然的步骤当作真正理所应当的。我们要求老师能够解构自己做题潜意识里的习惯，用清楚的语言去呈现给读者们。

这套丛书的另一个重要目的就是摒弃过去横行在出国考试培训当中的一系列“奇技淫巧”，一些根本上来自于国内应试教育的习惯。这些习惯在中国的高考和考研等考试当中也许有用，之前的一些培训从业者把它们用在了出国考试中，并且忽悠了无数学生，但其实这些习惯对于托福、GRE、GMAT 等考试毫无用处。比如在 GRE 阅读中，很多人宣称“原文没说的就不能选”；在 GRE 和托福写作当中，很多人倡导学生写长句，用“高级词”替换“低级词”……这些做法不仅不会有帮助，实际上还严重坑到了很多学生。

总而言之，本系列丛书试图以一种全新的视角把做题方法呈现给广大读者，力求做到新颖、诚实、细致、全面、可操作。祝愿考生们在拥有这套利器之后能顺利攻克出国深造路上的层层难关。

万　炜

2019 年 4 月

前言 Preface

本书针对的是正在备考 GMAT、想要冲击 GMAT 数学高分及满分的同学。

目前，中国学生在复习 GMAT 数学的过程中，存在三个比较大的问题：

一、没有对 GMAT 数学给予足够的重视，高估了自身的数学水平

在 GMAT 考试中，真正计入总分的两科是：Verbal（语文部分）和 Math（数学部分），满分均为 51 分，通过一定的换算过程转化成我们通常情况下所讲的 800 分制。换算过程基本是：Math 的分数 ×9 + Verbal 的分数 ×7 = 800 分制。比如说：如果考生的目标分数要求不是很高，总分要求 650 分的话，Math 部分考到 50 分，按照换算过程：50 ×9 + Verbal ×7 = 650，Verbal 部分考到 28 分就可以了。

通过换算过程，我们可以发现，相比于语文部分来说，数学部分所占的权重更大。所以，数学部分取得一个比较高的分数，在很大程度上能够缓解考生在语文部分的压力。再加上数学部分相比于语文部分来说，提分效果会更明显一些，所以数学部分是考生取得高分的绝对性基础。

在 2017 年，有一次我和自己的一名学生参加了同一天的同一场考试，考完试之后对比了一下成绩单，发现我们两人的 Verbal 分数相同，Math 分数差了 2 分（我是 51 分、他是 49 分），最后我的总分是 760，他的总分是 730，这样我们两人的总分差了 30 分。

因为数学部分占的权重很大，数学差 1 分会引起 GMAT 总分至少 10 分的变化，所以大家需要对 GMAT 数学给予足够的重视。

同时，考生们也切忌高估自身的数学水平。到目前为止，很多论坛还在盛传“中国学生数学随便考考就是 50 分、51 分。”“数学很简单，考前刷刷机经就是满分了。”这些不负责任的说法。

而实际情况是：从 2016 年 GMAT 考试改革以来，机经的价值和作用出现了显著下滑，使得严重依赖机经的考生数学得分也不断下降。2017 年中国大陆学生的数学平均得分是 47 分，2018 年进一步下滑到 46.9 分。

2017 年 GMAT 分数统计表

GMAT Section	世界	亚太	中国大陆	印度	中国台湾	韩国	新加坡
整体	564	580	585	583	562	590	614
数学	40	45	47	43	45	46	43
语文	27	24	23	27	22	24	31
写作	4.5	4.3	4.1	4.6	4.1	4.4	5
IR	4	4	4	4	4	4	5

所以，大家在备考 GMAT 的过程中，要正确认知自己的数学能力和水平，合理安排在 GMAT 数学这一科的投入时间，既不要妄自菲薄，也不要自视甚高。

二、过于依赖机经，而不注重自身实际能力的提升

首先，我们先来解释一下机经是什么。

> GMAC 命题组有一个非常庞大的题库，每隔一段时间，命题组从大题库中抽取一部分题目作为小题库，在这段时间范围内，所有考生在考试中所碰到的题目都是来自这个小题库。
>
> 所谓的机经，就是在这段时间范围内，很多考生在考试之后根据自己的记忆，将考试中遇到的题目回忆、汇总而形成的一个短期的考题集。只要小题库没换，这个考题集里的题目在之后的考试里具有较高的重现率。就是说别人碰到的题目，你也有可能会碰到。

GMAT机经的原理

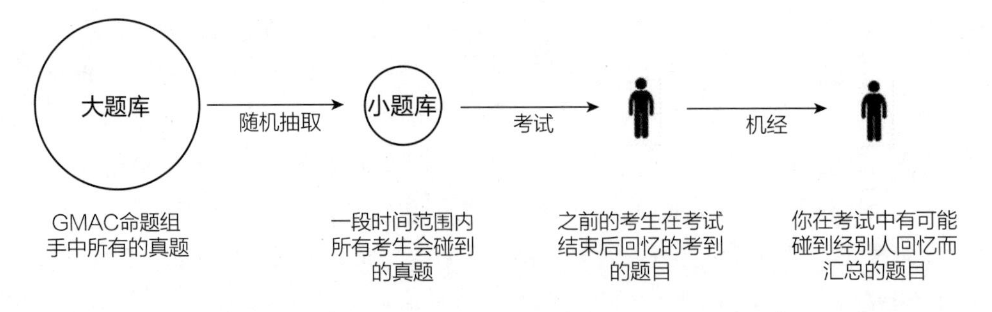

如果在考试中碰到机经题目，可以节约一些计算的时间或者是读题目的时间（但同时要谨防变题）；如果机经中提供的答案没有错误，还可以提高答题的准确率。在实战时，由于出现了比较熟悉的机经题目，考生心理上会有安全感，在考试的时候更加镇定。

以前，考生对于机经的依赖性极其严重，甚至有一个说法叫“得机经者得数学”，曾经一度疯狂到备考数学只看机经的程度。

随着 GMAC 命题组对于机经问题的日益关注，为了保证考试的真实性，2016 年 3 月以来，GMAC 命题组对 GMAT 考试进行了一次较大的改革，将之前一个月的换题库的节奏进行了缩短。而且还不是固定的期限，可能是一个月换一次，也可能是两个星期换一次，甚至最夸张的时候达到八天换一次的频度。这样一个换库周期间隔的调整，对于习惯了使用机经复习的考生来说，打击很大。

因为机经的出现具有偶然性、随机性，并不能保证考生在考试时能碰到机经题目，所以大家在考前不能把精力过多地放在机经上。机经仅仅具有锦上添花的效果，并不是帮助我们取得高分的充分条件。

三、缺少科学的数学学习资料，缺乏系统的数学备考计划

截至目前，市面上在 GMAT 备考资料上存在巨大的空白。并不是说没有相关备考资料，而是缺乏质量高的、适合中国考生的资料。

首先，题目练习≠学习资料。大家都知道，比较合理的备考方式是先通过讲解知识体系和考点了解考试考查的知识点和科学的做题方法，然后再通过题目练习去巩固这些知识点和做题方法。市面上在题目练习这一块，已经达成普遍的共识：在 GMAT 的备考过程中，最为科学的题目练习来源是 OG、PREP 和流出的部分官方真题。但是，被大家广泛认可和接受的学习资料是非常稀缺的。

其次，目前市面上的 GMAT 学习资料中，数学备考资料都主要强调基本概念和定义，但考生其实已经了解基本的定义（比如说：偶数、质因数、余数），大家真正关心的是这些概念在真正考试中如何考查、如何解题。所以，目前市面上大多数 GMAT 数学备考资料都缺少实用性，对于考生掌握系统的做题方法帮助并不大。

目前在世界范围内接受度比较广的 GMAT 学习资料是 Manhattan 系列。但是大家需要了解一点：Manhattan 在美国就相当于中国的新东方和好未来旗下的考满分，它本身是一个营利性的培训企业，并不是官方命题组。

Prime Factorization

One very helpful way to analyze a number is to break it down into its prime factors. This can be done by creating a prime factor tree, as shown to the right with the number 72. Simply test different numbers to see which ones "go into" 72 without leaving a remainder. Once you find such a number, then split 72 into factors. For example, 72 is divisible by 6, so it can be split into 6 and 72 ÷ 6, or 12. Then repeat this process on the factors of 72 until every branch on the tree ends at a prime number. Once we only have primes, we stop, because we cannot split prime numbers into two smaller factors. In this example, 72 splits into 5 total prime factors (including repeats): 2 × 3 × 2 × 2 × 3.

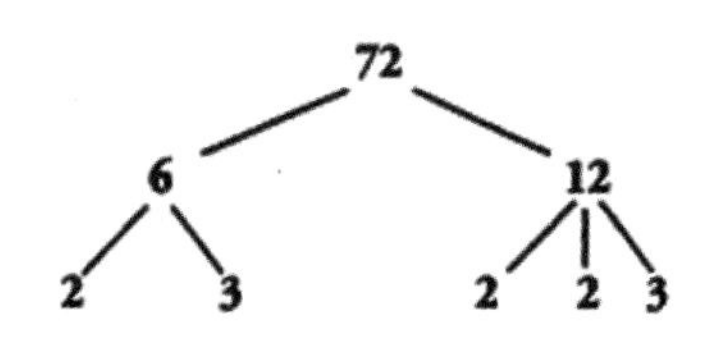

上图就是 *Manhattan GMAT Number Properties* 一书中的内容，但其实对于考生来说，“分解质因数”的概念大家都清楚，我们需要知道的是“分解质因数”这一知识点在真正考试中具体怎么使用。

本书与市面上其他 GMAT 数学备考资料的不同点如下：

①本书强调的并不是基本的定义，而是数学概念和知识点在真正的考试中具体的考查形式和解题套路，帮助大家能够举一反三。所以，书中的解题思路能够真正适用于 GMAT 考试题目。

②本书作者是 GMAT 培训的一线名师，曾多次参加 GMAT 考试，对于考试题目的真实情况非常了解，对于广大考生的学习情况也有非常科学的认知，曾教出多名 GMAT700 + 和 750 + 的学员。作者针对大部分中国考生的欠缺之处，贴合真正的考试情况，选取考频高且考生易出错的知识点，更加贴合考试的真实情况和学员的真实水平。

③本书的例题全部是作者在多年的 GMAT 教学生涯中，从各种渠道的真题中精选出来的题目，并且在书的最后总结了多套模拟题，旨在为考生提供系统化的备考过程。

希望这本书能够帮助准备 GMAT 考试的同学们，让大家少走弯路，系统地了解 GMAT 数学考点，早日“杀 G”成功。

姜梦奇

2019 年 4 月

一、 GMAT 数学在 GMAT 考试中的重要性

在 GMAT 考试中，真正计入总分的是 Verbal（语文部分）和 Math（数学部分），满分均是 51 分，通过一定的换算过程转化成我们通常情况下所讲的 800 分制。

换算过程基本是：数学部分的分数 ×9 + 语文部分的分数 ×7 = 800 分制。比如说：如果考生的目标分数要求不是很高，总分要求 650 分的话，数学部分考到 50 分，按照换算过程：50 ×9 + Verbal ×7 =650，语文部分考到 28 分就可以。

通过换算过程，我们可以发现，相比于语文部分来说，数学部分所占的权重更大。

以后大家经常会碰到下面这两种情况：

两个同学参加了同一天的同一场考试，数学部分得分一样，语文部分相差 1 分，总分却依然相同。

Verbal	Math	总分
32分	51分	700分
31分	51分	700分

两个同学参加了同一天的同一场考试，语文部分得分一样，数学部分相差 1 分，总分却相差 10 分。

Verbal	Math	总分
32分	51分	700分
32分	50分	690分

为什么会出现这种差别？就是因为数学部分所占的权重更高一些。

所以，数学部分取得一个比较高的分数，能够在很大程度上缓解考生在语文部分的压力。再加上数学部分相比于语文部分来说，提分效果会更明显一些，所以数学部分是考生取得高分的绝对性基础。

二、GMAT 的考试形式及数学的主要考查内容

<table>
<tr><th colspan="4">GMAT 考试形式</th></tr>
<tr><th>组成部分</th><th>题目数量</th><th>题目类型</th><th>考试时间</th></tr>
<tr><td>分析性写作（AWA）</td><td>1 篇</td><td>论证分析写作</td><td>30 分钟</td></tr>
<tr><td>综合推理（IR）</td><td>12 题</td><td>图表题</td><td>30 分钟</td></tr>
<tr><td colspan="4">休息 8 分钟</td></tr>
<tr><td>数学部分（Math）</td><td>31 题</td><td>PS 题
DS 题</td><td>62 分钟</td></tr>
<tr><td colspan="4">休息 8 分钟</td></tr>
<tr><td>语文部分（Verbal）</td><td>36 题</td><td>语法
阅读
逻辑</td><td>65 分钟</td></tr>
<tr><td colspan="4">考试结束，现场出成绩，选择保留或取消</td></tr>
</table>

在考试中，GMAT 数学部分共 31 道题目，总时间是 62 分钟。

31 道题目分为两种题型：Problem Solving 和 Data Sufficiency。我们通常简称为 PS 题和 DS 题。在考试中，PS 题和 DS 题随机出现。

在考试中，不管是 PS 题还是 DS 题，其考查的知识点内容都是一样的。GMAT 数学主要考查以下 4 大内容：

（1）Arithmetic 数论

（2）Algebra 代数

（3）Geometry 几何

（4）Word Problems 文字应用题

数论部分主要考查整数的性质，例如奇偶性、质因数、分数和小数等，这些都是我们在小学阶段学过的知识点。代数部分主要考查具体的运算，例如解方程、解不等式、指数运算等，是我们在初高中阶段学过的内容。几何部分主要考查几何知识，例如平面几何、立体几何、解析几何，也是我们在初高中阶段学过的知识点。文字应用题考查的知识点比较多，既有小学阶

段的列方程题，也有高中阶段的集合问题、排列组合、统计问题等。

在真正的考试中，几何部分的考频相比于其他三个考点要略低一些。考生普遍在数论部分、文字应用题上存在较大的问题。因为数论部分虽然是小学所学的知识点，但是偏向于小学奥数，灵活程度很高；而文字应用题因为涉及集合、排列组合、统计等理科的知识点，所以对于高中阶段学文科的同学，可能会有一定的难度。

三、GMAT 数学的两种题型

咱们在前面已经提到过，在真正的 GMAT 考试中，数学部分的 31 道题目分为两种题型：Problem Solving 和 Data Sufficiency，我们通常简称为 PS 题和 DS 题。在考试中，PS 和 DS 题目随机出现。

（一） PS 题介绍

PS 题就是我们从小到大接触过的最普通的单选题。根据题目选答案，算出的答案与哪个选项一致，选择该选项即可，没有什么需要特别强调的地方。

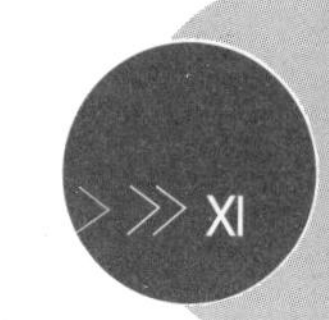

If $4x-2y=8$, what is the value of $2x-y$?

(A) 3　(B) 4　(C) 5　(D) 6　(E) 8

因为 $4x-2y=2\times(2x-y)=8$，所以 $2x-y=4$。故选择 B。

（二） DS 题介绍

DS 题是 GMAC 命题组独创的一种新题型，所以会比较陌生。在练习和考试时必须以官方的要求为准，否则就会失分。

1. DS 题是什么？

那咱们先来看一下 OG（《GMAT 官方指南》）中对于 DS 题的一段定义：

Each data sufficiency problem consists of a question and two statements, labeled (1) and (2), that give data. You have to decide whether the data given in the statements are *sufficient* for answering the question. Using the data given in the statements *plus* your knowledge of mathematics and everyday facts (such as the number of days in July or the meaning of *counterclocktoise*), you must indicate whether the data given in the statements are sufficient for answering the questions and then indicate one of the following answer choices:

(A) Statement (1) ALONE is sufficient, but statement (2) alone is not sufficient to answer the question asked;

(B) Statement (2) ALONE is sufficient, but statement (1) alone is not sufficient to answer the question asked;

(C) BOTH statements (1) and (2) TOGETHER are sufficient to answer the question asked, but NEITHER statement ALONE is sufficient;

(D) EACH statement ALONE is sufficient to answer the question asked;

(E) Statements (1) and (2) TOGETHER are NOT sufficient to answer the question asked, and additional data are needed.

根据 OG 这段话的官方介绍，DS 题的题干是无法求解的，因为题干本身缺少条件。题干下面有两个条件：条件 1 和条件 2，我们需要判断题干补充了条件 1 或者条件 2 之后能否求解。如果能求解的话，这个条件就是 sufficient（充分的）；如果不能求解的话，这个条件就是 insufficient（不充分的）。

我们来看一道例题。

What is the value of $|x|$?

(1) $x=-|x|$

(2) $x^2=4$

思路 大家可以发现，题目让我们求 $|x|$ 的值是多少，这个题目本身无法求解，因为缺少关于 x 的条件。

我们将条件 1 代入题目中，因为绝对值的功能是保证数为正，$|x|$ 是正数，则 $-|x|$ 为负数，所以条件 1 只能说明 x 是负数，但并不知道具体的数值。故条件 1 是 insufficient。

将条件 2 代入题目中，说明 $x=\pm 2$，所以 $|x|=2$。故条件 2 是 sufficient。

通过这个例题，我们可以发现：DS 题的题干无法求解，需要将两个条件分别代入题干中来判断能否求解。能求解，即 sufficient；不能求解，即 insufficient 。

DS 题也是选择题的形式，只不过不管题干怎么变，选项永远是固定的。DS 题的五个选项分别是：

(A) Statement (1) ALONE is sufficient, but statement (2) alone is not sufficient.

(B) Statement (2) ALONE is sufficient, but statement (1) alone is not sufficient.

(C) BOTH statements TOGETHER are sufficient, but NEITHER statement ALONE is sufficient.

(D) EACH statement ALONE is sufficient.

(E) Statements (1) and (2) TOGETHER are NOT sufficient.

大家可以简记为：

A 选项：只有条件 1 是充分的；

B 选项：只有条件 2 是充分的；

C 选项：条件 1、条件 2 单独不充分，合在一起充分；

D 选项：条件 1、条件 2 单独都充分；

E 选项：条件 1、条件 2 单独不充分，合在一起还是不充分。

因为五个选项是固定的，所以我们在平时的练习中，最好尽量记住这五个选项，在考试时可以帮助我们节省一点读题时间。

所以刚才的例题 1，虽然说解出的数值是 2，但答案并不是写 2，而是选择 B 选项：只有条件 2 是充分的。

因为 DS 题只是让我们来判断能否求解，并不是真的需要我们把数值求出来。所以，有时对于一些复杂运算，我们其实是不需要进行求解的，只需要判断能否求解即可。

我们再看几道例题：

What is the value of x?

(1) $3x + 1089 = 3987$

(2) $9x - 1279 = 5716$

思路 这个题目本身无法求解，因为缺少关于 x 的条件。

将条件 1 代入题目中，方程中只有一个未知数，很明显可以求出 x 值（不需要真的求解）。所以，条件 1 是 sufficient。

将条件 2 代入题目中，方程中只有一个未知数，很明显可以求出 x 值（不需要真的求解）。所以，条件 2 是 sufficient。

故选 D。

这次期末考试，你考了多少分?

(1) 考得非常好，满分 100 分考了 98 分。

(2) 考得很差，满分 100 分只得了 48 分。

思路 将条件 1 代入题目中，可以知道具体的分数。所以，条件 1 是 sufficient。

将条件 2 代入题目中，也可以知道具体的分数。所以，条件 2 是 sufficient。

故选 D。

通过例题 2、3，我们再次强调：DS 题只是让我们来判断能否求出结果，但不管得到的结果到底是多少，结果是好还是坏，只要能求出结果即为 sufficient。

2. DS 题的唯一性原则

接下来，让我们再看一个例题。

例题 04.

What is the value of x?

(1) $x^2=1$

(2) $x^2+x-2=0$

思路 条件 1：可解出 $x=\pm 1$，所以，可以求解。

条件 2：进行因式分解，$(x+2)(x-1)=0$，可解出 $x=-2$ 或 1。所以，可以求解。

既然条件 1、2 都可以求解，所以，很多同学会选择 D 选项。

但是，这道题目的答案是 C 选项。

我们先来看 OG 中关于 DS 题的另一段描述：

In data sufficiency problems that ask for the value of a quantity, the data given in the statements are sufficient only when it is possible to determine exactly one numerical value for the quantity.

通过官方指南的描述，我们可以发现：GMAC 命题组要求 DS 题的条件只有在能确定唯一结果时，该条件才是充分的。如果根据条件能求出结果，但结果不唯一，该条件是不充分的。

所以，在例题 4 中，

条件 1：得到的结果是 $x=\pm 1$，两个结果，不唯一。　　insufficient

条件 2：得到的结果是 $x = -2$ 或 1，两个结果，不唯一。　insufficient

条件 1 + 条件 2：取交集，$x = 1$，一个结果，唯一。　sufficient

所以，这道题目的答案是 C 选项。

What is the value of t?

（1）The average of t^2 and $8t$ is -8.

（2）$\sqrt{t^2} = 4$

思路　条件 1：平均数 $= \frac{t^2 + 8t}{2} = -8$，即 $t^2 + 8t = -16$，即 $t^2 + 8t + 16 = 0$，

可以写成 $(t+4)^2 = 0$，解得 $t = -4$，一个结果，唯一。　sufficient

条件 2：说明 $t^2 = 16$，解得 $t = \pm 4$，两个结果，不唯一。　insufficient

所以，答案是 A 选项。

例题 06.

Is x an even number?

（1）x is 4.

（2）x is 5.

思路　题目中问 x 是不是偶数。

条件 1：x 是偶数，结果唯一。　sufficient

条件 2：x 不是偶数，结果也唯一。　sufficient

所以答案是 D 选项。

通过例题 6，我们来回顾前面说过的一句话：DS 题只是让我们来判断能否求出结果，不管得到的结果到底是多少，结果是好还是坏，只要能求结果即为 sufficient。所以，如果 DS 题是一般疑问句，不管是肯定回答还是否定回答，只要是只有一个答案，该条件都是 sufficient。

如果 DS 题是一般疑问句，在什么情况下，条件才会是 insufficient 呢？我们来看一下例题 7。

Is x an even number?

(1) x is 2 or 5.

(2) x is 2 or 4.

思路 题目中问 x 是不是偶数。

条件 1：x 可能是偶数，也可能是奇数，回答有 2 种，不唯一。 insufficient

条件 2：x 一定是偶数，结果唯一。 sufficient

所以答案是 B 选项。

通过上面两部分的介绍，我们再次强调：

DS 题是让我们将条件 1、条件 2 代入题干中，判断能否求出结果。如果能求出结果，且结果唯一，不管结果是大值还是小值，不管结果是肯定回答还是否定回答，都是 sufficient（充分的）；但如果不能求出结果，或者结果不唯一，都是 insufficient（不充分的）。

练 习

1. What is the value of x?

(1) x is 2 or 5.

(2) x is 2 or 4.

2. 这次期末考试，你及格了吗?

(1) 考得非常好，满分 100 分考了 98 分。

(2) 考得很差，满分 100 分只得了 48 分。

3. Is x equal to 1?

(1) $x^2=1$

(2) $x^2-x-2=0$

答 案

1. 答案 C

2. 答案 D

3. 答案 B

目 录
Contents

Arithmetic 数论

1

数论部分主要考查我们在小学学过的一些数学性质。

大家不要因为是小学的内容，就对数论部分过于轻视，因为数论部分并不考基本的概念，它的考查形式是非常灵活的，比较类似于小学奥数。

数论部分主要考查6个知识点：

（1） 奇偶性

（2） 质因数

（3） 最大公约数和最小公倍数

（4） 连续正整数

（5） 整除和余数

（6） 分数和小数

基本词汇

odd number 奇数　　even number 偶数　　positive number 正数
negative number 负数　　integer 整数

奇偶性的概念：

首先，我们在小学时就都已经了解奇数、偶数的概念。在整数中，偶数是 2 的倍数，奇数不是 2 的倍数；偶数可用 $2k$ 表示，奇数可用 $2k+1$ 表示。

奇数、偶数的前提是整数，一个整数不管是正是负还是零，都具备奇偶性（0 属于偶数）。比如：3 是奇数，-3 还是奇数。

正负不影响奇偶性。

其次，我们来了解一下奇偶性在考试时如何考查。

奇偶性在 GMAT 考试中有两个考点。

考点 1 加减乘除运算对于奇偶性判定的影响

1. 加减运算

$a+b=\text{odd}$，说明 a 和 b 的奇偶性刚好相反，一奇一偶，但是谁奇谁偶无法确定。

$a+b=\text{even}$，说明 a 和 b 的奇偶性相同，可能同为奇数，也有可能同为偶数。

减法和加法是完全一样的。

加减运算的规则：一奇一偶相加减为奇，同奇同偶相加减为偶。

2. 乘法运算

$a\times b\times c\times d=\text{odd}$，说明乘项 a、b、c、d 都是奇数。

$a \times b \times c \times d = \text{even}$，说明乘项中有偶数，但是其中有几个偶数、哪一个是偶数都不确定。

乘法运算的规则：乘项中只要有偶数，乘积就一定是偶数。（这意味着：乘积是奇数，说明乘项中没有偶数，乘项都是奇数。）

3. 除法运算

$\frac{a}{b} = \text{even}$，碰到除法运算，习惯于转换成乘法形式：$a = b \times \text{even}$。

因为乘项中只要有偶数，乘积就一定是偶数。所以 a 一定是偶数，但无法确定 b 的情况。

另一方面，因为奇数、偶数都是整数，所以如果$\frac{a}{b}$ = 整数，意味着 a 除以 b 可以整除，a 应该是 b 的倍数。

除法运算，一方面转换成乘法形式，另一方面往往会涉及 a 是 b 的倍数。

考点2 性 质

1. 指数不影响奇偶性

如果 a，n 都是正整数，那么 a 和a^n的奇偶性应该是完全一致的。

因为$a^n = a \times a \times \cdots \times a$（很多个 a 相乘），如果 a 是奇数，也就是乘项均为奇数，那么a^n还是奇数；如果 a 是偶数，乘项中有偶数，那么乘积a^n就一定是偶数。

所以，a 和a^2，a^{99}的奇偶性是完全一致的，a^n的奇偶性由底数 a 决定，与 n 次方无关。

在奇偶性问题中如果碰到a^n，可以直接去掉 n 次方，只看底数 a 的奇偶性即可。

2. 相邻整数奇偶性相反，一奇一偶，乘积一定是偶数

整数的奇偶性都是：一奇一偶，一奇一偶，间错分布。所以相邻的两个整数 n 和 $n+1$ 肯定是奇偶性相反的，一奇一偶，但是谁奇谁偶无法确定。

考试时会这么考：问n^2+n 或者n^2-n 的奇偶性。

$n^2+n=n(n+1)$，n 和 $n+1$ 肯定是一奇一偶，乘项中有偶数，乘积一定是偶数，所以$n^2+n=n(n+1)$ =偶数。

同理，$n^2-n=n(n-1)$，n 和 $n-1$ 肯定是一奇一偶，乘项中有偶数，乘积一定是偶数，所以$n^2-n=n(n-1)$=偶数。

两个相邻整数肯定是一奇一偶，乘积一定是偶数。

例题 01.

Is the integer n even?

(1) $n-5$ is an odd integer.

(2) $\frac{n}{5}$ is an even integer.

考点 加减乘除运算对于奇偶性判定的影响

思路 题目是在问整数 n 的奇偶性，哪个条件能确定 n 的奇偶性，就说哪个条件是充分的。

条件 1：一奇一偶相加减为奇，既然 $n-5=$奇数，所以 n 和 5 肯定是一奇一偶。

既然 5 是奇数，那么 n 就是偶数。 sufficient

条件 2：除法运算，转换成乘法形式，

$\frac{n}{5}=\text{even}$，其实就是 $n=5\times\text{even}$

乘项中只要有偶数，乘积就一定是偶数，所以 n 是偶数。 sufficient

答案 D

例题 02.

If r and t are positive integers, is rt even?

(1) $r+t$ is odd.

(2) r^t is odd.

考点 加减乘除运算对于奇偶性判定的影响、指数不影响奇偶性

思路 题目中让求 rt 乘积的奇偶性，那么首先需要知道 r 和 t 的奇偶性。

条件 1：一奇一偶相加减为奇，既然 $r+t=$奇数，所以 r 和 t 肯定是一奇一偶。

虽然不知道谁奇谁偶，但是乘项中只要有偶数，乘积就一定是偶数。

所以，rt 的乘积肯定是偶数。 sufficient

条件 2：根据性质一：指数不影响奇偶性。

r^t是奇数，说明底数 r 是奇数，但是不知道 t 的奇偶性。 insufficient

答案 A

例题 03.

If x and y are integers, is y an even integer?

(1) $2y-x=x^2-y^2$

(2) x is an odd integer.

考点 相邻整数奇偶性相反、指数不影响奇偶性

思路

条件 1：方法一：一个方程中有多个未知数，往往是在考查数据关系。对于考查数据关系的方程，习惯于把同样的未知数写在同一侧。

原式可以写成 $y^2+2y=x^2+x$，

就是 $y(y+2)=x(x+1)$。

因为 x 和 $x+1$ 是相邻整数，相邻整数奇偶性相反，乘积一定是偶数，所以 $x(x+1)$ 肯定是偶数。

所以，$y(y+2)=$ 偶数。

又因为 y 和 $y+2$ 的奇偶性是相同的，所以 y 和 $y+2$ 肯定都是偶数。

方法二：因为指数不影响奇偶性，在奇偶性问题中如果碰到 a^n，可以直接去掉 n 次方，只看底数 a 的奇偶性即可。所以，原式相当于 $2y-x=x-y$。

左侧的式子 $2y-x$ 和右侧的式子 $x-y$ 的奇偶性是相同的，

因为正负不影响奇偶性，$-x$ 和 x 的奇偶性相同，

所以，$2y$ 和 $-y$ 的奇偶性肯定也相同。

因为 $2y$ 肯定是偶数，所以 $-y$ 也是偶数，自然 y 也是偶数。　　sufficient

条件 2：x 是奇数，但是跟 y 值没什么关系。　　insufficient

答案 A

If m and n are integers, is m odd?

(1) $n+m$ is odd.

(2) $n+m=n^2+5$

考点 加减乘除运算对于奇偶性判定的影响、指数不影响奇偶性

思路

条件 1：一奇一偶相加减为奇，既然 $n+m=$ 奇数，说明 n 和 m 是一奇一偶，但不知道 n 和 m 谁奇谁偶。　　insufficient

条件 2：因为指数不影响奇偶性，在奇偶性问题中如果碰到 a^n，可以直接去掉 n 次方，只看底数 a 的奇偶性即可。所以原式相当于 $n+m=n+5$。

左侧的式子 $n+m$ 和右侧的式子 $n+5$ 的奇偶性是相同的，n 和 n 的奇偶性相同，那么 m 和 5 的奇偶性肯定也相同。

因为 5 是奇数，所以 m 也是奇数。　　sufficient

答案 B

Is x an even integer?

(1) x is the square of an integer.

(2) x is the cube of an integer.

考点 指数不影响奇偶性

思路

条件 1：$x=a^2$，但是因为指数不影响奇偶性，所以a^2的奇偶性完全由 a 来决定。

由于不知道 a 的奇偶性，所以无法确定 x 的奇偶性。　　insufficient

条件 2：$x=b^3$，但是因为指数不影响奇偶性，所以b^3的奇偶性完全由 b 来决定。

由于不知道 b 的奇偶性，所以无法确定 x 的奇偶性。　　insufficient

条件 1 + 条件 2：还是不确定 a 和 b 的奇偶性。

可能 $x=2^6$，x 是2^3的平方，x 是2^2的立方，此时 x 是偶数；

也可能 $x=3^6$，x 是3^3的平方，x 是3^2的立方，此时 x 是奇数。

因为不确定 a 和 b 的奇偶性，还是无法确定 x 的奇偶。　　insufficient

答案 E

If a and b are positive integers such that $a-b$ and $\frac{a}{b}$ are both even integers, which of the following must be an odd integer?

(A) $\frac{a}{2}$　(B) $\frac{b}{2}$　(C) $\frac{a+b}{2}$　(D) $\frac{a+2}{2}$　(E) $\frac{b+2}{2}$

考点 加减乘除运算对于奇偶性判定的影响

思路 $a-b=\text{even}$，因为同奇同偶相加减结果是偶，所以 a 和 b 的奇偶性相同；

$\frac{a}{b}=\text{even}$，可以写成 $a=b\times\text{even}$，所以 a 肯定是偶数。

所以，a 和 b 都是偶数。

除法运算，一方面转换成乘法形式，另一方面往往会涉及 a 是 b 的倍数。

$\frac{a}{b}=\text{even}$，可以写成 $a=b\times\text{even}$，这个式子表明 a 是 b 的偶数倍。

又因为 b 是偶数，所以 $a=$偶数 $b\times\text{even}$，

偶数是 2 的倍数，所以 $a=$偶数 $b\times\text{even}=2$ 的倍数$\times 2$ 的倍数$=4$ 的倍数。

所以D选项 $=\frac{a+2}{2}=\frac{4\text{的倍数}+2}{2}=2$ 的倍数 $+1$，

2的倍数是偶数，2的倍数 $+1$ 就是奇数。

答案 D

例题07.

If n is a positive integer, is $(n-1)^2$ an odd number?

(1) $n+1$ is an even number.

(2) $(n+1)^2$ is an odd number.

考点 加减乘除运算对于奇偶性判定的影响、指数不影响奇偶性

思路 因为指数不影响奇偶性，所以题目就是在问 $n-1$ 的奇偶性。

条件1：相邻整数奇偶性相反，$n+1$ 是偶数，

因为正负不影响奇偶性，

既然 $n+1$ 是偶数，那么 $n-1$ 也是偶数，否定回答也充分。 sufficient

条件2：$(n+1)^2$ 是奇数，则 $n+1$ 是奇数，

因为正负不影响奇偶性，

既然 $n+1$ 是奇数，那么 $n-1$ 也是奇数。 sufficient

答案 D

练 习

1. Is x an odd integer?

(1) $x+3$ is an even integer.

(2) $\frac{x}{3}$ is an odd integer.

2. If a and b are integers, is $a+b+3$ an odd integer?

(1) ab is an odd integer.

(2) $a-b$ is an even integer.

3. If x is an odd integer, which of the following is also an odd integer?

(A) $2x$ (B) $4x+2$ (C) x^2+3 (D) x^2+x+3 (E) x^2+2x+1

4. If k, m, and p are integers, is $k-m-p$ odd?

(1) k and m are even and p is odd.

(2) k, m and p are consecutive integers.

5. If c and d are integers, is c even?

(1) $c(d+1)$ is even.

(2) $(c+2)(d+4)$ is even.

6. If x, y and z are integers and $xy+z$ is an odd integer, is x an even integer?

(1) $xy + xz$ is an even integer.

(2) $y + xz$ is an odd integer.

7. If k, m and p are integers, is $km+p$ odd?

(1) $k+p$ is odd.

(2) $m+p$ is odd.

答案及解析

1. Is x an odd integer?

(1) $x+3$ is an even integer.

(2) $\frac{x}{3}$ is an odd integer.

考点 加减乘除运算对于奇偶性判定的影响

思路

条件1： 同奇同偶相加减结果是偶数，所以 x 和 3 的奇偶性应该是相同的，故 x 和 3 都是奇数。 sufficient

条件2： 除法运算，习惯于转换成乘法形式，另一方面往往会涉及 a 是 b 的倍数。

$\frac{x}{3}=\text{odd}$，可以写成 $x=3\times\text{odd}$，乘项都是奇数，所以乘积 x 是奇数。 sufficient

答案 D

2. If a and b are integers, is $a+b+3$ an odd integer?

(1) ab is an odd integer.

(2) $a-b$ is an even integer.

考点 加减乘除运算对于奇偶性判定的影响

思路

条件1： 乘项中只要有偶数，乘积就一定是偶数。既然 ab 的乘积是奇数，说明 a 和 b 都是奇数。
一奇一偶相加减为奇，同奇同偶相加减为偶。
所以，$a+b$ 是偶数，$(a+b)+3$ 是奇数。 sufficient

条件2： 正负不影响奇偶性。
$a-b$ 的奇偶性和 $a+b$ 的奇偶性是完全一样的，既然 $a-b$ 是偶数，则 $a+b$ 也是偶数。
所以，$(a+b)+3$ 是奇数。 sufficient

答案 D

3. If x is an odd integer, which of the following is also an odd integer?

(A) $2x$ (B) $4x+2$ (C) x^2+3 (D) x^2+x+3 (E) x^2+2x+1

考点 加减乘除运算对于奇偶性判定的影响、指数不影响奇偶性

思路 乘项中只要有偶数，乘积肯定是偶数。不管 x 的奇偶性，$2x$ 和 $4x$ 肯定都是偶数，所以选项 A、选项 B 都是偶数。
由于指数不影响奇偶性，所以x^2和 x 的奇偶性是一样的，都是奇数。
C 选项：x^2+3 = 奇数 + 奇数 = 偶数；

D 选项：x^2+x+3 = 奇数 + 奇数 + 奇数 = 奇数；

E 选项：x^2+2x+1 = 奇数 + 偶数 + 奇数 = 偶数。

答案 D

4. If k, m, and p are integers, is $k-m-p$ odd?

(1) k and m are even and p is odd.

(2) k, m and p are consecutive integers.

考点 加减乘除运算对于奇偶性判定的影响

思路

条件 1： 同奇同偶相加减结果是偶数，所以 $k-m=\text{even}$，

一奇一偶相加减结果是奇数，所以 $(k-m)-p=\text{odd}$。 sufficient

条件 2： 两个连续正整数肯定是一奇一偶，

但是三个连续正整数可能是“奇偶奇”，也可能是“偶奇偶”。

如果是“奇偶奇”，则 $k-m-p=(k-m)-p=\text{odd}-\text{odd}=\text{even}$；

如果是“偶奇偶”，则 $k-m-p=(k-m)-p=\text{odd}-\text{even}=\text{odd}$。 insufficient

答案 A

5. If c and d are integers, is c even?

(1) $c(d+1)$ is even.

(2) $(c+2)(d+4)$ is even.

考点 加减乘除运算对于奇偶性判定的影响

思路

条件 1： 乘积是偶数，说明乘项中有偶数，但不知有几个偶数，以及哪一项是偶数。

这有三种可能性：

(1) c 偶 $(d+1)$ 奇，意味着 c 偶 d 偶；

(2) c 奇 $(d+1)$ 偶，意味着 c 奇 d 奇；

(3) c 偶 $(d+1)$ 偶，意味着 c 偶 d 奇。

所以，c 可能是偶数也可能是奇数。 insufficient

条件 2： 乘积是偶数，说明乘项中有偶数，但不知有几个偶数，以及哪一项是偶数。

这有三种可能性：

(1) $(c+2)$ 偶 $(d+4)$ 奇，意味着 c 偶 d 奇；

(2) $(c+2)$ 奇 $(d+4)$ 偶，意味着 c 奇 d 偶；

(3) $(c+2)$ 偶 $(d+4)$ 偶，意味着 c 偶 d 偶。

所以，c 可能是偶数也可能是奇数。 insufficient

条件 1 + 条件 2： 取交集，有两种可能性：

(1) c 偶 d 奇；

(2) c 偶 d 偶。

但是，两种可能性下 c 都是偶数。 sufficient

答案 C

6. If x, y and z are integers and $xy+z$ is an odd integer, is x an even integer?

(1) $xy+xz$ is an even integer.

(2) $y+xz$ is an odd integer.

考点 加减乘除运算对于奇偶性判定的影响

思路 一奇一偶相加减结果是奇数，因为 $xy+z$ = 奇数，所以 xy 和 z 肯定是一奇一偶。

可能性1：xy 奇、z 偶⇒(1) x 奇、y 奇、z 偶

可能性2：xy 偶、z 奇⇒(2) x 偶、y 奇、z 奇

(3) x 奇、y 偶、z 奇

(4) x 偶、y 偶、z 奇

条件1：$x(y+z)$ = 偶数，说明 x 和 $y+z$ 中肯定有偶数。

(1)(2)(3)(4) 中满足此条件的有 (2)(4)，所以，x 是偶数。 sufficient

条件2：$y+xz$ = 奇数，说明 y 和 xz 是一奇一偶。

(1)(2)(3)(4) 中满足此条件的有 (1)(2)(3)，所以，x 可能是偶数，也可能是奇数。insufficient

答案 A

7. If k, m and p are integers, is $km+p$ odd?

(1) $k+p$ is odd.

(2) $m+p$ is odd.

考点 加减乘除运算对于奇偶性判定的影响

思路

条件1：一奇一偶相加减结果是奇，同奇同偶相加减结果是偶。

既然 $k+p$ 是奇数，所以 k 和 p 肯定是一奇一偶。

但是不知道 m 的奇偶性，所以无法确定 $km+p$ 的奇偶性。 insufficient

条件2：一奇一偶相加减结果是奇，同奇同偶相加减结果是偶。

既然 $m+p$ 是奇数，所以 m 和 p 肯定是一奇一偶。

但是不知道 k 的奇偶性，所以无法确定 $km+p$ 的奇偶性。 insufficient

条件1+条件2：已知 k 和 p 的奇偶性相反，而 m 和 p 的奇偶性也相反。

可能性1：k 奇 p 偶 m 奇，则 $km+p$ = 奇×奇+偶=奇数；

可能性2：k 偶 p 奇 m 偶，则 $km+p$ = 偶×偶+奇=奇数。

所以 $km+p$ 肯定是奇数。 sufficient

答案 C

第二节 质因数

基本词汇

factor/divisor 因数　multiple 倍数　prime number 质数

composite number 合数　prime factor 质因数

质因数概念:

在小学时，我们学过因数分解这个概念，意思就是说把正整数拆分成别的正整数相乘的形式。比如说：$12=1\times12=2\times6=3\times4$。

所分解出来的1，2，3，4，6，12都属于12的因数。与因数相对应的概念是倍数，1，2，3，4，6，12是12的因数，反过来就可以说12是1，2，3，4，6，12的倍数。

我们在分解因数的过程中，会发现一些数字只能分解成1×自身，这样的数字称之为质数，$N=1\times N$，比如说2，3，5，7，11就是质数。与质数相对应的概念是合数，合数指的是不仅能分解成1×自身，还能分解成其他正整数相乘，$N=1\times N=a\times b$，这样的数字称之为合数，比如说4，6，8，9，10，12就是合数。

数学中规定：质数、合数必须是≥2的正整数。如果一个数值是1，0或负数，既不算质数也不算合数。如果一个整数≥2，肯定要么是质数，要么是合数。

在列举的12的例子中，我们可以发现，12的因数中：有1，而1不算质数也不算合数；有因数2，3，而2和3属于质数；有因数4，6，12，而4，6和12属于合数。所以，因数中有1、质数、合数，其中因数刚好是质数的数值，这有个专门的称呼：质因数。12的因数有1，2，3，4，6，12，而质因数只有2、3。因为质因数作为因数中的一种，所以肯定是因数多一些，质因数少一些。

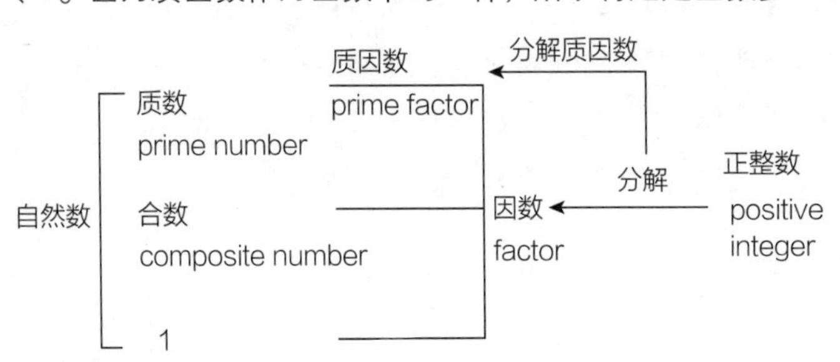

注意：因数（factor/divisor）、倍数（multiple）、质数（prime number）、合数（composite number）、质因数（prime factor）这五个概念的英文表达一定要保证认识，不要记混。

考点 1　分解质因数

我们先来看一道例题。

If y is the smallest positive integer such that 3, 150 multiplied by y is the square of an integer, then y must be

(A) 2　　(B) 5　　(C) 6　　(D) 7　　(E) 14

通过这个题目，我们来学习一下质因数的第 1 个考点：分解质因数。

对一个数值不断进行拆分，一直拆分成完全由质数相乘的形式，无法进一步分解，这个过程叫分解质因数。

分解质因数常用的方法是“短除法”，如右图所示，就是将一个数值依次去除它可以整除的质数，直到无法再拆分为止。

2 | 360
2 | 180
2 | 90
3 | 45
3 | 15
5

所以 360 分解质因数的结果就是 $360 = 2^3 \times 3^2 \times 5$。

大家需要注意，GMAT 考试的数学部分没有计算器，一切只能靠手算。而 GMAT 考试是针对全球商科入门考生，不只是针对亚洲考生，所以 GMAT 数学对于运算能力的要求不算高。

大家注意一个规则：题目中只要出现一个比较大的数值（比如说：几百、几千、几万或者是好多个整数相乘），不管题目怎么问，我们一般都先对这个较大的数值进行分解质因数。

只不过分解质因数有技巧：

$**0 = ** \times 10$，而 10 可以看成 2×5；

$**00 = ** \times 100$，而 100 可以看成 $2^2 \times 5^2$；

……

所以一个数值，末位数有 n 个 0，可以直接看成 n 个 2 和 n 个 5，只需要分解前面的非零数字就可以。

我们再来做一下刚才的例题。

例题 01.

If y is the smallest positive integer such that 3, 150 multiplied by y is the square of an integer, then y must be

(A) 2　　(B) 5　　(C) 6　　(D) 7　　(E) 14

翻译 y 是满足 $3\ 150\ \times y=$ 整数^2 的最小正整数，问 y 值是多少?

such that 是结果状语从句，就是说 y 值要满足后面的条件。

思路 如果题目中出现了一个比较大的数值，先进行分解质因数。

先对 3 150 进行分解，分解的结果是 $3\ 150=315\times10=2\times5^2\times3^2\times7$。

因为 $3\ 150\times y=2\times5^2\times3^2\times7\times y=$ 平方数，其中$5^2\times3^2$ 已经是平方数了，所以 y 最起码要把 2×7 变成平方数，y 要补进来一个 2 一个 7。

所以 $y=2\times7=14$。

答案 E

同样的思路，我们再做一道例题。

In a certain game, a large container is filled with red, yellow, green, and blue beads worth, respectively, 7, 5, 3, and 2 points each. A number of beads are then removed from the container. If the product of the point values of the removed beads is 147, 000, how many red beads were removed?

(A) 5　　(B) 4　　(C) 3　　(D) 2　　(E) 1

翻译 一个大容器中装满了红色、黄色、绿色、蓝色的小珠子，红色、黄色、绿色、蓝色的小珠子分别代表 7，5，3，2。现在从容器中取出了一些珠子，珠子代表的数值的乘积是 147 000。问取出来的珠子中，红色珠子有几个?

思路 做题时碰到比较大的数值，先进行分解质因数。

分解质因数时，末位数有几个 0，就可以直接分解成几个 2 和几个 5:

$147\ 000=147\times1\ 000=3\times7^2\times2^3\times5^3$

题目中已经说了红球对应的数值是 7，

147 000 分解出 2 个 7，也就是有 2 个红球。

答案 D

例题 03.

If x is the product of the positive integers from 1 to 8, inclusive, and if i, k, m, and p are positive integers such that $x=2^i3^k5^m7^p$, then $i+k+m+p=$

(A) 4　　(B) 7　　(C) 8　　(D) 11　　(E) 12

翻译 x 是 1～8 之间所有正整数的乘积（即 8!），而 $x=2^i3^k5^m7^p$，求 $i+k+m+p$ 的值是多少?

思路 $x=1\times2\times3\times4\times5\times6\times7\times8=2\times3\times2^2\times5\times(2\times3)\times7\times2^3=2^7\times3^2\times5^1\times7^1$

所以 $i+k+m+p=7+2+1+1=11$。

答案 D

通过这三道例题，我们可以发现题目的问法都不一样，但是做题思路完全相同。所以我们再次强调，只要题目中出现一个比较大的数值，不管题目怎么问，我们都先对这个较大的数值进行分解质因数。

例题 04.

Positive integer m is the product of the least five different prime numbers. If $\frac{12!}{m}$ is divisible by 2^n, what is the greatest possible value of n?

(A) 7　　(B) 8　　(C) 9　　(D) 10　　(E) 11

翻译 正整数 m 是最小的 5 个质数的乘积，如果$\frac{12!}{m}\div2^n$可以整除，问 n 最大是多少?

思路 最小的 5 个质数是 2，3，5，7，11，

所以 $m=2\times3\times5\times7\times11$，$\frac{12!}{m}=\frac{1\sim12}{2\times3\times5\times7\times11}=4\times6\times8\times9\times10\times12$。

进行分解质因数，

$$\frac{12!}{m}=\frac{1\sim12}{2\times3\times5\times7\times11}=4\times6\times8\times9\times10\times12=2^2\times(2\times3)\times2^3\times3^2\times(2\times5)\times(2^2\times3)$$

$$=2^9\times3^4\times5$$

而$2^9\times3^4\times5$ 最多可以整除2^9，所以 n 最大是 9。

答案 C

练 习

1. If w, x, y, and z are integers such that $1 < w < x < y < z$ and $wxyz = 462$, then $z =$

(A) 7

(B) 11

(C) 14

(D) 21

(E) 42

2. If p, s, and t are positive prime numbers, what is the value of $p^3s^3t^3$

(1) $p^3st = 728$

(2) $t = 13$

3. Positive integer n is the product of the odd numbers from 99 to 199, inclusive. If n is divisible by 5^k, what is the greatest possible value of k?

(A) 10

(B) 11

(C) 12

(D) 13

(E) 20

答案及解析

1. If w, x, y, and z are integers such that $1<w<x<y<z$ and $wxyz=462$, then $z=$

(A) 7 (B) 11 (C) 14 (D) 21 (E) 42

思路 对 462 进行分解质因数，$462=2\times3\times7\times11$，

所以 $z=11$。

答案 B

2. If p, s, and t are positive prime numbers, what is the value of $p^3s^3t^3$?

(1) $p^3st=728$

(2) $t=13$

思路

条件 1：$728=2^3\times7\times13$

所以 $p=2$，s 和 t 一个是 7 另一个是 13。

虽然不知道 s 和 t 哪个是 7 哪个是 13，但题目问的是乘积，

所以 $p^3s^3t^3=2^3\times7^3\times13^3$，可以求值。 sufficient

条件 2：只知道 t 值，不知道 p，s 的数值。 insufficient

答案 A

3. Positive integer n is the product of the odd numbers from 99 to 199, inclusive. If n is divisible by 5^k, what is the greatest possible value of k?

(A) 10 (B) 11 (C) 12 (D) 13 (E) 20

思路 奇数中是 5 的倍数（尾数是 5）的有：105，115，125，…，195，共有 10 个 5 的倍数。

在这 10 个 5 的倍数中，125 含有 3 个 5，175 含有 2 个 5，其余只含有 1 个 5，

所以 $105\times115\times125\times\cdots\times195$ 能分解出来 13 个 5，

即 n 中包含 13 个 5，$n\div5^k$ 可以整除，意味着 k 的最大值是 13。

答案 13

考点 2 质数的性质

我们先来回顾一下质数和合数的定义：

质数（prime number）：$N=1\times N$，只有 1 和自己本身 2 个因数；

合数（composite number）：$N=1\times N=a\times b$，除了 1 和自己本身之外，还有别的因数，即至少有 3 个因数。

所以如果题目中说一个正整数有 2 个因数，意思就是说它是质数；如果题目中说一个正整数至少有 3 个因数，意思就是说它是合数。

在 GMAT 数学中，质数有两个常考的性质需要我们掌握：

（1）一个正整数如果刚好有 3 个因数，那它肯定是合数，同时一定是质数的平方。

比如：4 有 3 个因数：1，2，4，而 4 是质数 2 的平方；9 有 3 个因数：1，3，9，而 9 是质数 3 的平方；25 有 3 个因数：1，5，25，而 25 是质数 5 的平方。

（2）2 是最小的质数，也是质数中唯一的偶数，其他质数都是奇数。

质数的奇偶性不固定，但是有规律的：2 是质数中唯一的偶数，除了 2 之外其他质数全都是奇数。

以后在 GMAT 题目中，如果题目中提到了一个质数不是 2，隐含的意思就是这个质数是奇数。

If m and n are positive integers and $mn=k$, is $m+n=k+1$?

(1) $m=1$

(2) k is a prime number.

思路

条件 1： 因为 $mn=k$，如果 $m=1$，则 $n=k$。

既然 $m=1$，$n=k$，所以 $m+n=1+k$。 sufficient

条件 2： 质数的定义是：只能分解成 1 和自己本身，只有 2 个因数。

既然 k 是质数，那么 $k=1\times k$，

但题目说 k 又可以分解成 m 和 n（$k=m\times n$），

所以只可能 m，$n=1$，k，

所以 $m+n=k+1$。 sufficient

答案 D

If a two-digit integer n is greater than 20, is n composite?

(1) The tens digit of n is a factor of the units digit of n.

(2) The tens digit of n is 2.

思路 如果 n 的因数只有 2 个，就是质数 prime number；

如果 n 的因数至少有 3 个，就是合数 composite number。

条件 1： n 的十位数是 n 的个位数的因数。

假设 n 值是 ab，其中十位数是 a，个位数 b。

因为条件 1 中规定 a 是 b 的因数，则 b 除以 a 肯定是可以整除的。而 a 除以 a 也是可以整除的。所以，ab 除以 a 还是可以整除的。

$\frac{ab}{a}$可以整除，说明 a 是 ab 的因数。

n（ab）有因数 1，有因数自己，还有因数 a，所以 n 是合数。 sufficient

条件 2： 说明 n 在 21 到 29 之间，如果 n 是 21，就是合数；但如果 n 是 29，就是质数。insufficient

答案 A

A positive integer with exactly two different divisors greater than 1 must be

(A) a prime number

(B) an even integer

(C) a multiple of 3

(D) the square of a prime number

(E) the square of an odd integer

翻译 一个正整数刚好有两个因数比 1 大，问这个正整数肯定是什么？

思路 任何正整数都有因数 1，既然有两个因数比 1 大，

说明包括 1 在内，这个正整数应该有 3 个因数。

根据性质：一个正整数如果刚好有 3 个因数，它一定是质数的平方。

所以，选择 D 选项。

答案 D

If x, y are positive integers, is xy odd?

(1) x is a prime number.

(2) y is an odd number.

思路

条件1： x 是质数，如果是2，则 xy 是偶数；如果不是2，则 xy 可能是奇数也有可能是偶数。 insufficient

条件2： y 是奇数，但不知 x 的奇偶性。 insufficient

条件1＋条件2： y 是奇数，x 是质数。

如果 x 是奇数，则 xy 是奇数；但 x 也有可能是2，则 xy 是偶数。

insufficient

答案 E

If x and y are integers, is the value of $x(y+1)$ even?

(1) x and y are prime numbers.

(2) $y>7$

思路 题目问 $x(y+1)$ 的奇偶性，先得知道 x 和 y 的奇偶性情况。

条件1： x 和 y 都是质数，但是质数的奇偶性是不确定的，可能是偶数2，也可能是奇数。既然 x 和 y 两个数的奇偶性都不确定，那么整个式子的奇偶性也无法判断。

如 $x=2$，$y=3$，则 $x(y+1)$ 是偶数；但如果 $x=3$，$y=2$，则 $x(y+1)$ 是奇数。

insufficient

条件2： $y>7$，首先无法判断 y 的奇偶性，其次也不知道 x 的情况。 insufficient

条件1＋条件2： x 是质数，x 的奇偶性不确定；而 y 是 >7 的质数。

根据性质：2是最小的质数，也是质数中唯一的偶数，其他质数都是奇数。

所以，y 肯定是奇数，则 $y+1$ 是偶数，$x(y+1)$ 就是偶数。

答案 C

练　习

1. 两个圆环包括所有 2 以上的整数，请问 11 在不在右边阴影里？

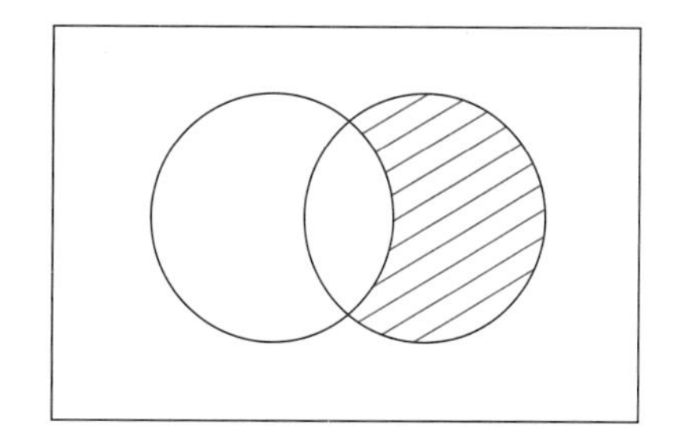

（1）右边环代表所有的质数。

（2）左边环代表所有的奇数。

2. If n is a positive integer, is n an odd number?

（1）The least prime factor of n is 5.

（2）The greatest prime factor of n is 11.

3. Does the integer k have a factor p such that $1 < p < k$?

（1）$k > 4!$

（2）$13! + 2 \leqslant k \leqslant 13! + 13$

4. If x, y are positive integers, what is the value of $(x+y)^2$?

（1）$x = y - 3$

（2）x, y are prime numbers。

答案及解析

1. 两个圆环包括所有2以上整数，请问11在不在右边阴影里?

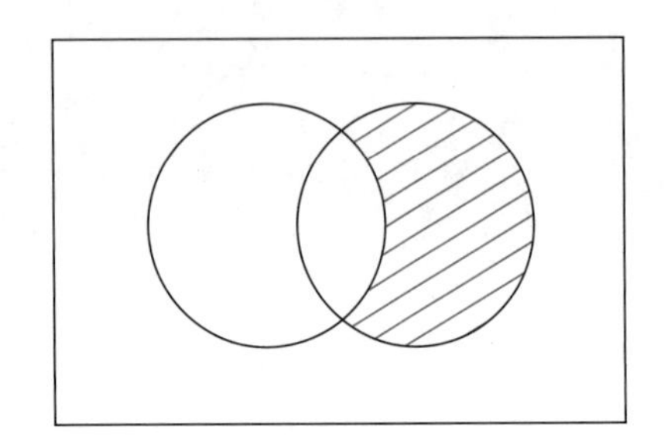

(1) 右边环代表所有的质数。

(2) 左边环代表所有的奇数。

思路

条件1： 11是质数，所以11在右边环，

但是右边环有阴影区域，有空白区域，

11到底在阴影区域还是在空白区域，不确定。　insufficient

条件2： 11是奇数，所以11在左边环，

既然11在左边环了，就一定不在右边的阴影区域。

DS题否定回答也充分。　sufficient

答案 B

2. If n is a positive integer, is n an odd number?

(1) The least prime factor of n is 5.

(2) The greatest prime factor of n is 11.

思路 题目是在问 n 的奇偶性。

质数中，除了2是偶数之外，其他的质数全部是奇数。

条件1： 如果 n 的最小的质因数是5，那么别的质因数肯定都比5大，那么别的质因数肯定都是奇数。

既然 n 的质因数都是奇数，那么 n 肯定也为奇数。　sufficient

条件2： n 的最大的质因数是11，但不知道 n 有没有质因数2。

如果 n 没有质因数2，n 就是奇数；

如果 n 有质因数2，那么 n 就是偶数。　insufficient

答案 A

3. Does the integer k have a factor p such that $1<p<k$?

(1) $k>4!$

(2) $13!+2\leqslant k\leqslant 13!+13$

思路 题目就是在问 k 是否是合数?

条件1： $k>24$，但可能是质数，也可能是合数。　insufficient

条件2： k 是整数，在 $13!+2$ 到 $13!+13$ 之间，

那它可能是 $13!+2$，可能是 $13!+3$，…，可能是 $13!+13$。

如果 $k=13!+2=2\times(1\times3\times4\times\cdots\times13+1)$，说明 k 有因数1，有因数 k，还有因数2，说明 k 是合数；

如果 $k=13!+3=3\times(1\times2\times4\times\cdots\times13+1)$，说明 k 有因数1，有因数 k，还有因数3，说明 k 是合数；

……

如果 $k=13!+13=13\times(1\times2\times3\times4\times\cdots\times12+1)$，说明 k 有因数1，有因数 k，还有因数13，说明 k 是合数。

所以不管 k 是 $13!+2$ 到 $13!+13$ 中的哪个整数，k 都是合数。　sufficient

答案 B

4. If x, y are positive integers, what is the value of $(x+y)^2$?

(1) $x=y-3$

(2) x, y are prime numbers。

思路

条件1： 无法确定 x，y 的具体数值。　insufficient

条件2： 无法确定 x，y 的具体数值。　insufficient

条件1+条件2： 因为 $x=y-3$，即 $y-x=3$，所以 x 和 y 肯定是一奇一偶。质数里只有2是偶数，所以 x 是2，y 是5。　sufficient

答案 C

考点 3 因数的性质

以下三句说法是完全一样的：A is a multiple of B（A 是 B 的倍数）$=B$ is a factor of A（B 是 A 的因数）$=A$ is divisible by B（A 除以 B 可以整除）。

因数的性质指的是：如果 B 是 A 的因数，则 B 中的数值能被 A 完全包含。

所以，在以后做题时，只要题目中问：Is A a multiple of B? /Is B a factor of A? /Is A divisible by B? 就是在问：B 中的数值能否被 A 完全包含?

例如：如果 B 是$2^2\times3^2$，而 A 是$2^2\times3^3\times5$，那么 B 的数值在 A 中能够被完全包含，即 A 除以 B 可以整除，A 是 B 的倍数，B 是 A 的因数；

但如果 B 是$2^3\times3^2$，而 A 是$2^2\times3^3\times5$，那么 B 的数值在 A 中就不能够被完全包含（B 中有 3 个 2，而 A 中只有 2 个 2），即 A 除以 B 就不能整除，A 就不是 B 的倍数，B 就不是 A 的因数。

具体来说，这个性质在考试时怎么用呢？我们来看一道例题。

If positive integer x is a multiple of 6 and positive integer y is a multiple of 14, is xy a multiple of 105?

(1) x is a multiple of 9.

(2) y is a multiple of 25.

思路 题目中问：A 是 B 的倍数吗？就是在问：B 中的数值能否被 A 完全包含?

题目就是在说：已知 x 是 6 的倍数（x 中能包含 2，3），y 是 14 的倍数（x 中能包含 2，7），问 xy 是不是 105 的倍数?

因为 105 分解质因数后是 $3\times5\times7$，所以题目就是在问 xy 中能否包含 3，5，7?

因为 x 中已经包含 2 和 3 了，y 中已经包含 2 和 7 了，所以 xy 中已经包含 3，7 了，还需要确认 xy 中能否包含 5。

条件 1： x 中包含 2 个 3，但是不知道 x 中还能不能包含 5。 insufficient

条件 2： 直接说了 y 中能包含 5。 sufficient

答案 B

例题 02.

Is the integer n divisible by 12?

(1) $\frac{n}{6}$ is an integer.

(2) $\frac{n}{4}$ is an integer.

思路 题目是在问 n 能不能包含 12，就是在问 n 中能不能包含$2^2\times3$（即 2 个 2 和 1 个 3）。

条件 1： $n\div6$ 可以整除，就是说 n 中能包含 2×3，但是不知道 n 中能不能包含 2 个 2。 insufficient

条件 2： $n\div4$ 可以整除，就是说 n 中能包含2^2，但是不知道 n 中能不能包含 3。 insufficient

条件 1 + 条件 2： n 中既能包含 2×3，又能包含2^2，所以 n 中能包含$2^2\times3$。 sufficient

答案 C

If n is an integer, is $\frac{n}{7}$ an integer?

(1) $\frac{3n}{7}$ is an integer.

(2) $\frac{5n}{7}$ is an integer.

思路 题目中问 $n\div7$ 能不能整除，就是在问 n 中能不能包含 7。

条件 1： $3n\div7$ 可以整除，就是说 $3n$ 中包含 7。因为 3 中包含不了 7，所以肯定是 n 中包含 7。 sufficient

条件 2： $5n\div7$ 可以整除，就是说 $5n$ 中包含 7。因为 5 中包含不了 7，所以肯定是 n 中包含 7。 sufficient

答案 D

If a and b are integers, is $a\times b$ divisible by 25?

(1) $a-b$ is a multiple of 5.

(2) $a\times b$ is a multiple of 5.

思路 题目问 $ab\div25$ 能否整除，就是在问 $a\times b$ 中能否包含 2 个 5。

条件 1： 要么 a，b 都是 5 的倍数，要么 a，b 都不是 5 的倍数。

如果 a，b 都是 5 的倍数，那么 $a \times b$ 中能包含 2 个 5；

但如果 a，b 都不是 5 的倍数，那么 $a \times b$ 中不能包含 5。 insufficient

条件 2： $a \times b$ 是 5 的倍数，说明 $a \times b$ 中肯定至少能包含 1 个 5，但不一定能包含 2 个 5。

insufficient

条件 1 + 条件 2： 条件 1 说明要么 a，b 都是 5 的倍数，要么 a，b 都不是 5 的倍数。

条件 2 说 $a \times b$ 是 5 的倍数，说明 $a \times b$ 中肯定至少能包含 1 个 5，

既然 a，b 中至少有一个是 5 的倍数，那么肯定 a，b 两者都是 5 的倍数。

因此，$a \times b$ 中能包含 2 个 5。 sufficient

答案 C

Is positive integer n divisible by 3?

(1) $\frac{n^2}{36}$ is an integer.

(2) $\frac{144}{n^2}$ is an integer.

思路 题目就是在问 n 中能否包含 3。

条件 1： $36 = 6^2$，既然 $n^2 \div 36$ 可以整除，那么意味着 n^2 中包含 6^2；

既然 2 个 n 中能包含 2 个 6，那么 n 中能包含 6；

所以 n 中能包含 2，3，n 中肯定能包含 3。 sufficient

条件 2： $144 = 12^2$，既然 $144 \div n^2$ 可以整除，那么意味着 12^2 中包含 n^2；

既然 2 个 12 中能包含 2 个 n，那么 12 中能包含 n；

所以 n 可能是 2，可能是 3，可能是 4……也就是说 n 中不一定能包含 3。

insufficient

（注意：A 能包含 B，说明 A 大 B 小；A 被 B 包含，说明 A 小 B 大！不要理解反了。条件 1 说的是 n 中能包含 6，所以 n 大 6 小；条件 2 说的是 n 被 12 包含，所以 n 小 12 大。）

答案 A。

If m is a positive integer, is $\frac{m}{12}$ an even number?

(1) $\frac{m}{2}$ is an even number.

(2) $\frac{m}{3}$ is an even number.

思路 题目中问：m 除以 12 结果是偶数吗？因为偶数是 2 的倍数，所以题目就是在问：m 中能包含 12×2 的倍数吗？或者说在问：m 中能包含$2^3\times3$ 吗？

条件 1： $m\div2=$偶数，就是说 $m=2\times$偶数，即 m 中能包含2^2。

但是不知道 m 中能不能包含2^3，也不知道 m 中能不能包含 3。　insufficient

条件 2： $m\div3=$偶数，就是说 $m=3\times$偶数，即 m 中能包含 2 和 3。

但是不知道 m 中能不能包含2^3。　insufficient

条件 1 + 条件 2： m 中既能包含2^2，又能包含 2 和 3，

所以 m 中能包含$2^2\times3$。

但是不知道 m 中能不能包含2^3。　insufficient

（注意：一些同学会认为一个数既是 A 的倍数，又是 B 的倍数，就一定是 $A\times B$ 的倍数。这个想法是错误的，只能说这个数一定是 A 和 B 的最小公倍数的倍数。）

答案 E

练 习

1. Is 5 a factor of positive integer n?

(1) 5 is a factor of $n+15$.

(2) 5 is a factor of $5n$.

2. If $n=3^8-2^8$, which of the following is NOT a factor of n?

(A) 97

(B) 65

(C) 35

(D) 13

(E) 5

3. Both x and y are integers, is $\frac{x}{y}$ an even number?

(1) x is a multiple of 8.

(2) y is a multiple of 4.

答案及解析

1. Is 5 a factor of positive integer n?

(1) 5 is a factor of $n+15$.

(2) 5 is a factor of $5n$.

思路

条件1： $n+15$ 是 5 的倍数，可以写成 $n+15=5a$，

则 $n=5a-15=5\times(a-3)$。

很明显 n 能包含 5。　sufficient

条件2： $5n$ 中包含 5，但是不确定 n 中有没有 5。　insufficient

答案 A

2. If $n=3^8-2^8$, which of the following is NOT a factor of n?

(A) 97　(B) 65　(C) 35　(D) 13　(E) 5

思路 如果一个选项是 n 的因数，则说明 n 中能包含这个选项；如果一个选项不是 n 的因数，则说明 n 中不能包含这个选项。题目就是在问 n 中不能包含哪个选项。

利用平方差公式 $a^2-b^2=(a+b)(a-b)$ 可推出：

$n=3^8-2^8=(3^4)^2-(2^4)^2=(3^4+2^4)\times(3^4-2^4)$

因为 $3^4=81$，$2^4=16$，

所以 $n=(81+16)\times(81-16)=97\times65=97\times13\times5$。

很明显 n 中能包含 97，65，13，5，不能包含 35。

答案 C

3. Both x and y are integers, is $\frac{x}{y}$ an even number?

(1) x is a multiple of 8.

(2) y is a multiple of 4.

思路

条件1： $x=8a$，但不知道 y 的情况。　insufficient

条件2： $y=4b$，但不知道 x 的情况。　insufficient

条件1+条件2： 已知 $x=8a$，$y=4b$，题目就是在问 $\frac{8a}{4b}$ 是偶数，也就是 2 的倍数吗？

$\frac{8a}{4b}=2\frac{a}{b}$，但是并不知道 $\frac{a}{b}$ 是不是整数，所以不确定 $2\frac{a}{b}$ 是不是 2 的倍数。　insufficient

答案 E

考点 4 质因数和因数的个数

质因数的最后一个考法是怎么求质因数的个数和因数的个数。

举个例子，大家尝试求解一下：360 有多少个质因数，以及 360 有多少个因数?

首先，对 360 进行分解质因数：$360=2^3\times 3^2\times 5$。

360 分解出来了 3 个 2、2 个 3 和 1 个 5，但是数学中规定质因数、因数重复的只能算 1 次，所以 360 就只有三个质因数：2，3，5。

不管是 2^2 还是 2^{99}，都是只有一个质因数 2。不管指数是多少，重复多少次都只能算一次。

所以，我们可以这么说：

质因数的个数：分解之后看底数。

那么，360 有多少个因数呢?

因数的个数：分解之后看各项质因数的指数，指数 +1 再相乘，得到的乘积就是因数的个数。

$360=2^3\times 2^2\times 5$，

质因数 2 的指数是 3，质因数 3 的指数是 2，质因数 5 的指数是 1，

所以因数个数是 $(3+1)\times(2+1)\times(1+1)=24$ 个。

引申的性质：

因为质因数的个数是分解之后看底数，所以，指数不改变质因数，a^n（a，n 都是正整数）和 a 的质因数是完全一样的。

但是因数的个数是分解之后看指数，指数 +1 再相乘。所以，指数会改变因数的个数。

易错场景一：

正整数 n 刚好有 2 个质因数：2 和 5，能确定 n 的值吗?

思路 因为质因数是分解之后看底数，只能说明 n 分解之后的底数是 2 和 5，即 $n=2^a\times 5^b$。

但不知道 2 和 5 各自是几次方。可能 $n=2\times 5=10$，也可能 $n=2^{100}\times 5^{99}$。

答案 **不能。**

易错场景二：

How many factors does $2^2\times 5^2\times 7\times 9^2$ have?

思路 注意：因数不是 $(2+1)\times(2+1)\times(1+1)\times(2+1)=54$ 个。

分解之后看指数，指数 +1 再相乘，乘积就是因数的个数。这个性质的前提是分解后底数是质因数。

9 不是质因数，要先对 9 进行分解，所以$2^2\times5^2\times7\times9^2=2^2\times5^2\times7\times3^4$。

所以因数个数 $=(2+1)\times(2+1)\times(1+1)\times(4+1)=90$ 个。

答案 90 个

易错场景三：

已知 a 和 n 都是正整数，如果a^n有 4 个质因数，那么 a 有多少个质因数呢？

思路 指数不改变质因数，a^n（a，n 都是正整数）和 a 的质因数是完全一样的。

答案 4 个

How many factors does 2, 450 have?

思路 $2\ 450=2\times5^2\times7^2$

所以因数的个数 $=(1+1)\times(2+1)\times(2+1)=18$ 个。

答案 18 个

If both p and q are different prime numbers, and a, b are positive integers, how many factors does $p^a\times q^b$ have?

(1) $a=b=3$

(2) $p=3$, $q=5$

思路 因数 factor 的个数：分解之后看指数，指数 +1 再相乘，乘积就是因数的个数。

因为 p 和 q 都是质数，所以因数的个数 $=(a+1)\times(b+1)$。

条件 1：因数的个数 $=(3+1)\times(3+1)=16$ 个。　sufficient

条件 2：只知道底，但不知道指数各自是多少，无法求因数的个数。　insufficient

答案 A

例题 03.

If the integer n has exactly three positive divisors, including 1 and n, how many positive divisors does n^2 have?

(A) 4　　(B) 5　　(C) 6　　(D) 8　　(E) 9

思路 一个正整数如果刚好有 3 个因数，那么它一定是质数的平方。

所以 $n = 质数^2$，$n^2 = 质数^4$。

因数的个数：分解之后看指数，指数 +1 再相乘，乘积就是因数的个数。

所以$质数^4$有 $4+1=5$ 个因数。

答案 B

Positive integer k has exactly 2 prime factors: 3 and 7. If k has 6 positive factors, including 1 and k, what is the value of k?

(1) 3^2 is a factor of k.

(2) 7^2 is not the factor of k.

思路 质因数的个数：分解之后看底数。

既然 k 只有质因数 3 和 7，就意味着 $k=3^a \times 7^b$

因数的个数：分解之后看指数，指数 +1 再相乘，乘积就是因数的个数。

既然 k 有 6 个因数，即 $(a+1)(b+1)=6$，

因为 a 和 b 都是正整数，$a+1$，$b+1$ 也都是 $\geqslant 2$ 的正整数，

两个正整数相乘得 6，则 $a+1$，$b+1$ 只可能是 2 或 3，

所以 $a=2$，$b=1$ 或 $a=1$，$b=2$。

条件 1：如果 3^2 是 k 的因数，则说明 k 中能包含 3^2。

k 要想包含 3^2，则肯定 $a=2$，$b=1$。可求出 k 值。　　sufficient

条件 2：如果 7^2 不是 k 的因数，则说明 k 中不能包含 7^2。

既然 k 不能包含 7^2，则说明不可能 $b \geqslant 2$，

只可能 $a=2$，$b=1$。可求出 k 值。　　sufficient

答案 D

例题 05.

If x is a prime number, how many positive factors does $12x$ have?

(1) x^2 has exactly three factors.

(2) $x>3$

思路 $12x=2^2\times3\times x$,

因数的个数：分解之后看指数，指数+1再相乘，乘积就是因数的个数。

如果$x=2$，则$12x=2^3\times3$，有$(3+1)\times(1+1)=8$个因数；

如果$x=3$，则$12x=2^2\times3^2$，有$(2+1)\times(2+1)=9$个因数；

如果$x\neq2\neq3$，则$12x=2^2\times3\times x$，有$(2+1)\times(1+1)\times(1+1)=12$个因数。

条件1：一个正整数如果刚好有3个因数，那么它一定是质数的平方。

所以$x^2=$质数^2，则$x=$质数，再看题干已有信息，

可知并不能确定质数x是不是2或3。 insufficient

条件2：既然$x>3$，说明$x\neq2\neq3$，则$12x=2^2\times3\times x$，有$(2+1)\times(1+1)\times(1+1)=$ 12个因数。 sufficient

答案 B

例题 06.

How many prime factors does positive integer N have?

(1) 15 is a factor of N.

(2) N^2 has 3 different prime factors.

思路

条件1：$15=3\times5$，所以N有质因数3和5。

但是不知道N除了质因数3和5之外，还有没有别的质因数。 insufficient

条件2：指数不改变质因数，a^n和a的质因数是完全一样的（a和n都是正整数）。

N^2有3个质因数，则N也同样有3个质因数。 sufficient

答案 B

例题 07.

If m is a positive integer, is 30 a factor of m?

(1) 30 is a factor of m^2.

(2) 30 is a factor of $2m$.

思路 只要题目中问：A 是 B 的倍数吗？/B 是 A 的因数吗？/A 除以 B 可以整除吗？就是在问：B 中的数值能否被 A 完全包含？

所以题目就是在问 m 中能否包含 2，3，5。

条件 1： 指数不改变质因数，a^n 和 a 的质因数是完全一样的（a，n 都是正整数）。

30 是 m^2 的因数，说明 m^2 有质因数 2，3，5。

因为 a 和 a^n 的质因数是相同的（指数不影响质因数），所以 m 也有质因数 2，3，5。　sufficient

条件 2： 30 是 $2m$ 的因数，说明 $2m$ 能包含 2，3，5。

所以 m 肯定能包含 3，5，但是 m 中是否有因数 2，这不确定。　insufficient

答案 A

练　习

1. Is the positive integer j divisible by a greater number of different prime numbers than the positive integer k?

(1) j is divisible by 30.

(2) $k = 1,000$

2. How many different positive prime factors does n have?

(1) n is a factor of 7200.

(2) 180 is a factor of n.

3. If $n = 4p$, where p is a prime number greater than 2, how many different positive even divisors does n have?

(A) 2

(B) 3

(C) 4

(D) 6

(E) 8

答案及解析

1. Is the positive integer j divisible by a greater number of different prime numbers than the positive integer k?

(1) j is divisible by 30

(2) $k=1,000$

思路 A is a multiple of B（A 是 B 的倍数）$=B$ is a factor of A（B 是 A 的因数）$=A$ is divisible by B（A 除以 B 可以整除）。

所以题目的意思就是：正整数 j 的质因数的个数是否比正整数 k 的质因数的个数多?

条件1： j 中能包含 30，$30=2\times3\times5$

说明 j 至少有 3 个质因数：2，3，5，但不知道 k 的情况。 insufficient

条件2： $k=1000=2^3\times5^3$，说明 k 有 2 个质因数：2 和 5，但不知道 j 的情况。 insufficient

条件1+条件2： j 至少有 3 个质因数，而 k 有 2 个质因数，所以 j 的质因数更多。 sufficient

答案 C

2. How many different positive prime factors does n have?

(1) n is a factor of 7200.

(2) 180 is a factor of n.

思路 题目就是在问 n 有多少个质因数?

条件1： $7200=2^5\times3^2\times5^2$

只要题目中问：A 是 B 的倍数吗? /B 是 A 的因数吗? /A 除以 B 可以整除吗? 就是在问：B 中的数值能否被 A 完全包含?

所以 n 是 7200 的因数，说明 7200 中能包含 n，即$2^5\times3^2\times5^2$中能包含 n。

即 n 可能只有 1 个质因数，可能有 2 个质因数，也可能有 3 个质因数。 insufficient

条件2： $180=2^2\times3^2\times5$

180 是 n 的因数，说明 n 中能包含$2^2\times3^2\times5$，即 n 中肯定能包含 3 个质因数：2，3，5。

但是 n 除了这三个质因数之外，不清楚还有没有别的质因数。 insufficient

条件1+条件2： $2^5\times3^2\times5^2$中能包含 n，n 中能包含$2^2\times3^2\times5$。

所以，n 刚好有 3 个质因数：2，3，5。 sufficient

答案 C

3. If $n=4p$, where p is a prime number greater than 2, how many different positive even divisors does n have?

(A) 2

(B) 3

(C) 4

(D) 6

(E) 8

思路 $n=4p=2^2\times p$，可知 n 共有 $(2+1)\times(1+1)=6$ 个因数。

质数中只有 2 这一个偶数，既然 p 是一个 >2 的质数，则说明 p 是奇数。

因数是质因数交叉相乘的结果，而 p 是奇数、2 是偶数，

$4p$ 的因数中只有 1 和 p 为奇数，因此偶数因数共有 4 个。

答案 C

质因数考点总结：

考点1：分解质因数

题目中只要出现一个比较大的数值，一般先对大数值进行分解质因数。

考点2：质数的性质

性质1：一个正整数如果刚好有3个因数，它肯定是合数，同时一定是质数的平方。

性质2：2是最小的质数，也是质数中唯一的偶数，其他质数都是奇数。

考点3：因数的性质

只要题目中问：Is A a multiple of B? /Is B a factor of A? /Is A divisible by B? 就是在问：B 中的数值能否被 A 完全包含？

考点4：质因数和因数的个数

质因数的个数：分解之后看底数。

因数的个数：分解之后看各项质因数的指数，指数 +1 再相乘，得到的乘积就是因数的个数。

Both m and n are positive integers, if mn is divisible by 9, is n divisible by 3?

(1) $m-n$ is divisible by 3.

(2) m is divisible by 3.

思路 题目说明 mn 中肯定能包含2个3，问：n 中能否包含3？

条件1： m，n 既可能同为3的倍数，也可能同时不是3的倍数。因为题目中已经说明 mn 中肯定能包含2个3，所以 m，n 同为3的倍数，n 中肯定能包含3。 sufficient

条件2： 可能 m 中单独包含2个3，而 n 中没有3。 insufficient

答案 A

If n is a positive integer, $<n>$ denotes the greatest prime factor of n. If k is a positive integer within 0 and 32, what is the value of $<k>$?

(1) $<k> = <100>$

(2) k is a multiple of 5.

思路

条件1： 100最大的质因数是5，所以 $<k> =5$。 sufficient

条件2： k 是5的倍数，k 又在0到32之间，所以 $k=5$，10，15，20，25，30。不管是哪个值，最大的质因数都是5，所以 $<k> =5$。 sufficient

答案 D

If x is an integer, is $(x^2+1)(x+5)$ an even number?

(1) x is an odd number.

(2) Each prime factor of x^2 is greater than 7.

思路

条件1： 指数不影响奇偶性，既然 x 是奇数，所以x^2是奇数，x^2+1 和 $x+5$ 都是偶数，乘积自然也是偶数。　sufficient

条件2： a 和a^n的质因数个数是相同的。（因为底数相同）

所以 x^2 的质因数和 x 的质因数是完全一样的。x^2 的所有质因数都 >7，就意味着 x 的所有质因数都 >7。

根据质因数的考点 2——质数的性质：质数中只有 2 是偶数，其他质数都是奇数。x 的所有质因数都 >7，就说明 x 的所有质因数都是奇数，意味着 $x=a^m\times b^n\times c^z$，而 a，b，c 都是奇数，所以 x 就是奇数。

指数不影响奇偶性，所以 x^2 是奇数，x^2+1 和 $x+5$ 都是偶数，乘积自然也是偶数。　sufficient

答案 D

If x is a prime number, which of the following must be even?

I. $x!$　　II. x^2+1　　III. $2x+1$

(A) only I　(B) only II　(C) only I and II　(D) only I and III　(E) I, II and III

思路 首先，$2x+1$ 肯定是奇数。

其次，指数不影响奇偶性，所以x^2的奇偶性和 x 相同，但是质数有奇有偶，所以 x^2+1 的奇偶性不确定。

最后，x！最小是2！=2，是偶数；

如果 $x>2$ 的话，则 x！中肯定能包含2，所以 x！肯定是偶数。

答案 A

例题 05.

If n is a positive integer, is $12!+n$ a composite number?

(1) n is a multiple of 12.

(2) n is a multiple of 15.

思路

条件 1： $n=12a$，12！和 $12a$ 中都包含因数 12，

所以 $12!+n$ 肯定有因数 1，12 和自己本身，至少有 3 个因数，肯定是合数。

sufficient

条件 2： $n=15b$，12！和 $15b$ 中都包含因数 3 和 5，

所以 $12!+n$ 肯定有因数 1，3，5 和自己本身，至少有 4 个因数，肯定是合数。

sufficient

答案 D

例题 06.

If S is the sum of integers from 20 to 40, inclusive, what is the greatest prime factor of S?

思路 $S=\frac{(20+40)\times 21}{2}=630$

$630=2\times 3^2\times 5\times 7$

所以，最大的质因数是 7。

答案 7

If n is a multiple of 5 and $n=(p^2)\ q$, where p and q are prime numbers, which of the following must be a multiple of 25 ?

(A) p^2　　(B) q^2　　(C) pq　　(D) p^2q^2　　(E) p^3q

思路 根据质因数的考点 3——因数的性质，题目中问：Is A a multiple of B? /Is B a factor/divisor of A? /Is A divisible by B? 都是在问：A 能否完全包含 B?

所以，题干的意思是：哪个选项能包含 25（2 个 5）?

题目中说 n 能包含 5，而 $n=(p^2)\times q$，

就意味着 $(p^2)\times q$ 能包含 5。

则 5 要么来自 p，要么来自 q。

$n=p^2\ q$: 包含5

A 选项：如果 5 来自 p，则 p^2 能包含 2 个 5；但如果 5 来自 q，则 p^2 中不包含 5。

B 选项：如果 5 来自 q，则 q^2 能包含 2 个 5；但如果 5 来自 p，则 q^2 中不包含 5。

C 选项：不管 5 来自 q，还是来自 q，pq 都能包含 1 个 5。但题目中问的是哪个选项能包含 2 个 5，C 选项只能说明能包含 1 个 5。

D 选项：不管 5 来自 p，还是来自 q，pq 都能包含 1 个 5。那么 $(p^2)(q^2)=(pq)^2$ 相当于两组 pq，能包含 2 个 5。

E 选项：如果 5 来自 p，则 p^3 肯定能包含 2 个 5；但如果 5 来自 q，则 $(p^3)\times q$ 中只能包含 1 个 5，不能包含 2 个 5。

答案 D

How many different prime numbers are factors of the positive integer n?

(1) Four different prime numbers are factors of $2n$.

(2) Four different prime numbers are factors of n^2.

思路 质因数的个数：分解之后看底数。

所以 a 和 a^n 的质因数个数是相同的。(因为底数相同)

条件 1： 可能 1：$2n=2\times3\times5\times7$，$n=3\times5\times7$，说明 n 有 3 个质因数。(n 中原本无质因数 2)

可能 2：$2n=2^2\times3\times5\times7$，$n=2\times3\times5\times7$，说明 n 有 4 个质因数。(n 中原本就有质因数 2)　　insufficient

条件 2： $\left.\begin{aligned}&n=a\times b\times c\times d\\&n^2=a^2\times b^2\times c^2\times d^2\end{aligned}\right\}$ n 和 n^2 的底数是相同的，只是指数不同。

而质因数的个数由底数决定，所以 a 和 a^n 的质因数个数也就一样。　　sufficient

答案 B

第三节
最大公约数和最小公倍数

基本词汇

greatest common factor/divisor 最大公约数　　least common multiple 最小公倍数

概念：

最大公约数，也称为最大公因数、最大公因子，指多个整数共有的因数中最大的那一个；
最小公倍数，指多个整数共同的倍数里最小的那一个。

考点 最大公约数和最小公倍数的求值方法

最大公约数、最小公倍数的考点非常单一，主要考查如何求值（如何求最大公约数、最小公倍数）。

最大公约数和最小公倍数的求值方法：

（1）各自分解质因数

（2）取共同质因数的较小指数形式，相乘得到最大公约数；
　　取所有质因数的较大指数形式，相乘得到最小公倍数。

我们来举个例子。

求 90，294，300 的最大公约数和最小公倍数。

步骤 1： 先对这些数值进行分解质因数。

$90=2\times3^2\times5$，$294=2\times3\times7^2$，$300=2^2\times3\times5^2$

步骤 2： 最大公约数是取共同质因数的较小指数形式，所以最大公约数 $=2\times3=6$。

最小公倍数是取所有质因数的较大指数形式，所以最小公倍数 $=2^2\times3^2\times5^2\times7^2$。

那么具体来说，考试的时候如何考查呢？我们来看几道例题。

If M is the least common multiple of 90, 196 and 300, which of the following is *NOT* a factor of M?

(A) 600　(B) 700　(C) 900　(D) 2,100　(E) 4,900

思路 $90=2\times3^2\times5$，$196=2^2\times7^2$，$300=2^2\times3\times5^2$

根据最小公倍数的求值方法，所以最小公倍数 $M=2^2\times3^2\times5^2\times7^2$。

题目问哪个选项不是 M 的因数，就是在问哪个选项不能被 M 完全包含。

选项 A：$600=2^3\times3\times5^2$，因为 $M=2^2\times3^2\times5^2\times7^2$，不能包含$2^3$，所以 A 选项不是 M 的因数。

后面的选项可以依次验算一下，会发现都能被 M 包含。

答案 A

If n and t are positive integers, what is the greatest prime factor of the product nt?

(1) The greatest common factor of n and t is 5.

(2) The least common multiple of n and t is 105.

思路 题目问的是 nt 中最大的质因数是多少?

我们首先需要知道 n，t 中的质因数都有哪些，进而判断质因数中最大的是什么数?

条件 1：最大公约数指的是 n 和 t 共同的质因数的乘积，说明 n 和 t 都含有 5。

但除了 5 之外，n 和 t 可能还有别的质因数（可能 n 还含有 7，t 还含有 13）。

insufficient

条件 2：最小公倍数指的是 n 和 t 中所有质因数的较大指数形式的乘积，$105=3\times5\times7$，说明 n 和 t 所有的质因数只有 3，5，7。

既然已经知道 n 和 t 中的所有质因数就是 3，5，7，很显然其中最大的质因数是 7。

sufficient

答案 B

练 习

1. Positive integer n has exactly three prime factors: 2, 3 and 5, what is the value of n?

(1) The greatest common factor of n and $2^2 \times 3^3 \times 5^3$ is $2^2 \times 3^2 \times 5^2$.

(2) The greatest common factor of n and $2^4 \times 3^2 \times 5^3$ is $2^3 \times 3^2 \times 5^2$.

2. If both x and y are positive integers, is xy divisible by 25?

(1) The greatest common factor of x and y is 10.

(2) The least common multiple of x and y is 30.

答案及解析

1. Positive integer n has exactly three prime factors: 2, 3 and 5, what is the value of n?

(1) The greatest common factor of n and $2^2 \times 3^3 \times 5^3$ is $2^2 \times 3^2 \times 5^2$.

(2) The greatest common factor of n and $2^4 \times 3^2 \times 5^3$ is $2^3 \times 3^2 \times 5^2$.

翻译 正整数 n 只有 3 个质因数：2，3，5，n 值是多少？

(1) n 和$2^2 \times 3^3 \times 5^3$的最大公约数是$2^2 \times 3^2 \times 5^2$。

(2) n 和$2^4 \times 3^2 \times 5^3$的最大公约数是$2^3 \times 3^2 \times 5^2$。

思路 因为质因数是分解之后看底数，

既然 n 只有 3 个质因数：2，3，5，说明 n 的底数是 2，3，5，$n=2^a \times 3^b \times 5^c$。

条件 1：最大公约数是$2^a \times 3^b \times 5^c$和$2^2 \times 3^3 \times 5^3$，取共同质因数的较小指数，得到$2^2 \times 3^2 \times 5^2$。

即2^a和2^2取较小指数，得到2^2，说明 $a \geqslant 2$；

即3^b和3^3取较小指数，得到3^2，说明 $b=2$；

即5^c和5^3取较小指数，得到5^2，说明 $c=2$。

因为 a 值不确定，所以无法确定 n 值。 insufficient

条件 2：最大公约数是$2^a \times 3^b \times 5^c$和$2^4 \times 3^2 \times 5^3$，取共同质因数的较小指数，得到$2^3 \times 3^2 \times 5^2$。

即2^a和2^4取较小指数，得到2^3，说明 $a=3$；

即3^b和3^2取较小指数，得到3^2，说明 $b \geqslant 2$；

即5^c和5^3取较小指数，得到5^2，说明 $c=2$。

因为 b 值不确定，所以无法确定 n 值。 insufficient

条件 1 + 条件 2：可知 $a=3$，$b=2$，$c=2$，所以 $n=2^3 \times 3^2 \times 5^2$。 sufficient

答案 C

2. If both x and y are positive integers, is xy divisible by 25?

(1) The greatest common factor of x and y is 10.

(2) The least common multiple of x and y is 30.

思路 题目问 xy 中能否包含 25，就是在问 xy 中能否包含两个 5。

条件 1：最大公约数是取共同质因数的较小指数形式。

最大公约数是 10，说明 x 和 y 中都有因数 10，即 x 和 y 中都包含因数 2，5。

因为 x 和 y 中都包含因数 5，所以 xy 中就能包含两个 5。 sufficient

条件 2：最小公倍数是取所有质因数的较大指数形式。

最小公倍数是 30，因为 $30=2 \times 3 \times 5$，说明 x 和 y 的所有质因数就是 2，3，5。

但是可能 x 和 y 中某一个含有 5，则 xy 中只能包含一个 5；

也可能 x 和 y 中各自都有一个 5，则 xy 中能包含两个 5。 insufficient

答案 A

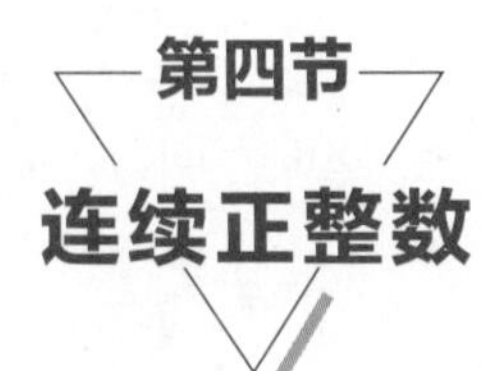

第四节 连续正整数

基本词汇

consecutive positive integers 连续正整数

首先，大家需要知道，连续正整数指的是递增形式的等差数列，比如说 3，4，5 属于连续正整数，8，9，10 属于连续正整数。但是 5，4，3 就不属于连续正整数。

考点 连续正整数的性质

连续正整数的考点非常单一，主要考查几个性质。

（1）2 个连续正整数的乘积一定是偶数（2 的倍数）。

（2）3 个连续正整数的乘积一定是 6 的倍数。

（3）2 个连续偶数的乘积一定是 8 的倍数。

这 3 个性质中，第 1 个性质我们在奇偶性中已经介绍过，这里就不再提及。下面主要介绍一下后两个性质。

（1）3 个连续正整数的乘积一定是 6 的倍数。

2 的倍数有 2，4，6，8，…，可以发现 2 的倍数周期是 2，2 的倍数每两个值就会出现一次，所以在三个连续正整数中，肯定会有 2 的倍数。

同理，3 的倍数有 3，6，9，12，…，可以发现 3 的倍数周期是 3，3 的倍数每三个值就会出现一次，所以在三个连续正整数中，肯定会有 3 的倍数。

因为 3 个连续正整数中，有 2 的倍数，也有 3 的倍数，因此乘积肯定是 6 的倍数。

（2）2 个连续偶数的乘积一定是 8 的倍数。

偶数都是 2 的倍数，2 个连续偶数相乘，乘积肯定是 4 的倍数。但这里为什么说乘积是 8 的倍数呢？

用 n 表示任意正整数，用 $2n$ 表示任意偶数，则与 $2n$ 相邻的偶数就是 $2n+2$，

所以 $2n(2n+2)=4n^2+4n=4n\times(n+1)$。

因为 n 和 $n+1$ 是相邻整数，肯定是一奇一偶，乘积肯定是 2 的倍数。

所以，$4n(n+1)=4\times2$ 的倍数 $=8$ 的倍数。

了解了这两个性质，那考试的时候如何考查呢？我们来看几道例题。

例题 01.

If n is a positive integer, then $n(n+1)(n+2)$ is

(A) even only when n is even

(B) even only when n is odd

(C) odd whenever n is odd

(D) divisible by 3 only when n is odd

(E) divisible by 4 whenever n is even

思路 $n(n+1)(n+2)$ 明显是三个连续正整数相乘，

而三个连续正整数相乘，乘积肯定是 2 的倍数、3 的倍数、6 的倍数。

因为乘积不可能是奇数，所以很容易排除 C。

A，B，D 选项的前半句话表述都没有问题，但是后半句话确定 n 的奇偶性是错误的。

不管 $n(n+1)(n+2)$ 是奇偶奇，还是偶奇偶，

三个连续正整数相乘，乘积肯定是 2 的倍数、3 的倍数，跟 n 的奇偶性没有关系。

A 选项“只有当 n 是偶数，乘积才是偶数”、B 选项“只有当 n 是奇数，乘积才是偶数”、D 选项“只有当 n 是奇数，乘积才是 3 的倍数”表述都错误。

三个连续正整数，只能保证有 1 个偶数，不能保证有 2 个偶数，

所以乘积是 2 的倍数，但不一定是 4 的倍数。

只有当三个连续正整数是偶奇偶，乘积才是 4 的倍数。所以选 E。

答案 E

例题 02.

If n is an integer greater than 6, which of the following must be divisible by 3?

(A) $n(n+1)(n-4)$

(B) $n(n+2)(n-1)$

(C) $n(n+3)(n-5)$

(D) $n(n+4)(n-2)$

(E) $n(n+5)(n-6)$

思路 三个连续正整数相乘，乘积肯定是3的倍数。

为什么三个连续正整数的乘积是3的倍数呢？因为3的倍数周期是3，3的倍数每三个值就会出现一次，所以在三个连续正整数中，肯定会有3的倍数。因为乘项中有3的倍数，所以乘积是3的倍数。

但是选项并没有三个连续正整数的形式。怎么办呢？

什么是周期性呢？一个值加减一个周期，加减两个周期……加减无数个周期，性质都不会因此而改变。

比如说：1，2，3，4，5，6，7，8，9，其中6是3的倍数，6+3或者6−3依然是3的倍数；其中5不是3的倍数，5+3或者5−3依然不是3的倍数。

既然3的倍数周期是3，一个值是不是3的倍数，并不会因为加减周期3而改变。n，$(n+1)$，$(n+2)$中有3的倍数，我们对其中任意一项进行加减周期3的处理之后，比如n，$(n+1+3)$，$(n+2)$，性质保持不变，依然还有3的倍数，所以$n\times(n+1+3)\times(n+2)$肯定是3的倍数。

$n(n+1)(n+2)$进行加减周期3的处理之后能变成$n(n+1+3)(n+2)$，

而$n(n+1+3)(n+2)$进行加减周期3的处理之后也能变成$n(n+1)(n+2)$。

三个不连续的正整数相乘，如果进行加减周期3的处理之后能变成三个连续正整数的形式，肯定也能保证乘项中有3的倍数，乘积也是3的倍数。

A选项：$n(n+1)(n-4)$，其中n，$(n+1)$是两个连续正整数，不相邻的是$(n-4)$。对$(n-4)$进行加减周期3的处理之后，整个式子可以变成$n(n+1)(n-1)$，刚好是3个连续正整数的形式，所以乘积是3的倍数。

B选项：$n(n+2)(n-1)$，其中n，$(n-1)$是两个连续正整数，不相邻的是$(n+2)$。对$(n+2)$进行加减周期3的处理之后，整个式子可以变成$(n-1)(n-1)n$，依然是2个连续正整数，而不是3个连续正整数的形式，所以乘积不一定是3的倍数。

C选项：$n(n+3)(n-5)$，其中n和$(n+3)$进行加减周期3的处理之后，其实是重复的，整个式子不能凑成3个连续正整数的形式，所以乘积不一定是3的倍数。

D选项：$n(n+4)(n-2)$，其中$(n+4)$和$(n-2)$进行加减周期3的处理之后（两个周期3），其实是重复的，整个式子不能凑成3个连续正整数的形式，所以乘积不一定是3的倍数。

E选项：$n(n+5)(n-6)$，其中n和$(n-6)$进行加减周期3的处理之后（两个周期3），其实是重复的，整个式子不能凑成3个连续正整数的形式，所以乘积不一定是3的倍数。

答案 A

例题 03.

If n is the product of three positive integers: m, $m+4$, $m+5$, which of the following must be true?

Ⅰ. n is the multiple of 3.　　Ⅱ. n is the multiple of 4.　　Ⅲ. n is the multiple of 6.

(A) only Ⅰ　　(B) only Ⅱ　　(C) only Ⅰ and Ⅱ

(D) only Ⅰ and Ⅲ　　(E) Ⅰ, Ⅱ and Ⅲ

翻译 如果 n 是三个正整数 m，$m+4$，$m+5$ 的乘积，下面哪个选项的表述一定是正确的？

思路 $n=m(m+4)(m+5)$，

其中 $(m+4)$ 和 $(m+5)$ 是相邻整数，肯定是一奇一偶，乘积肯定是偶数，是 2 的倍数。

因为三个连续正整数相乘，乘积肯定是 3 的倍数，

而三个不连续的正整数相乘，如果进行加减周期 3 的处理之后能变成三个连续正整数的形式，肯定也能保证乘项中有 3 的倍数，乘积也是 3 的倍数。

$m(m+4)(m+5)$ 进行加减周期 3 的处理之后，可以变成 $(m+3)(m+4)(m+5)$ 三个连续正整数的形式，所以乘积肯定是 3 的倍数。

既然乘积是 2 和 3 的倍数，那自然也是 6 的倍数。

但是，不确定是不是 4 的倍数。

答案 D

练 习

1. If m and n are positive integers, is $(m+n+10)(m+n+11)(m+n+12)$ divisible by 12?

(1) n is an odd number.

(2) m is an odd number.

2. If n is a positive integer and r is the remainder when n^2-1 is divided by 8, what is the value of r?

(1) n is odd.

(2) n is not divisible by 8.

答案及解析

1. If m and n are positive integers, is $(m+n+10)(m+n+11)(m+n+12)$ divisible by 12?

(1) n is an odd number.

(2) m is an odd number.

翻译 如果 m 和 n 是正整数，$(m+n+10)(m+n+11)(m+n+12)$ 除以 12 可以整除吗？

思路 $(m+n+10)$，$(m+n+11)$，$(m+n+12)$ 明显是连续正整数，

而三个连续正整数相乘，乘积一定是 6 的倍数。

条件 1：不了解 m 的情况。　insufficient

条件 2：不了解 n 的情况。　insufficient

条件 1＋条件 2：m 是奇数，n 是奇数，因为同奇同偶相加减为偶，所以 $m+n$ 是偶数，则 $(m+n+10)$，$(m+n+11)$，$(m+n+12)$ 分别是偶数、奇数、偶数。

乘项中有两个偶数，2 个连续偶数的乘积一定是 8 的倍数。

所以 $(m+n+10)(m+n+11)(m+n+12)$ 既是 6 的倍数，又是 8 的倍数，

那么一定是 6 和 8 的最小公倍数——24 的倍数，因此除以 12 当然可以整除。

sufficient

答案 C

2. If n is a positive integer and r is the remainder when n^2-1 is divided by 8, what is the value of r?

(1) n is odd.

(2) n is not divisible by 8.

翻译 如果 n 是正整数，而 n^2-1 除以 8 得到的余数是 r，求 r 值是多少？

思路

条件 1：利用平方差公式，可得出 $n^2-1=(n+1)(n-1)$。

如果 n 是奇数，则意味着 $n-1$ 和 $n+1$ 是偶数，而且是相邻偶数，

2 个连续偶数的乘积一定是 8 的倍数。

所以 $n^2-1=(n+1)(n-1)=8$ 的倍数，

8 的倍数除以 8，刚好可以整除，余数是 0。　sufficient

条件 2：n 除以 8 不能整除，但是不确定 n 值。

可能 $n=1$，则 $n^2-1=0$，而 0 除以 8，刚好可以整除，余数是 0；

可能 $n=2$，则 $n^2-1=3$，而 3 除以 8，余数是 3。

很明显 n^2-1 除以 8，余数不固定。　insufficient

答案 A

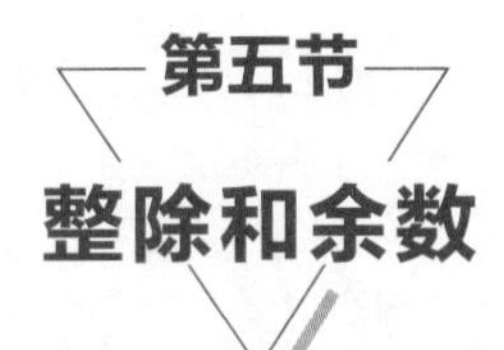

第五节 整除和余数

基本词汇

A is divided by *B*. *A* 除以 *B*。(不知道能不能整除)

A is divisible by *B*. *A* 除以 *B*，且可以整除

quotient 商　　　　　　remainder 余数

“整除和余数”的考点非常多样，具体来说有 4 个考点，我们依次来介绍。

考点 1 余数的性质

正整数 $X \div$ 正整数 Y，整除得到的值，叫作商；不能够整除的部分，叫作余数。

比如说：$19 \div 5 = 3 \cdots\cdots 4$，其中商就是 3，余数是 4。

1. 余数的大小关系

首先，余数不可能是负数。如果正整数 $X \div$ 正整数 Y 不能整除的话，那么余数按理来说应该是正整数才对，不可能是负数；

其次，余数可以是 0，数学规定如果正整数 $X \div$ 正整数 Y 刚好可以整除的话，就可以写成余数是 0。

所以余数是 $\geqslant 0$ 的整数。

但是不要忽视一点，余数一定要比除数 Y 小。

如果余数大于 Y 的话，那么应该可以进一步整除才对。

所以 $0 \leqslant$ 余数 $<$ 除数。

2. 余数运算和除法运算

除法运算：$15 \div 4 = 3.75$

余数运算：$15 \div 4 = 3 \cdots\cdots 3$，其中3是余数。

（1）除法运算是可以进行约分的，但是余数运算不能进行约分。

除法运算：$30 \div 8 = 15 \div 4 = 3.75$；

余数运算：$30 \div 8 = 3 \cdots\cdots 6$

（2）在除法运算中，得到的数值的小数部分 × 除数 = 余数。

$15 \div 4 = 3.75$，相当于 $15 = 4 \times 3.75 = 4 \times 3 + 4 \times 0.75$，

其中 4×3 表示可以整除的部分，而 4×0.75 表示不能整除的部分，

因为余数指的就是不能够整除的部分，

所以 $4 \times 0.75 = 3$（余数）。

When positive integer M is divided by positive integer N, the remainder is 5. N is less than 7, what is the value of N?

(A) 4　　(B) 5　　(C) 6　　(D) 7　　(E) 8

翻译 正整数 $M \div$ 正整数 N，得到的余数是5。已知 $N<7$，求 N 值是多少？

思路 $0 \leqslant$ 余数 $<$ 除数

所以 $N>5$，

且 $N<7$，那么只可能是 $N=6$。

答案 C

When positive integer x is divided by positive integer y, the remainder is 9. If $\frac{x}{y} = 96.12$, what is the value of y?

(A) 96　　(B) 75　　(C) 48　　(D) 25　　(E) 12

翻译 如果 x 和 y 都是正整数，$x \div y$ 得到的余数是9，且 $x \div y = 96.12$，y 值是多少？

思路 除法运算中，得到的数值的小数部分 × 除数 = 余数。

所以，$0.12 \times y =$ 余数9，

解得 $y = 9 \div 0.12 = 75$。

答案 B

考点2 指数的尾数循环 （乘方尾数循环）

“指数的尾数循环” 也是考试的高频考点。

举个典型例题：

The remainder is x when 333^{777} is divided by 5, the remainder is y when 777^{333} is divided by 5. What is the difference between x and y?

【题目翻译】$333^{777} \div 5$，余数是 x；$777^{333} \div 5$，余数是 y。那么 x 和 y 的差是多少?

首先，大家需要意识到这个题目不可能考查复杂运算，因为考试时数学部分没有计算器，一切靠手算。所以这个题目肯定有一定的技巧性在里面。

那具体来说怎么做呢?

我们在前面说过，5 的倍数的特征：个位是 0 或 5。

* *0 或 * *5 ÷5，刚好可以整除，余数是 0；

* *1 或 * *6 ÷5，余数是 1；

* *2 或 * *7 ÷5，余数是 2；

……

所以一个数值 ÷5，余数是多少，取决于这个数值的个位数。

这个题目问$333^{777} \div 5$ 的余数，先得知道333^{777}的个位数。

以后只要问指数a^n的个位数，都涉及一个知识点：指数的尾数循环。

而且只要是考查“指数的尾数循环”，做题步骤完全一样。

第 1 步：底数只保留个位数

为什么只看个位数呢?

153 ×453 的结果的个位数是 9，前面的十位数、百位数只会影响结果的十位、百位、千位，不会倒过头来影响个位数。影响结果的个位数的只有原本的个位数，所以只需要看底数的个位数就行。

所以底数 333，只保留个位数 3 就行。

第 2 步：通过试数试出个位^{n}的循环周期

通过试数试一下3^n的个位数的循环周期：

3^1⇒个位数 3

3^2⇒个位数 3 ×3⇒个位数 9

3^3⇒个位数 9 ×3⇒个位数 7

3^4⇒个位数 7 ×3⇒个位数 1

3^5⇒个位数 1 ×3⇒个位数 3

……

通过试数发现，3^n的个位数的规律是 3，9，7，1，

循环周期是 4，每 4 个值一循环。

第 3 步：指数n÷周期，余几，就表示个位^{n}落在哪一位置上

通过试数发现，3^n的个位数的循环周期是 4，

要想知道3^{777}在循环周期内的变化，重点是落在循环规律的哪一位置上。

777 ÷4 =194 …… 1

余 1，就表示3^{777}落在循环规律的第 1 个位置，

因此，333^{777}的个位数是 3。

既然333^{777}的个位数是 3，那么333^{777} ÷5 的余数就是 3。

利用一样的方法，我们来试一下777^{333} ÷5 的余数怎么求值。

一个数值 ÷5，余数是多少，取决于这个数值的个位数。

题目问777^{333} ÷5 的余数，先得知道777^{333}的个位数。

第 1 步：底数只保留个位数，所以777^{333}只保留7^{333}。

第 2 步：通过试数试出来7^n的循环周期：7，9，3，1，周期是 4。

第 3 步：指数 333 ÷4 =83 …… 1，余 1，就表示7^{333}落在循环规律的第 1 个位置，个位数就是 7。

所以777^{333}的个位数是 7，777^{333} ÷5 的余数是 2。

333^{777} ÷5，余数是 3；777^{333} ÷5，余数是 2。所以，x 和 y 的差是 1。

“指数的尾数循环” 的两种问法：

（1）a^n的个位数是多少？　（2）a^n ÷5 的余数是多少？或a^n ÷10 的余数是多少？

因为一个数值 ÷5 的余数和 ÷10 的余数，都是看个位数就可以。

所以只要碰到这两种问法，都可以利用“指数的尾数循环” 的做题方法来做。

What is the units digit of $2^{345}+1$?

翻译 $2^{345}+1$ 的个位数是多少?

思路 通过试数可求2^n的个位数的循环规律是：2，4，8，6，循环周期是 4。

$345\div4=86\cdots\cdots1$，余 1 表示落在第 1 位，

所以2^{345}落在第 1 位，2^{345}的个位数是 2，

$2^{345}+1$ 的个位数是 3。

答案 3

What is the remainder when 7^{548} is divided by 10?

翻译 $7^{548}\div10$，得到的余数是多少?

思路 一个数值 $\div10$，余数是多少，看个位数就可以。

需要先求7^n的个位数。

通过试数可求7^n的个位数的循环规律是：7，9，3，1，循环周期是 4。

指数 $\div$ 周期，余几表示落在第几位，如果刚好可以整除，表示周期结束，落在最后一位。

$548\div4=137$，刚好可以整除，所以7^{548}落在最后一位。

因此，7^{548}的个位数是 1，

$1\div10$，余数是 1。

答案 1

If k is a positive integer, what is the remainder if 2^k is divided by 10?

(1) k is divisible by 10.

(2) k is divisible by 4.

翻译 如果 k 是正整数，$2^k\div10$，得到的余数是多少?

(1) k 可以被 10 整除。

(2) k 可以被 4 整除。

思路 一个数值 $\div 10$，余数是多少，看个位数就可以。

需要先求2^k的个位数。

通过试数可求2^k的个位数的循环规律是：2，4，8，6，循环周期是4。

所以需要知道 $k \div 4$ 的余数是多少。（余几，就表示2^k的个位数落在第几位。）

条件1： 可以写成 $k=10a$，

$10a \div 4$，未知数项无法直接整除，说明未知数项不能直接消掉，余数不固定。

既然余数不固定，就说明2^k的个位数也不固定。　insufficient

条件2： 可以写成 $k=4b$，

$4b \div 4$，未知数项可以直接整除，说明未知数项可以直接消掉，余数是0。

如果刚好可以整除，表示周期结束，落在最后一位。

说明2^k的个位数是6。

既然2^k的个位数是6，那么 $6 \div 10$ 的余数是6。　sufficient

答案 B

例题 04.

If x is a positive integer, is the remainder 0 when 3^x+1 is divided by 10?

(1) $x=4n+2$, where n is a positive integer.

(2) $x>4$

翻译 如果 x 是正整数，$(3^x+1)\div 10$，得到的余数是 0 吗?

(1) $x=4n+2$，且 n 是正整数。

(2) $x>4$

思路 题目问 $(3^x+1)\div 10$ 的余数，就是在问 3^x+1 的个位数。

要想知道 3^x+1 的个位数，那首先得知道3^x的个位数。

通过试数可知3^x的个位数循环是：3，9，7，1……周期是4。

所以 $x \div 4$ 余几，就表示落在循环规律的哪一位置，就可以判断3^x的个位数。

条件1： $x \div 4$，$x=4n+2$ ➡ $(4n+2)\div 4$，余数是2，

说明3^x落在循环规律的第2位：9。

所以3^x的个位数就是9，3^x+1 的个位数就是0，

则 $(3^x+1)\div 10$ 的余数就是0。　sufficient

条件2： 无法得知 $x \div 4$ 的余数是几。　insufficient

答案 A

“指数的尾数循环”的特殊问法：（考频非常低，稍微了解一下即可）

GMAT 曾经考过：$\frac{a^n \div 7}{9}$的余数是多少？

如果问一个数值 ÷5 和 ÷10 的余数，只需要看个位数。

但是一个数值 ÷7 的余数和 ÷9 的余数，不再是只看个位数，而是需要看整个数值。但是还是可以利用循环规律来做。

What is the remainder when 2^{5500} is divided by 7?

(A) 6 (B) 4 (C) 3 (D) 2 (E) 1

思路 $2^1 \div 7 = 2 \div 7$，余数是 2；

$2^2 \div 7 = 4 \div 7$，余数是 4；

$2^3 \div 7 = 8 \div 7$，余数是 1；

$2^4 \div 7 = 16 \div 7$，余数是 2；

$2^5 \div 7 = 32 \div 7$，余数是 4；

……

所以周期循环是 3。

2550 ÷3 刚好可以整除，说明2^{5500}刚好周期结束，落在最后一位。

因此，(2^{5500}) ÷7 余数是 1。

答案 1

考点 3 数的整除特征

(1) 2 的倍数的特征：个位数字是 0，2，4，6，8 的整数。

(2) 5 的倍数的特征：个位是 0 或 5。

(3) 3 或 9 的倍数的特征：各个数位之和能被 3 或 9 整除。

(4) 4 的倍数的特征：末两位数能被 4 整除。

(5) 25 的倍数的特征：末两位数能被 25 整除。

(6) 8 的倍数的特征：末三位数能被 8 整除。

(7) 125 的倍数的特征：末三位数能被 125 整除。

这些性质在考试时会直接考到，最好能够直接记住。如果记不住的话，在考试时运算量会很大。

下面来看几道例题。

There is a six-digit integer：639，K70. Which of the following cannot be the factor of the integer?

（A）2　　（B）3　　（C）4　　（D）5　　（E）7

翻译 有一个六位数整数：639 K70。下面哪个选项肯定不是它的因数?

思路 首先，末位数是 0，所以肯定能被 2 和 5 整除；

一个数值 ÷3 能否整除，取决于各个数位之和，但是 K 值不知道，所以不确定各个数位之和是不是 3 的倍数，但 “不确定” ≠ “一定不”；

一个数值 ÷4 能否整除，取决于后两位数。因为后两位是 70，不能被 4 整除，所以 4 肯定不是它的因数；

一个数值 ÷7 能否整除，没什么规律，需要把 K 从 0 ~9 全部试一遍，运算量非常大。但因为 C 选项肯定已经不是因数了，题目是单选题，所以 E 选项不需要再考虑。

答案 C

Is three-digit integer n divisible by 12?

（1）n is divisible by 4.

（2）The hundreds digit and the units digit of n are divisible by 3.

翻译 三位数 n 可以被 12 整除吗?

（1）n 能被 4 整除。

（2）n 的百位数、个位数能被 3 整除。

思路

条件 1： n 是 4 的倍数，但不知道是不是 3 的倍数。　insufficient

条件 2： 3 的倍数的特征：各个数位之和是 3 的倍数。

而条件 2 不知道十位数的情况，

所以不能说明 n 是 3 的倍数。　insufficient

条件 1 + 条件 2： n 是 4 的倍数，但不知道 n 是不是 3 的倍数。

所以，不确定 n 是不是 12 的倍数。　insufficient

答案 E

例题 03.

一个六位数 54xy12，x 和 y 都是从 3，5，8 这三个数字中选的，且可以重复。问在所有可能的六位数中，能够被 8 整除的六位数的概率是多少?

思路 8 的倍数的特征：末三位数能被 8 整除。

六位数 54xy12 是不是 8 的倍数，只需要看末三位数就可以。

末三位数是 y12。

$y=3$ 时，$312\div8=39$，可以整除；

$y=5$ 时，$512\div8=64$，可以整除；

$y=8$ 时，$812\div8$ 不能整除。

y12 共有 3 种可能，其中 312，512 可以被 8 整除，

所以概率是 $\frac{2}{3}$。

答案 $\frac{2}{3}$

考点 4 数个数

在 GMAT 考试中，有时候会出现这种题目：

How many integers are multiples of 3 from −100 to 100, inclusive?

这种题目看起来很简单，但其实很容易出错。大家可以先自己尝试算一下。

然后再来看一下这种题目正确的做题思路：

例题 01.

How many integers are multiples of 3 from −100 to 100, inclusive?

思路 先看一下正数（1 ~ 100）中 3 的倍数有多少个?

$100\div3$，商是 33，说明正数中 3 的倍数有 33 个。

再看一下负数（−100 ~ −1）中 3 的倍数有多少个?

$100\div3$，商是 33，说明负数中 3 的倍数有 33 个。

还有别忘了：0 是任意数字的倍数。

所以 3 的倍数有 $33+1+33=67$ 个。

答案 67

同样的道理，我们来看下一下例题。

How many integers are multiples of 7 from −45 to 99, inclusive?

思路 先看一下正数（1～99）中 7 的倍数有多少个?

99 ÷ 7，商是 14，说明正数中 7 的倍数有 14 个。

再看一下负数（−45～−1）中 7 的倍数有多少个?

45 ÷ 7，商是 6，说明负数中 7 的倍数有 6 个。

同理别忘了：0 是任意数字的倍数。

所以 7 的倍数有 14 + 1 + 6 = 21 个。

答案 21

前面的两个例题都是求负数～正数的区间范围中 * * 的倍数有多少个?
下面来看一下如何求纯正数的区间范围中 * * 的倍数有多少个?

例题 03.

How many integers are multiples of 3 from 100 to 1000, inclusive?

思路 先看一下 1～1000 中 3 的倍数有多少个?

1000 ÷ 3，商是 333，说明 1～1000 中 3 的倍数有 333 个。

再看一下 1～100 中 3 的倍数有多少个?

100 ÷ 3，商是 33，说明 1～100 中 3 的倍数有 33 个。

所以 100～1000 中 3 的倍数有 333 − 33 = 300 个。

答案 300

练 习

1. What is the remainder if the positive integer x is divided by 7?

(1) When positive integer x is divided by 5, the remainder is 3.

(2) When positive integer x is divided by 14, the remainder is 7.

2. If r is the remainder when the positive integer n is divided by 7, what is the value of r?

(1) When n is divided by 21, the remainder is an odd number.

(2) When n is divided by 28, the remainder is 3.

3. What is the remainder when the positive integer n is divided by 3?

(1) The remainder when n is divided by 2 is 1.

(2) The remainder when $n+1$ is divided by 3 is 2.

4. What is the remainder when M is divided by 6?

(1) When M is divided by 3, the remainder is 2.

(2) When M is divided by 4, the remainder is 1.

5. 一支乐队的组员列队，总人数不到50。要求每排人数都一样，除了最后一排。如果每排5个人，最后一排剩3个人；如果每排6个人，最后一排剩5个人。请问如果每排7个人的话，最后一排会剩多少人？

6. What is the remainder when 9^{185} is divided by 10?

7. If the units digit of 4^m is 4, which of the following could be the value of m?

Ⅰ. 23　　Ⅱ. 24　　Ⅲ. 25

(A) only Ⅰ　　(B) only Ⅱ　　(C) only Ⅰ and Ⅱ

(D) only Ⅰ and Ⅲ　　(E) Ⅰ, Ⅱ and Ⅲ

8. 一个集合由一串连续正整数所构成，问这个集合中有多少个数值？

(1) 集合中3的倍数有71个。

(2) 集合中偶数有106个。

答案及解析

1. What is the remainder if the positive integer x is divided by 7?

(1) When positive integer x is divided by 5, the remainder is 3.

(2) When positive integer x is divided by 14, the remainder is 7.

思路

条件 1： $x=5a+3$，未知数项 $5a$ 无法被 7 整除，说明未知数消不掉，余数不固定。
insufficient

条件 2： $x=14b+7$，未知数项 $14b$ 可以被 7 整除，说明未知数可以直接消掉，而 $7\div7$ 的余数是 0。　sufficient

答案 B

2. If r is the remainder when the positive integer n is divided by 7, what is the value of r?

(1) When n is divided by 21, the remainder is an odd number.

(2) When n is divided by 28, the remainder is 3.

思路 题目问 $n\div7$ 余数是多少？

条件 1： $n=21a+\text{odd}$，其中 $21a$ 除以 7 可以整除，但是 odd 也是未知数，所以余数不固定。
insufficient

条件 2： $n=28m+3$，其中 $28m$ 除以 7 可以整除，说明未知数可以直接消掉，所以 $3\div7$ 的余数固定。　sufficient

答案 B

3. What is the remainder when the positive integer n is divided by 3?

(1) The remainder when n is divided by 2 is 1.

(2) The remainder when $n+1$ is divided by 3 is 2.

思路 题目问 $n\div3$ 余数是多少？

条件 1： $n=2a+1$，其中未知数项 $2a$ 除以 3 不能整除，所以余数不固定。　insufficient

条件 2： $n+1=3b+2$，则 $n=3b+1$，其中未知数项 $3b$ 除以 3 可以整除，所以余数固定。
sufficient

答案 B

4. What is the remainder when M is divided by 6?

(1) When M is divided by 3, the remainder is 2.

(2) When M is divided by 4, the remainder is 1.

思路

条件1： $M=3a+2$，其中 $3a$ 除以 6 无法整除，所以未知数项不能消掉，余数不固定。

insufficient

条件2： $M=4b+1$，其中 $4b$ 除以 6 无法整除，所以未知数项不能消掉，余数不固定。

insufficient

条件1+2： $M=3a+2$，又 $M=4b+1$，

一个未知数用两个式子来表示，可以把两个式子进行合并，先取周期的最小公倍数作为共有周期，再取两个式子的第 1 个相等的值作为初始值，得到 $M=12n+5$。

其中 $12n$ 除以 6 可以整除，所以未知数项能消掉，余数固定。 sufficient

答案 C

5. 一支乐队的组员列队，总人数不到 50。要求每排人数都一样，除了最后一排。如果每排 5 个人，最后一排剩 3 个人；如果每排 6 个人，最后一排剩 5 个人。请问如果每排 7 个人的话，最后一排会剩多少人?

思路 设乐队总共有 n 人，题目问：n 除以 7 余几?

$n=5a+3$，$n=6b+5$，先取周期的最小公倍数作为共有周期，再取两个式子的第 1 个相等的值作为初始值，可得 $n=30m+23$，又因为 $n<50$，所以 $n=23$。

23 除以 7 余数为 2。

答案 2

6. What is the remainder when 9^{185} is divided by 10?

思路 要想求9^{185}除以 10 的余数，得先知道 9^{185} 的个位数。

9^n的循环规律是：9，1，9，1……周期循环是 2。

185 ÷ 2 余 1，说明9^{185}落在第 1 个位置，个位数就是 9。

所以，9 ÷ 10 的余数是 9。

答案 9

7. If the units digit of 4^m is 4, which of the following could be the value of m?

Ⅰ. 23 Ⅱ. 24 Ⅲ. 25

(A) only Ⅰ　(B) only Ⅱ　(C) only Ⅰ and Ⅱ

(D) only Ⅰ and Ⅲ　(E) Ⅰ, Ⅱ and Ⅲ

思路 4^m个位数分别是：4，6，4，6…

周期循环是 $T=2$，

所以如果 m 是奇数，4^m的个位数是4；如果 m 是偶数，4^m的个位数是6。

所以选Ⅰ和Ⅲ。

答案 D

8. 一个集合由一串连续正整数所构成，问这个集合中有多少个数值?

(1) 集合中3的倍数有71个。

(2) 集合中偶数有106个。

思路

条件1：数字最少时：第一个数和最后一个数都是3的倍数，则共有211个数。

数字最多时：第一个数是3的倍数 −2，最后一个数是3的倍数 +2，共有215个数。

211 ~215 都有可能，不是唯一确定值。　insufficient

条件2：可能是106偶105奇：共211个数；

可能是106偶106奇：共212个数；

可能是106偶107奇：共213个数；

不是唯一确定值。　insufficient

条件1+条件2：取交集，211，212，213都符合。不是唯一确定值。　insufficient

答案 E

第六节
分数和小数

基本词汇

decimal 小数　fraction 分数　decimal notation 十进制　decimal point 小数点
numerator 分子　denominator 分母　digit 数位上的数值　terminating decimal 有限小数
scientific/base decimal notation 科学计数法

考点1 小数的数位

首先，我们来认识一下各个数位的英文单词是什么。

例如：7654.321

7：thousands

6：hundreds

5：tens

4：units（or ones）

“.”：decimal point

3：tenths

2：hundredths

1：thousandths

大家可以发现：

（1）整数部分的单词，都是实数词后面直接加 s；而小数部分的单词，都是序数词后面直接加 s。

（2）整数部分是从“个位”开始，而小数部分是从“十分位”开始。小数点后面直接是“十分位”，不存在“个分位”。

既然我们认识了各个数位的英文单词，那数位问题具体怎么考呢?

1. 进位和借位

任何数位的取值范围都是 0 ~ 9。
如果一个数位的值超过 9 的话，需要往前进位；
如果一个数位的值小于 0 的话，需要向后借位。

2. 一个数字在某一数位上代表的数值具体是多少

一个数字在不同数位上所代表的具体数值大小是不一样的：
一个数字在个位上，代表的就是自己；
一个数字在十位上，代表的就是这个数字 ×10；
一个数字在百位上，代表的就是这个数字 ×100；
……
举个例子：723 代表的实际数值是 $7\times100+2\times10+3$。

If the tens digit x and the units digit y of a positive integer n are reversed, the resulting integer is 9 more than n. What is y in terms of x?

(A) $10-x$　(B) $9-x$　(C) $x+9$　(D) $x-1$　(E) $x+1$

翻译 正整数 n 的十位数 x 和个位数 y 进行调换，调换之后得到的数值比 n 大 9。问如何用 x 代表 y 值?

思路 正整数 n 就是 xy，实际值是 $10x+y$。

正整数 n 的十位数 x 和个位数 y 进行位置调换后，得到的数值是 yx，实际值是 $10y+x$。

根据题目，可列式子：$yx-xy=9$，

即 $(10y+x)-(10x+y)=9y-9x=9$，

两侧同时 ÷9，即 $y-x=1$。

所以 $y=x+1$。

答案 E

If k is a positive integer and the tens digit of $k+5$ is 4, what is the tens digit of k?

(1) $k>35$

(2) The units digit of k is greater than 5.

翻译 如果 k 是正整数，$k+5$ 之后的十位数是 4，问 k 的十位数是多少？

(1) $k > 35$

(2) k 的个位数大于 5。

思路 设 k 的十位数是 a，个位数是 b，则 $k=10a+b$

$k+5$ 的十位数是 4，意味着 $10a+b+5=40+**$。

可能性 1：k 的十位数 $a=3$，而 $b+5>10$，因为个位数相加大于 10，所以向十位进位，变成了 4*；

可能性 2：k 的十位数 $a=4$，而 $b+5<10$，因为个位数相加小于 10，结果还是 4*。

条件 1： 不管是可能性 1 还是可能性 2，$k>35$，所以 k 值可能是 3 也可能是 4。

insufficient

条件 2： 如果 $b>5$ 的话，就意味着 k 只能属于第一种可能性，所以 k 的十位数是 3。

sufficient

答案 B

练 习

1. If a two-digit positive integer has its digits reversed, the resulting integer differs from the original by 27. By how much do the two digits differ?

(A) 3

(B) 4

(C) 5

(D) 6

(E) 7

2. The function f is defined for each positive three-digit integer n by $f(n) = 2^x 3^y 5^z$, where x, y and z are the hundreds, tens, and units digits of n, respectively. If m and v are three-digit positive integers such that $f(m) = 9f(v)$, then $m - v =$

(A) 8

(B) 9

(C) 18

(D) 20

(E) 80

3. Is the positive two-digit integer N less than 40?

(1) The units digit of N is 6 more than the tens digit.

(2) N is 4 less than 4 times the units digit.

答案及解析

1. If a two-digit positive integer has its digits reversed, the resulting integer differs from the original by 27. By how much do the two digits differ?

(A) 3 (B) 4 (C) 5 (D) 6 (E) 7

翻译 一个两位数的十位数和个位数进行调换，调换之后得到的数值跟原本的值相差27。问十位数和个位数相差多少?

思路 设这个两位数是 xy，则实际值是 $10x+y$。

十位数 x 和个位数 y 进行位置调换后，得到的数值是 yx，实际值是 $10y+x$。

根据题目，可列式子：$yx-xy=27$，

即 $(10y+x)-(10x+y)=9y-9x=27$，

两侧同时 $\div 9$，即 $y-x=3$。

答案 A

2. The function f is defined for each positive three-digit integer n by $f(n)=2^x3^y5^z$, where x, y and z are the hundreds, tens, and units digits of n, respectively. If m and v are three-digit positive integers such that $f(m)=9f(v)$, then $m-v=$

(A) 8 (B) 9 (C) 18 (D) 20 (E) 80

翻译 函数 f 的定义如下：三位数 n 的百位是 x，十位是 y，个位是 z，则 $f(n)=2^x3^y5^z$。如果 m 和 n 都是三位数，且满足 $f(m)=9f(v)$，求 $m-v$ 的值是多少?

思路 函数指的是任何数值往定义中代入，都得遵循函数的条件和算法。

所以这个题目意味着：任何三位数代入 $f(n)$，都会变成 $2^{百位}3^{十位}5^{个位}$。

m 和 v 都是三位数，可以设 m 是 abc，v 是 xyz。

将 m 代入函数中，$f(m)=2^a3^b5^c$；将 v 代入函数中，$f(v)=2^x3^y5^z$。

既然 $f(m)=9f(v)$，即 $2^a3^b5^c=2^x3^y5^z\times 9$。

因为 $9=3^2$，所以 $2^a3^b5^c=2^x3^{y+2}5^z$。

说明 $a=x$，$b=y+2$，$c=z$，

由此 m 和 v 的百位相等、个位相等，十位相差2。

十位数相差2，则整个数值差 $2\times 10=20$（因为2在十位代表的实际值是20）。

答案 D

3. Is the positive two-digit integer N less than 40?

（1）The units digit of N is 6 more than the tens digit.

（2）N is 4 less than 4 times the units digit.

思路 假设这个两位数是 $AB=10A+B$，其中 A，B 的取值范围只能是 0～9。

条件1： $B-A=6$，不确定 A，B 的具体数值，

所以 AB 可能是 39，28，17。

不管是哪个值，都小于 40。　sufficient

条件2： $10A+B=4B-4$，

即 $10A=3B-4$，即 $3B=10A+4$。

因为 $10A+4$ 的个位数只可能是 4，而 B 的取值范围是 0～9，

所以只可能是 $3\times 8=24$。

两位数只能是 28，小于 40。　sufficient

答案 D

考点2 小数的四舍五入

1. 表达形式

“四舍五入”问题涉及多种表达形式，我们首先得知道各个表达形式的差别以及各自的意思。

round to 四舍五入

to the nearest 四舍五入

round up to 只入不舍

round down to 只舍不入

例如：round to tens 四舍五入至十位（即将个位化为0）

这些表达形式中，round to 和 to the nearest 意思相同，指的是“四舍五入”，四舍五入到某一数位，我们考虑后面一数位的情况：

如果后一数位≥5，则后面的数值向前进1；

如果后一数位<5，则后面的数值直接舍去。

比如：

5.649，round to tenths。四舍五入到十分位，则考虑后一位百分位的情况，因为百分位<5，所以直接舍掉，得到的结果是5.6；

5.649，round to hundredths。四舍五入到百分位，则考虑后一位千分位的情况，因为千分位≥5，所以向前进1，得到的结果是5.65。

round up to 指的是“只入不舍”，只入不舍到某一数位，考虑后面一数位的情况，但是后面的数值不管是什么，直接向前进1；

round down to 指的是“只舍不入”，只舍不入到某一数位，考虑后面一数位的情况，但是后面的数值不管是什么，直接舍去。

比如：

5.649，round up to tenths。只入不舍到十分位，则考虑后一位百分位的情况，百分位直接进1，得到的结果是5.7；

5.649，round down to hundredths。只舍不入到百分位，则考虑后一位千分位的情况，千分位直接舍掉，得到的结果是5.64。

2. 考法

四舍五入问题，有可能会考查一个数值四舍五入之后的结果是什么；也有可能会直接告诉你四舍五入之后的结果，让你反推这个数值原本是什么。

我们具体来看几道例题：

3.2□△6

If □ and △ each represent single digits in the decimal above, what digit does □ represent?

(1) When the decimal is rounded to the nearest tenth, 3.2 is the result.

(2) When the decimal is rounded to the nearest hundredth, 3.24 is the result.

翻译 在小数3.2□△6中，如果□和△分别代表了小数中的一个数位，那么□代表的值是多少?

(1) 这个小数四舍五入到十分位，结果是3.2。

(2) 这个小数四舍五入到百分位，结果是3.24。

思路

条件1： 四舍五入到十分位，则需要考虑后一位——百分位的情况。

3.2□四舍五入之后结果是3.2，说明□被舍掉了，

说明□ <5，所以□可能是0，1，2，3，4，结果不唯一。 insufficient

条件2： 四舍五入到百分位，则需要考虑后一位——千分位的情况，

3.2□△四舍五入之后结果是3.24，但是不知道△的具体情况。

如果△≥5的话，则△向前进1，四舍五入的结果是3.24，说明之前是3.23；

如果△ <5 的话，则△直接舍掉，四舍五入的结果是3.24，说明之前是3.24。

所以□可能是3或4，结果不唯一。 insufficient

条件1+条件2： □ <5，又□是3或4，

所以□还是3或4，结果还是不唯一。 insufficient

答案 E

The sides of a square region, measured to the nearest centimeters, are 6 centimeters long. The least possible value of the actual area of the square region is

(A) 36.00 sq cm (B) 35.00 sq cm (C) 33.75 sq cm

(D) 30.25 sq cm (E) 25.00 sq cm

翻译 一个正方形的边长，四舍五入到厘米单位，结果是6厘米。这个正方形的面积最小值是多少?

思路 to the nearest（四舍五入）包含两种可能性：舍 or 入。

边长四舍五入之后是 6cm，则边长的实际数值在 5.5cm ~ 6.4cm 之间。

正方形的面积 = 边长^2，

所以正方形面积最小，就意味着边长最小。

边长最小是 5.5cm，

那么正方形的面积最小是$5.5^2 = 30.25$sq cm。

答案 D

例题 03.

On a recent trip, Cindy drove her car 290 miles, rounded to the nearest 10 miles, and used 12 gallons of gasoline, rounded to the nearest gallon. The actual number of miles per gallon that Cindy's car got on this trip must have been between

(A) $\frac{290}{12.5}$ and $\frac{290}{11.5}$

(B) $\frac{295}{12}$ and $\frac{285}{11.5}$

(C) $\frac{285}{12}$ and $\frac{295}{12}$

(D) $\frac{285}{12.5}$ and $\frac{295}{11.5}$

(E) $\frac{295}{12.5}$ and $\frac{285}{11.5}$

翻译 在最近的一趟旅行中，辛迪行驶的路程，四舍五入到十位，结果是 290 公里；辛迪的耗油量，四舍五入到个位，结果是 12 加仑。辛迪这趟旅行实际上平均每加仑走的路程的范围是多少?

思路 行驶路程四舍五入到十位数，结果是 290，说明实际路程数是 $285 \leq$ 路程 < 295；

耗油量四舍五入到个位数，结果是 12，说明实际耗油量是 $11.5 \leq$ 耗油量 < 12.5。

题目问的是平均每单位的耗油量行驶了多少里程的范围，

也就是$\frac{路程}{耗油量}$的范围。

题目中让我们求的是范围，范围指的是最小值 ~ 最大值。

$\frac{路程}{耗油量}$ 的最小值 $=\frac{路程\ min}{耗油量\ max}=\frac{285}{12.5}$；

$\frac{路程}{耗油量}$ 的最大值 $=\frac{路程\ max}{耗油量\ min}=\frac{295}{11.5}$；

所以范围应该是$\frac{285}{12.5}<\frac{路程}{耗油量}<\frac{295}{11.5}$。

注意 在数学中，某个数 a 在 from 1 to 8（从 1 到 8）的区间里，这个表述比较含糊，有两种可性性：1）闭区间 $1\leqslant a\leqslant 8$；2）开区间 $1<a<8$。

为了避免歧义，后面会加修饰语：from 1 to 8，inclusive 指的是 $1\leqslant a\leqslant 8$；from 1 to 8，exclusive 指的是 $1<a<8$。

如果后面没有修饰语，那么 from 1 to 8 表示哪一情况都有可能。

答案 D

练 习

What is the result when x is rounded to the nearest hundredth?

(1) When x is rounded to the nearest thousandth the result is 0.455.

(2) The thousandths digit of x is 5.

答案及解析

What is the result when x is rounded to the nearest hundredth?

(1) When x is rounded to the nearest thousandth the result is 0.455.

(2) The thousandths digit of x is 5.

翻译 数值 x 四舍五入到百分位，结果是多少?

(1) x 四舍五入到千分位，结果是0.455。

(2) x 的千分位是5。

思路 四舍五入到百分位，则需要考虑后一位——千分位的情况。

条件1： 四舍五入有两种情况："舍" 和 "入"，
无法判断万分位到底是入了还是舍了。
如果万分位是被舍了，说明 x 之前的值应该是0.455；
但如果万分位是入了，说明 x 之前的值应该是0.454。
如果 x 是0.455，四舍五入到百分位，结果是0.46；
如果 x 是0.454，四舍五入到百分位，结果是0.45。
答案不唯一。 insufficient

条件2： 不知道 x 千分位前面的数值分别是多少。 insufficient

条件1+条件2： 根据条件1，x 是0.455或0.454；
根据条件2，x 的千分位是5。
所以，x 就是0.455，四舍五入到百分位，结果是0.46。 sufficient

答案 C

考点 3　小数的科学计数法

用 $a\times10^n$ 这种算式来表示一个比较复杂的值，这种表示形式，我们称之为科学计数法。

比如：

$8245000=8.245\times10^6$　　　　$0.0000486=4.86\times10^{-5}$

在 GMAT 考试中，科学计数法主要的考查方式是：给你一个 $a\times10^n$ 的算式，让你来判断这个算式代表的数值。

这一考点难度不大，但是需要特别注意：千万不要多算一个 0 或是少算一个 0。

例题 01.

If n is a positive integer and $k=5.1\times10^n$, what is the value of k?

(1) $6,000<k<500,000$

(2) $k^2=2.601\times10^9$

思路　$k=5.1\times10^n=510\cdots\cdots0$（但是不知道具体有几个 0）

条件 1： $6\,000<k<500\,000$

如果 $n=3$，则 $k=5\,100$，不符合 $6\,000<k<500\,000$；

如果 $n=4$，则 $k=51\,000$，符合 $6\,000<k<500\,000$；

如果 $n=5$，则 $k=510\,000$，不符合 $6\,000<k<500\,000$。

所以只可能 $n=4$，$k=51\,000$。　　sufficient

条件 2： 因为 $k=5.1\times10^n$，所以 $k^2=26.01\times10^{2n}=2.601\times10^{2n+1}$。

条件 2 说 $k^2=2.601\times10^9$，

说明 $2n+1=9$，所以 $n=4$，此时 $k=51\,000$。　　sufficient

答案　D

If $10^{50}-74$ is written as an integer in base decimal notation, what is the sum of the digits in that integer?

(A) 424　　(B) 431　　(C) 440

(D) 449　　(E) 456

翻译 如果 $10^{50}-74$ 是用科学计数法的形式表示了一个整数，那么这个整数的各个数位之和是多少?

思路 $10^{50}-74=10\cdots00-74$

$=99\cdots9\,926$

$10\cdots00$ 是 1 后面跟了 50 个 0，整个数值是 51 位数，

而 $99\cdots9\,926$ 是 51 位数向后借位，结果是一个 50 位数，其中 2 和 6 各占一位，所以还剩 48 位 9。

由此可知 $99\cdots9\,926$ 的各个数位之和是 $48\times9+2+6=440$。

答案 C

练　习

1. If a is an integer, is $a<4$?

   (1) $10^{-2a+2}<0.001$

   (2) $10^{-2a}<0.0001$

2. If $\frac{0.0015\times10^{m}}{0.03\times10^{k}}=5\times10^{7}$, then $m-k=$

   (A) 9

   (B) 8

   (C) 7

   (D) 6

   (E) 5

3. If k is an integer and $(0.0025)(0.025)(0.00025)\times10^{k}$ is an integer, what is the least possible value of k?

   (A) -12

   (B) -6

   (C) 0

   (D) 6

   (E) 12

答案及解析

1. If a is an integer, is $a<4$?

(1) $10^{-2a+2}<0.001$

(2) $10^{-2a}<0.0001$

思路

条件1： $0.001=10^{-3}$，$-2a+2<-3$，解得 $a>2.5$。

a 是整数，说明 $a\geqslant3$，

但不知道 a 和 4 的大小关系。 insufficient

条件2： $0.0001=10^{-4}$，$-2a<-4$，解得 $a>2$。

a 是整数，说明 $a\geqslant3$，

但不知道 a 和 4 的大小关系。 insufficient

条件1+条件2： 还是 $a\geqslant3$，

但还是不知道 a 和 4 的大小关系。 insufficient

答案 E

2. If $\frac{0.0015\times10^{m}}{0.03\times10^{k}}=5\times10^{7}$, then $m-k=$

(A) 9 (B) 8 (C) 7 (D) 6 (E) 5

思路 $\frac{0.0015\times10^{m}}{0.03\times10^{k}}=\frac{0.0015}{0.03}\times\frac{10^{m}}{10^{k}}=0.05\times10^{m-k}$

$=5\times10^{-2}\times10^{m-k}=5\times10^{m-k-2}=5\times10^{7}$，

说明 $m-k-2=7$，则 $m-k=9$。

答案 A

3. If k is an integer and $(0.0025)(0.025)(0.00025)\times10^{k}$ is an integer, what is the least possible value of k?

(A) −12 (B) −6 (C) 0 (D) 6 (E) 12

思路 0.0025 是 4 位小数，0.025 是 3 位小数，0.00025 是 5 位小数，

所以 (0.0025)(0.025)(0.00025) 共计 12 位小数。

要想保证 $(0.0025)(0.025)(0.00025)\times10^{k}$ 的结果是整数，

则 10^{k} 得有 12 个 0 以抵消 12 位小数，

所以 $k=12$。

答案 E

考点4 有限小数

“有限小数”不会真的给你一个小数，让你来判断是否有限。都是给你一个分数$\frac{b}{a}$，让你来判断这个分数是否有限。

如果分子÷分母，得到的结果是有限长度，即为有限；如果分子÷分母，得到的结果是无限长度，即为无限。

考 GMAT 数学时是不允许带计算器的，一切只能靠手算。举个例子：判断$\frac{127}{128}$这个分数是否是有限小数。不可能靠手算，因为运算量太大。

那具体如何判断分数$\frac{b}{a}$是不是有限小数呢?

先保证分数化到了最简，然后对分母分解质因数，只要分解的结果只有2或5，就是有限小数；如果分解的结果有2和5之外别的质因数，就是无限小数。（注意：整数也属于有限数。）

Which of the following fractions has a decimal equivalent that is a terminating decimal?

(A) $\frac{10}{189}$　(B) $\frac{15}{196}$　(C) $\frac{16}{225}$

(D) $\frac{25}{144}$　(E) $\frac{39}{128}$

翻译 下面哪个分数写成小数形式，结果是有限小数?

思路 对5个选项的分母依次进行分解质因数。

$189=3^3\times7$，分解的结果有2，5之外别的质因数，不是有限小数；

$196=2^2\times7^2$，分解的结果有2，5之外别的质因数，不是有限小数；

$225=5^2\times3^2$，分解的结果有2，5之外别的质因数，不是有限小数；

$144=2^4\times3^2$，分解的结果有2，5之外别的质因数，不是有限小数；

$128=2^7$，分解的质因数只有2，是有限小数。

答案 E

例题 02.

If r and s are positive integers and the ratio $\frac{r}{s}$ is expressed as a decimal, is $\frac{r}{s}$ a terminating decimal?

(1) $90<r<100$

(2) $s=4$

翻译 如果 r 和 s 是正整数，分数$\frac{r}{s}$可以写成一个小数，那么$\frac{r}{s}$是有限小数吗?

思路 先保证分数化到了最简，然后对分母分解质因数，只要分解的结果只有 2 或 5，就是有限小数。

条件 1： 不了解分母的情况。　　insufficient

条件 2： 整个分数就是$\frac{r}{4}$，

如果 r 和 4 已经化到了最简，就对分母 4 分解质因数，分解的结果只有 2，是有限小数；

如果 r 和 4 还没化到最简，就意味着 r 和 4 能再约分，因为 $4=2^2$，4 再约分只可能化简成 2。对分母 2 分解质因数，分解的结果还是只有 2，依然是有限小数。

所以不管$\frac{r}{4}$有没有化到最简，都是有限小数。　　sufficient

答案 B

考点 5 比例/比率问题 1——比例的计算

“比例/比率” 问题在 GMAT 考试中是绝对高频的考点，有可能考运算，也有可能考读题。

我们先介绍一下比例/比率问题中考运算怎么考。

先来区分两种表达形式：

increase/decrease by = increase/decrease 增加/下降了……

increase/decrease to 增加/下降到……

两种表达方式有什么区别呢?

His salary increased (by) 3,000 *yuan*. 他的工资上涨了 3 000 元。(但是并不清楚他现在的工资具体是多少，只知道工资的变化幅度是 +3000。)

His salary increased to 3000 *yuan*. 他的工资上涨到了 3000 元。(并不清楚他的工资变化了多少幅度，只知道现在的工资是 3000。)

再来看一下比例/比率问题中考运算具体怎么考：

（1）已知两个数值，求变化了的百分比

A 比 B 大/增加/提高了＊＊百分比 $=\frac{大-小}{小}\times 100\%$

B 比 A 小/减少/降低了＊＊百分比 $=\frac{大-小}{大}\times 100\%$

（2）已知变化幅度，求具体数值

A 比 B 大 $x\%$，则 $A=B\times(1+x\%)$

B 比 A 小 $y\%$，则 $B=A\times(1-y\%)$

At the end of the first quarter, the share price of a certain mutual fund was 20 percent higher than it was at the beginning of the year. At the end of the second quarter, the share price was 50 percent higher than it was at the beginning of the year. What was the percent increase in the share price from the end of the first quarter to the end of the second quarter?

(A) 20%　　(B) 25%　　(C) 30%　　(D) 33%　　(E) 40%

翻译 在第一季度末，一只基金的价格比年初高了20%。在第二季度末，这只基金的价格比年初高了50%。这只基金的价格从第一季度末到第二季度末增加了多少百分比？

思路 设年初的价格是 a，则第一季度末的价格就是 $a\times(1+20\%)=1.2a$，

第二季度末的价格就是 $a\times(1+50\%)=1.5a$，

所以增幅是 $\frac{1.5a-1.2a}{1.2a}\times 100\%=25\%$。

答案 B

A manufacturer produced x percent more video cameras in 1994 than in 1993 and y percent more video cameras in 1995 than in 1994. If the manufacturer produced 1,000 video cameras in 1993, how many video cameras did the manufacturer produce in 1995?

(1) $xy=20$

(2) $x+y+\frac{xy}{100}=9.2$

翻译 一个生产商1994年比1993年多生产了 $x\%$ 的摄像机，1995年比1994年多生产了 $y\%$ 的摄像机。如果这个生产商在1993年生产了1 000台摄像机，那么这个生产商在1995年生产了多少台摄像机？

思路 1995 年的产量 $=1\,000\times(1+x\%)\times(1+y\%)$

$$=1\,000\times(1+x\%+y\%+x\%y\%)$$

$$=1\,000\times\left(1+\frac{x}{100}+\frac{y}{100}+\frac{xy}{10\,000}\right)$$

所以要想求 1995 年的产量，需要知道式子中后三项未知数$\frac{x}{100}+\frac{y}{100}+\frac{xy}{10\,000}$的值是多少。

条件 1： 不知道 x 和 y 的具体数值。 insufficient

条件 2： $x+y+\frac{xy}{100}=9.2$，其中 x 是$\frac{x}{100}$的 100 倍，y 是$\frac{y}{100}$的 100 倍，$\frac{xy}{100}$是$\frac{xy}{10\,000}$的 100 倍。

所以，条件 2 中的 $x+y+\frac{xy}{100}$是题干中$\frac{x}{100}+\frac{y}{100}+\frac{xy}{10\,000}$的 100 倍。

既然 $x+y+\frac{xy}{100}=9.2$，那么$\frac{x}{100}+\frac{y}{100}+\frac{xy}{10\,000}=0.092$，

1995 年的产量 $=1\,000\times\left(1+\frac{x}{100}+\frac{y}{100}+\frac{xy}{10\,000}\right)=1\,000\times(1+0.092)=1\,092$。

sufficient

答案 B

例题 03.

The positive numbers w, x, y, and z are such that x is 20 percent greater than y, y is 20 percent greater than z, and w is 20 percent less than x. What percent greater than z is w?

(A) 15.2% (B) 16.0% (C) 20.0% (D) 23.2% (E) 24.8%

思路 $x=y\times(1+20\%)=1.2y$

$y=z\times(1+20\%)=1.2z$

$w=x\times(1-20\%)=0.8x$

题目问 w 比 z 大多少百分比，即$\frac{w-z}{z}$。

$w=0.8x=0.8\times1.2y=0.8\times1.2\times1.2z=1.152z$

$\frac{w-z}{z}=\frac{1.152z-z}{z}=0.152=15.2\%$

答案 A

练　习

1. On July 1 of last year, the total number of employees at Company E was decreased by 10 percent. The average (arithmetic mean) employee salary was 10 percent more after the decrease in number of employees than before the decrease. The total of the combined salaries of all of the employees at Company E after July 1 last year was what percent of that before July 1 last year?

(A) 90%

(B) 99%

(C) 100%

(D) 101%

(E) 110%

2. The revenue of a company in 1998 is x percent greater than in 1997, and the revenue of the company in 1999 is x percent less than in 1998. If the revenue in 1999 is 9 percent less than in 1997, what is the value of x?

(A) 3

(B) 10

(C) 20

(D) 30

(E) 50

答案及解析

1. On July 1 of last year, the total number of employees at Company E was decreased by 10 percent. The average (arithmetic mean) employee salary was 10 percent more after the decrease in number of employees than before the decrease. The total of the combined salaries of all of the employees at Company E after July 1 last year was what percent of that before July 1 last year?

(A) 90%　(B) 99%　(C) 100%　(D) 101%　(E) 110%

翻译 在去年的7月1日，E公司的员工数量减少了10%。在这次员工数量减少过后，员工的平均工资比之前上涨了10%。问去年7月1日后E公司员工的全体总工资是去年7月1日前E公司员工的全体总工资的多少百分比?

思路 总工资＝人均工资×员工数量

	7月1日前	7月1日后
员工数量	a	$0.9a$
人均工资	b	$1.1b$
总工资	ab	$0.99ab$

所以，$\frac{7月1日后总工资}{7月1日前总工资}=\frac{0.99ab}{ab}=99\%$

答案 B

2. The revenue of a company in 1998 is x percent greater than in 1997, and the revenue of the company in 1999 is x percent less than in 1998. If the revenue in 1999 is 9 percent less than in 1997, what is the value of x?

(A) 3　(B) 10　(C) 20　(D) 30　(E) 50

翻译 一家公司1998年的营业额比1997年的营业额高$x\%$，1999年的营业额比1998年的营业额少$x\%$。如果1999年的营业额比1997年的营业额少9%的话，请问x值是多少?

思路 设1997年的营业额是a，

则1999年的营业额$=a\times(1+x\%)\times(1-x\%)=a\times(1-x\%^2)$。

又1999年的营业额＝1997年的营业额$\times(1-9\%)=a\times(1-9\%)$，

即$a\times(1-x\%^2)=a\times(1-9\%)$，

即$x\%^2=9\%$，

由此可求得$x=30$。

注意 $30\%^2=0.3^2=0.09=9\%$　　$3\%^2=0.03^2=0.0009=0.09\%$

答案 D

考点 6 比例/比率问题 2——比例的读题

在我们生活中，有关于比例的描述，不管是百分比，还是几分之几，还是几倍，都是两个数值相比的关系。

举两个例子：

（1）成绩好的女生在我们班女生中占 40%。

（2）成绩好的女生在我们班学生中占 40%。

这两句话很明显是不一样的，因为第 1 句话是把“我们班女生数量”作为分母，第 2 句话是把“我们班学生数量”作为分母。

“比例/比率”问题考读题的话，主要是考以下几种表述方式：

表述 1：percent/fraction

What percent of A is B?

这句话中 A 是分母、B 是分子，指的是$\frac{B}{A}$。

表述 2：ratio

the ratio of A *to* B，永远是 to 前的数值:to 后的数值。

表述 3：times

（1）A is two times as many as B.

（2）（There is）two times as many A as B.

这两句话的意思完全相同，都是 $A=2B$。

At a loading dock, each worker on the night crew loaded $\frac{3}{4}$ as many boxes as each worker on the day crew. If the night crew has $\frac{4}{5}$ as many workers as the day crew, what fraction of all the boxes loaded by the two crews did the day crew load?

（A）$\frac{1}{2}$　（B）$\frac{2}{5}$　（C）$\frac{3}{5}$　（D）$\frac{4}{5}$　（E）$\frac{5}{8}$

翻译 在一个装卸货物的码头，每名夜班员工装卸的箱子是每名白班员工装卸箱子的$\frac{3}{4}$。如果夜班员工的数量是白班员工的数量的$\frac{4}{5}$，问这两拨员工装卸箱子的总数量中，白班员工的占了多少比例？

思路

	夜班员工	白班员工
人均效率	$\frac{3a}{4}$	a
人数	$\frac{4b}{5}$	b
装卸的箱子的总数（效率×人数）	$\frac{3a}{4}\times\frac{4b}{5}=\frac{3ab}{5}$	ab

所以两拨员工装卸的总箱子是$\frac{3ab}{5}+ab=\frac{8ab}{5}$

白班员工装卸的总箱子是 ab

所以白班员工占的比例是 $ab\div\frac{8ab}{5}=\frac{5}{8}$

答案 E

Type of Nut	Quantity (in Pounds)	Price Per Pound
Cashew	c	$3.50
Almond	a	$4.00
Walnut	w	$4.50

The table above shows the quantities and prices per pound of three types of nuts that are combined to make a nut mixture. The mixture contains twice as many pounds of cashews as pounds of almonds, and 3 times as many pounds of walnuts as pounds of almonds. What is the cost of the mixture, in dollars, expressed in terms of a?

(A) $4a$ (B) $6a$ (C) $13.5a$ (D) $20.5a$ (E) $24.5a$

翻译 上表显示了三种坚果各自的数量和价格，现在要用这三种坚果来做成混合坚果。混合坚果中腰果的重量是扁桃仁的 2 倍，核桃的重量是扁桃仁的 3 倍。问坚果混合物的总成本是多少元（用 a 来表示）?

思路 根据题意，$c=2a$，$w=3a$。

总成本 = 腰果的成本 + 扁桃仁的成本 + 核桃的成本

$=3.5\times2a+4\times a+4.5\times3a=24.5a$

答案 E

练　习

1. 3 teaspoons = 1 tablespoon

   4 tablespoons = $\frac{1}{4}$ cup

   According to the information above, how many teaspoons are equal to $\frac{3}{8}$ cup?

   (A) 3　　(B) 4　　(C) 9　　(D) 12　　(E) 18

2. A certain scholarship committee awarded scholarships in the amounts of \$1,250, \$2,500, and \$4,000. The committee awarded twice as many \$2,500 scholarships as \$4,000 scholarships, and it awarded three times as many \$1,250 scholarships as \$2,500 scholarships. If a total of \$37,500 was awarded in \$1,250 scholarships, how many \$4,000 scholarships were awarded?

   (A) 5　　(B) 6　　(C) 9　　(D) 10　　(E) 15

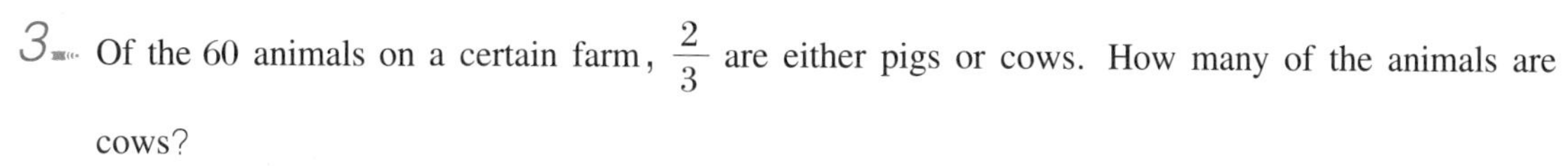

3. Of the 60 animals on a certain farm, $\frac{2}{3}$ are either pigs or cows. How many of the animals are cows?

   (1) The farm has more than twice as many cows as it has pigs.

   (2) The farm has more than 12 pigs.

4. 有一杯酒精，先倒掉$\frac{1}{2}$，然后加满水；再倒掉$\frac{1}{3}$，然后加水注满；再倒掉$\frac{1}{4}$，再加水注满，问杯子里还有多少水？

答案及解析

1. 3 teaspoons = 1 tablespoon

4 tablespoons = $\frac{1}{4}$ cup

According to the information above, how many teaspoons are equal to $\frac{3}{8}$ cup?

(A) 3 (B) 4 (C) 9 (D) 12 (E) 18

思路 因为 $\frac{1}{4}$杯 = 4 汤匙，所以 1 杯 = 16 汤匙

因为 1 汤匙 = 3 茶匙，所以 1 杯 = 48 茶匙

所以 $\frac{3}{8}$杯 = $\frac{3}{8}$ × 48 茶匙 = 18 茶匙

答案 E

2. A certain scholarship committee awarded scholarships in the amounts of $1, 250, $2, 500, and $4, 000. The committee awarded twice as many $2, 500 scholarships as $4, 000 scholarships, and it awarded three times as many $1, 250 scholarships as $2, 500 scholarships. If a total of $37, 500 was awarded in $1, 250 scholarships, how many $4, 000 scholarships were awarded?

(A) 5 (B) 6 (C) 9 (D) 10 (E) 15

翻译 一个奖学金委员会发放的奖学金有三个级别：1 250 美元、2 500 美元和 4 000 美元。这个奖学金委员会发放的 2 500 美元这一级的数量是发放的 4 000 美元这一级的数量的 2 倍，发放的 1 250 美元这一级的数量是发放的 2 500 美元这一级的数量的 3 倍。如果这个奖学金委员会发放的 1 250 美元这一级的总额是 37 500 美元，问委员会发出去了多少个 4 000 美元的奖学金？

思路 设委员会发出了 a 个 4 000 美元的奖金，则意味着委员会发出了 $2a$ 个 2 500 美元的奖金，发出了 $6a$ 个 1 250 美元的奖金。

$1250 \times 6a = 37\,500$，解得 $a = 5$。

答案 A

3. Of the 60 animals on a certain farm, $\frac{2}{3}$ are either pigs or cows. How many of the animals are cows?

(1) The farm has more than twice as many cows as it has pigs.

(2) The farm has more than 12 pigs.

思路 题目的意思是：猪 + 牛 $=60\times\frac{2}{3}=40$，求牛有多少只？

设猪有 a 只，牛有 b 只，$a+b=40$。

条件 1：“The farm has twice as many cows as it has pigs.” 意思是“牛是猪的 2 倍”，即牛 $=2\times$猪。

“The farm has more than twice as many cows as it has pigs.” 意思是“牛是猪的 2 倍多”，即牛 $>2\times$猪。

$a+b=40$，又 $a>2b$，无法求 a，b 的具体数值。

可能 $b=12$，$a=28$；

可能 $b=13$，$a=27$。　insufficient

条件 2：$a+b=40$，又 $b>12$（因为猪的数量肯定是正整数，所以 $b\geqslant 13$），无法求 a，b 的具体数值。

可能 $b=13$，$a=27$；

可能 $b=14$，$a=26$。　insufficient

条件 1 + 条件 2：$a+b=40$，又因为 $b\geqslant 13$，

如果 $b=13$，则 $a=40-13=27$，符合 $a>2b$；

如果 $b=14$，则 $a=40-14=26$，不符合 $a>2b$；

如果 b 更大，还是不符合 $a>2b$。

所以只可能 $b=13$，$a=27$。　sufficient

答案 C

4. 有一杯酒精，先倒掉$\frac{1}{2}$，然后加满水；再倒掉$\frac{1}{3}$，然后加水注满；再倒掉$\frac{1}{4}$，然后加水注满，问杯子里有多少水？

思路 最开始，有满满 1 杯酒精，

先倒掉$\frac{1}{2}$$\left(剩\frac{1}{2}\right)$，意味着杯子中还剩$\frac{1}{2}$杯酒精；

再倒掉$\frac{1}{3}$$\left(剩\frac{2}{3}\right)$，意味着杯子中还剩$\frac{1}{2}\times\frac{2}{3}$杯酒精；

最后倒掉$\frac{1}{4}$$\left(剩\frac{3}{4}\right)$，意味着杯子中还剩$\frac{1}{2}\times\frac{2}{3}\times\frac{3}{4}=\frac{1}{4}$杯酒精。

除了酒精就是水，所以水是$\frac{3}{4}$。

答案 $\frac{3}{4}$

第二章

CHAPTER

Algebra 代数

2

因式分解

平方差公式：$a^2-b^2=(a+b)(a-b)$

平方和公式：$a^2+b^2=(a+b)^2-2ab$

$a^2+b^2=(a-b)^2+2ab$

立方差公式：$a^3-b^3=(a-b)(a^2+ab+b^2)$

立方和公式：$a^3+b^3=(a+b)(a^2-ab+b^2)$

代数部分主要考查6个知识点：

（1）指数运算

（2）根号运算

（3）解方程

（4）不等式

（5）数列

（6）函数

第一节 指数运算

考点1 指数的基本运算公式

$a^m \times a^n = a^{m+n}$

$a^m \times b^m = (a \times b)^m$

$(a^m)^n = a^{mn}$

$a^m \div a^n = a^{m-n}$

$a^m \div b^m = \left(\frac{a}{b}\right)^m$

$a^{-n} = \frac{1}{a^n}$

考点2 指数a^n的图像

(1) 如果 $a>0$，则 $a^n>0$ 恒成立。

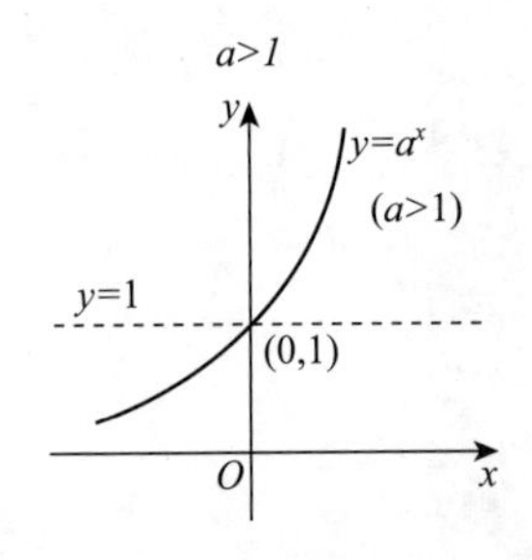

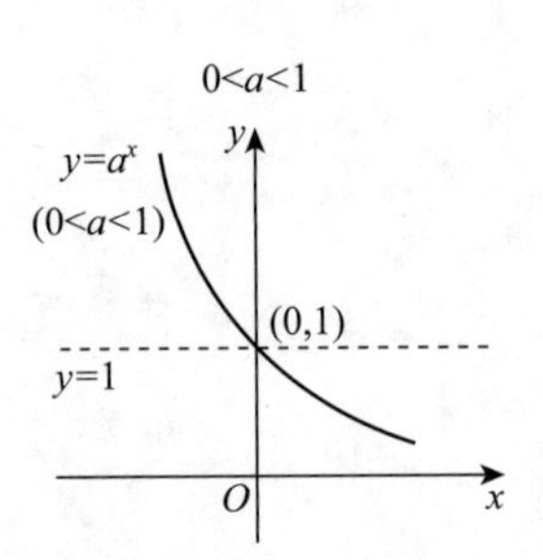

如果 $a>1$，则 a^n 的图像是递增形式；

如果 $0<a<1$，则 a^n 的图像是递减形式。

但是不管是递增还是递减，a^n 都经过一个点（0，1）。

（2）如果 $a<0$，则 a^n 的大小取决于指数 n 的奇偶性。

如果指数是偶数，会改变底数的正负性；

如果指数是奇数，不会改变底数的正负性。

If $3^{6x}=8,100$, what is the value of 3^{3x-3}?

思路 根据 $a^m \div a^n = a^{m-n}$，

推出 $3^{3x-3}=3^{3x}\div 3^3=3^{3x}\div 27$。

根据 $(a^m)^n=a^{mn}$，推出 $3^{6x}=3^{3x\times 2}=(3^{3x})^2=8\ 100$，

所以 $3^{3x}=\sqrt{8\ 100}=90$，

$3^{3x-3}=3^{3x}\div 27=90\div 27=\frac{10}{3}$。

答案 $\frac{10}{3}$

If x and y are integers, what is the value of $2x^{6y}-4$?

(1) $x^{2y}=16$

(2) $xy=4$

思路 要想求 $2x^{6y}-4$，得知道 x^{6y} 的值是多少。

条件1：根据 $(a^m)^n=a^{mn}$，可推出 $x^{6y}=x^{2y\times 3}=(x^{2y})^3=16^3$，

所以 $2x^{6y}-4$ 的值可求。　　sufficient

条件2：$xy=4$，但并不知道 x^{6y}的值是多少。　　insufficient

答案 A

Of the following values of n, the value of $\left(-\frac{1}{5}\right)^{-n}$ will be greatest for $n=$

(A) -3　　(B) -2　　(C) 0　　(D) 2　　(E) 3

思路 首先，如果 $a<0$，则 a^n 的大小取决于指数 n 的奇偶性。

如果指数是偶数，会改变底数的正负性，所以先排除奇数选项 A 和 E。

$$a^{-n}=\frac{1}{a^n},\ \left(-\frac{1}{5}\right)^{-n}=\frac{1}{\left(-\frac{1}{5}\right)^n}=(-5)^n,$$

当 n 取 2 时，能使得 $(-5)^n$ 的值最大。

答案 D

例题 04.

There are two sets: set $A=\{1,\ 3,\ -7\}$, set $B=\{-1,\ 3,\ 6,\ 7\}$。If we choose one number from each set, what is the probability that $B^A>0$?

翻译 有两个集合，集合 A 中有 $\{1,\ 3,\ -7\}$，集合 B 中有 $\{-1,\ 3,\ 6,\ 7\}$。如果我们从集合 A 和集合 B 中各取一个数值，使得 $B^A>0$ 的概率是多少?

思路 如果 $a>0$，则 $a^n>0$ 恒成立。

所以只要 B 取的数值是 3，6，7，则肯定 $B^A>0$。

如果 $a<0$，则 a^n 的大小取决于指数 n 的奇偶性：

如果指数是偶数，会改变底数的正负性；如果指数是奇数，不会改变底数的正负性。

如果从集合 B 中取的数值是 -1，则希望集合 A 中能取出来一个偶数使 $B^A>0$，但是集合 A 中的元素全是奇数，那么肯定 $B^A<0$。

B 中有 4 个数值，取 3，6，7，则肯定 $B^A>0$；取 -1，则肯定 $B^A<0$。

所以概率是 $\frac{3}{4}$。

答案 $\frac{3}{4}$

练 习

1. The value of $\frac{2^{-14}+2^{-15}+2^{-16}+2^{-17}}{5}$ is how many times the value of 2^{-17}?

(A) $\frac{3}{2}$

(B) $\frac{5}{2}$

(C) 3

(D) 4

(E) 5

2. If $x<0$ and $0<y<1$, which of the following has the greatest value?

(A) x^2y

(B) $\left(\frac{x}{y}\right)^2$

(C) $\frac{x^2}{y}$

(D) x^2

(E) $(xy)^2$

3. What is the value of x^8+x^{-8}?

(1) $x^4+x^{-4}=7$

(2) $x^2+x^{-2}=3$

答案及解析

1. The value of $\frac{2^{-14}+2^{-15}+2^{-16}+2^{-17}}{5}$ is how many times the value of 2^{-17}?

(A) $\frac{3}{2}$　　(B) $\frac{5}{2}$　　(C) 3

(D) 4　　(E) 5

思路 $\frac{2^{-14}+2^{-15}+2^{-16}+2^{-17}}{5}$

$=\frac{1}{5}\times(2^{-14}+2^{-15}+2^{-16}+2^{-17})$

$=\frac{1}{5}\times2^{-17}\times(2^{3}+2^{2}+2^{1}+2^{0})=\frac{1}{5}\times15\times2^{-17}=3\times2^{-17}$

所以，$\frac{2^{-14}+2^{-15}+2^{-16}+2^{-17}}{5}$是$2^{-17}$的 3 倍。

答案 C

2. If $x<0$ and $0<y<1$, which of the following has the greatest value?

(A) x^2y　　(B) $\left(\frac{x}{y}\right)^2$　　(C) $\frac{x^2}{y}$

(D) x^2　　(E) $(xy)^2$

思路 五个选项中其实都有x^2，差别在于 y 的运算不一样。

乘以一个 0 ~ 1 之间的数值（比如$\frac{1}{2}$，$\frac{1}{3}$），相当于自身被拆分，结果会越来越小；

除以一个 0 ~ 1 之间的数值，相当于乘以多少倍，结果会越来越大。

很明显 B，C 的值比 A，D，E 的值大。

因为 B 选项是除了两次 y，而 C 选项是除了一次 y，所以 B 的值最大。

答案 B

3. What is the value of x^8+x^{-8}?

(1) $x^4+x^{-4}=7$

(2) $x^2+x^{-2}=3$

思路

条件1：平方和公式：$a^2+b^2=(a+b)^2-2ab$

$x^8+x^{-8}=(x^4)^2+(x^{-4})^2$

$=(x^4+x^{-4})^2-2\times x^4\times x^{-4}$

因为 $x^4+x^{-4}=7$，所以上式 $=7^2-2\times x^{4-4}=49-2\times x^0=49-2\times 1=47$。

sufficient

条件2：根据条件1，可以知道这个题目的考点是平方和公式。

利用平方和公式，

可以求 $x^4+x^{-4}=(x^2)^2+(x^{-2})^2$

$=(x^2+x^{-2})^2-2\times x^2\times x^{-2}$

$=3^2-2\times x^0=9-2\times 1=7$

既然 $x^4+x^{-4}=7$，再利用平方和公式，就可以求 x^8+x^{-8} 的值。　　sufficient

答案 D

第二节 根号运算

考点1 根号的运算

$\sqrt{x^2}=|x|$（如果是未知数开根号，一定要注意加绝对值符号。）

$\sqrt{a}\times\sqrt{b}=\sqrt{ab}$

$\sqrt{a}\div\sqrt{b}=\sqrt{\frac{a}{b}}$

$\sqrt{a}\pm\sqrt{b}\neq\sqrt{a\pm b}$

考点2 根号的性质——双重非负性

对于$\sqrt[m]{a}$:

如果 m 是偶数，则必须 $a\geqslant 0$，$\sqrt[m]{a}\geqslant 0$;

如果 m 是奇数，则 a 可正可负，$\sqrt[m]{a}$也可正可负。

$(\pm 4)^2=16$，但是 $\sqrt{16}=4$。

考点3 根号运算的化简

例1：simplify $\frac{\sqrt{20}-\sqrt{6}}{\sqrt{3}}$

$$\frac{\sqrt{20}-\sqrt{6}}{\sqrt{3}}=\frac{\sqrt{20}-\sqrt{6}}{\sqrt{3}}\times\frac{\sqrt{3}}{\sqrt{3}}=\frac{(\sqrt{20}-\sqrt{6})\times\sqrt{3}}{\sqrt{3}\times\sqrt{3}}=\frac{2\sqrt{15}-3\sqrt{2}}{3}$$

例 2：simplify $\frac{1+\sqrt{2}}{1-\sqrt{2}}$

$$\frac{1+\sqrt{2}}{1-\sqrt{2}}=\frac{1+\sqrt{2}}{1-\sqrt{2}}\times\frac{1+\sqrt{2}}{1+\sqrt{2}}=\frac{(1+\sqrt{2})(1+\sqrt{2})}{(1-\sqrt{2})(1+\sqrt{2})}=\frac{3+2\sqrt{2}}{-1}=-3-2\sqrt{2}$$

常用数值：

$\sqrt{121}=11$	$\sqrt[3]{8}=2$
$\sqrt{144}=12$	$\sqrt[3]{27}=3$
$\sqrt{169}=13$	$\sqrt[3]{64}=4$
$\sqrt{196}=14$	$\sqrt[3]{125}=5$
$\sqrt{225}=15$	$\sqrt[3]{216}=6$
$\sqrt{625}=25$	

求 $(1+\sqrt{2}+\sqrt{3})^2-(\sqrt{2}+\sqrt{3})^2$ 的值是多少？

思路 利用平方差公式，

原式 $=(1+\sqrt{2}+\sqrt{3}+\sqrt{2}+\sqrt{3})\times(1+\sqrt{2}+\sqrt{3}-\sqrt{2}-\sqrt{3})=1+2\sqrt{2}+2\sqrt{3}$。

答案 $1+2\sqrt{2}+2\sqrt{3}$

If x is a negative number, what is the value of $\sqrt[4]{(x-3)^4}+\sqrt{(-x)\times|x|}$ in terms of x?

思路 根据根号运算的“双重非负性”，

原式 $=\sqrt[4]{(x-3)^4}+\sqrt{x^2}=|x-3|+|x|$，

因为 $x<0$，所以上式 $=3-x-x=3-2x$。

答案 $3-2x$

If $\sqrt{3-2x}=\sqrt{2x}+1$, then $4x^2=$

(A) 1　　(B) 4　　(C) $2-2x$　　(D) $4x-2$　　(E) $6x-1$

思路 $\sqrt{3-2x}=\sqrt{2x}+1$

$(\sqrt{3-2x})^2=(\sqrt{2x}+1)^2$

$3-2x=2x+2\sqrt{2x}+1$

$2-4x=2\sqrt{2x}$

$1-2x=\sqrt{2x}$

$(1-2x)^2=(\sqrt{2x})^2$

$1-4x+4x^2=2x$

$4x^2=6x-1$

答案 E

例题 04.

$x-10=\sqrt{x}+\sqrt{10}$，求 x 的值是多少？

思路 根据平方差公式，$x-10=(\sqrt{x})^2-(\sqrt{10})^2=(\sqrt{x}+\sqrt{10})(\sqrt{x}-\sqrt{10})=\sqrt{x}+\sqrt{10}$，

所以$\sqrt{x}-\sqrt{10}=1$，

即$\sqrt{x}=\sqrt{10}+1$，

由此算出 $x=(\sqrt{10}+1)^2=2\sqrt{10}+11$。

答案 $2\sqrt{10}+11$

练 习

1. If $\sqrt{x}$ is an integer, what is the value of $\sqrt{x}$?

(1) $11 < x < 17$

(2) $2 < \sqrt{x} < 5$

2. If $5 - \sqrt{5} < \sqrt{x} < 5 + \sqrt{5}$, what is the value of x?

(1) x is an even number.

(2) $\sqrt{x}$ is an integer.

答案及解析

1. If $\sqrt{x}$ is an integer, what is the value of $\sqrt{x}$?

(1) $11<x<17$

(2) $2<\sqrt{x}<5$

思路

条件1：$\sqrt{x}$是整数，说明 x 本身应该是平方数，而 11 ~17 中平方数只有 16。

所以 $x=16$，$\sqrt{x}=4$。 sufficient

条件2：$\sqrt{x}$是整数，$\sqrt{x}$在 2 ~5 之间，则$\sqrt{x}$可能是 3，也可能是 4，

数值不唯一。 insufficient

答案 A

2. If $5-\sqrt{5}<\sqrt{x}<5+\sqrt{5}$, what is the value of x?

(1) x is an even number.

(2) $\sqrt{x}$ is an integer.

思路 因为$\sqrt{5}$在 2 ~3 之间，代表的是 2. * *，所以 $5-\sqrt{5}=2.**$，而 $5+\sqrt{5}=7.**$，

所以题干就是 $2.**<\sqrt{x}<7.**$。

条件1：x 是偶数，又满足 $2.**<\sqrt{x}<7.**$，

所以符合条件的 x 有 10，12，14，16，…，46，48。数值不唯一。 insufficient

条件2：$\sqrt{x}$是整数，又满足 $2.**<\sqrt{x}<7.**$，

所以$\sqrt{x}$可能是 3，4，5，6，则 x 可能为 9，16，25，36。数值不唯一。

insufficient

条件1+条件2：x 可能为 9，16，25，36，x 是偶数，16 和 36 都符合。

数值不唯一。 insufficient

答案 E

第三节 解方程

基本概念：

一元一次方程：$ax+b=c$

二元一次方程：$ax+by=c$

一个方程中有两个未知数，无法求解。有几个未知数，需要联立几个方程才能求值。

注意两个陷阱：

（1）两个方程化简后一样；

（2）购买商品（商品数量肯定是正整数）。

If the sum of two positive integers is 24 and the difference of their squares is 48, what is the product of the two integers?

(A) 108　　(B) 119　　(C) 128　　(D) 135　　(E) 143

翻译 两个正整数的和是24，它们的平方之差是48。求这两个正整数的乘积是多少？

思路 设两个正整数分别是 a 和 b。

根据题意，可列方程：$a+b=24$，$a^2-b^2=48$。

根据平方差公式，$a^2-b^2=(a+b)(a-b)=48$，因为 $a+b=24$，所以 $a-b=2$。

联立方程组 $a+b=24$，$a-b=2$，

解得 $a=13$，$b=11$。

所以 $a\times b=143$。

答案 E

A bookstore that sells used books sells each of its paperback books for a certain price and each of its hardcover books for a certain price. If Joe, Maria, and Paul bought books in this store, how much did Maria pay for 1 paperback book and 1 hardcover book?

(1) Joe bought 2 paperback books and 3 hardcover books for \$12.50.

(2) Paul bought 4 paperback books and 6 hardcover books for \$25.00.

翻译 一家书店卖二手书，平装书都是以一个特定的价格出售，精装书也都是以一个特定的价格出售。Joe，Maria，Paul 三个人都在这家书店买了一些书，问 Maria 买 1 本平装书和 1 本精装书花了多少钱？

(1) Joe 买 2 本平装书和 3 本精装书，花了 12.5 美元。

(2) Paul 买 4 本平装书和 6 本精装书，花了 25 美元。

思路 设平装书的单价是 a 美元，精装书的单价是 b 美元。

所以题目就是在问 $a+b$ 的值是多少？

条件 1： $2a+3b=12.5$，一个方程中有两个未知数，无法求解。 insufficient

条件 2： $4a+6b=25$，一个方程中有两个未知数，无法求解。 insufficient

条件 1 + 条件 2： $2a+3b=12.5$，$4a+6b=25$，

但是第 2 个方程化简之后和第 1 个方程是完全一样的。

所以，归根结底还是只有一个方程，

无法求解。 insufficient

答案 E

通过例题 2，我们明确一个解方程的陷阱：如果两个方程化简后完全一样，依然是无法求解的。

Joanna bought only \$0.15 stamps and \$0.29 stamps. How many \$0.15 stamps did she buy?

(1) She bought \$4.40 worth of stamps.

(2) She bought an equal number of \$0.15 stamps and \$0.29 stamps.

翻译 Joanna 买了两种邮票，一种是 0.15 美元的邮票，一种是 0.29 美元的邮票。问 Joanna 买了多少张单价是 0.15 美元的邮票？

(1) Joanna 买邮票总共花了 4.40 美元。

(2) Joanna 买的 0.15 美元的邮票和 0.29 美元的邮票数量相同。

思路 设0.15美元的邮票买了 x 张，0.29元的邮票买了 y 张。

条件1： $0.15x+0.29y=4.40$

正常来说一个方程中有两个未知数应该是无法求解的，所以很多同学会认为条件1不充分。

但是邮票的数量肯定是正整数，所以 x，y 的值一定是正整数。

$0.15x$ 的倍数肯定是 *. *0 或 *. *5，因为 *. *0 或 *. *5 $+0.29y=4.40$，

所以 $0.29y$ 肯定也是 *. *0 或 *. *5。

因此 y 肯定是5，10，15。

如果 $y=5$ 的话，将 $y=5$ 代入 $0.15x+0.29y=4.40$，解得 x 不是正整数；

如果 $y=10$ 的话，将 $y=10$ 代入 $0.15x+0.29y=4.40$，解得 $x=10$；

如果 $y=15$ 的话，将 $y=15$ 代入 $0.15x+0.29y=4.40$，解得 x 不是正整数。

所以通过试数，解得 $x=10$，$y=10$。 sufficient

条件2： $x=y$，但是不知道 y 的值，所以不能求出 x。 insufficient

答案 A

通过例题3，我们明确另一个解方程的陷阱：在DS题中，如果题目告诉了两件产品的单价，问某件产品买了多少件（商品数量必须是正整数）？那么如果有一个条件是在说买产品总共花了多少钱，且总花费相比于单价来说并不是特别大，那么这个条件往往单独充分，通过试数可以求解。

一样的道理，我们再来看一道例题。

Marta bought several pencils. If each pencil was either a 23-cent pencil or a 21-cent pencil, how many 23-cent pencils did Marta buy?

(1) Marta bought a total of 6 pencils.

(2) The total value of the pencils Marta bought was 130 cents.

翻译 Marta买铅笔，铅笔要么是23分一支，要么是21分一支，问23分一支的铅笔买了多少支？

(1) Marta总共买了6支铅笔。

(2) Marta买的铅笔总共花了130分。

思路 设23分的铅笔买了 x 支，21分的铅笔买了 y 支。

条件 1：$x+y=40$，并不知道 y 值，所以无法求 x。　insufficient

条件 2：$23x+21y=130$，

正常来说一个方程中有两个未知数应该是无法求解的，所以很多同学会认为条件 2 不充分。

但是铅笔的数量肯定是正整数，所以 x，y 的值一定是正整数。

所以通过试数，解得 $x=2$，$y=4$。　sufficient

答案 B

练 习

1. Two positive numbers differ by 12 and their reciprocals differ by $\frac{4}{5}$. What is their product?

(A) 15

(B) $\frac{2}{15}$

(C) 60

(D) $\frac{48}{5}$

(E) 42

2. Juan bought some paperback books that cost \$8 each and some hardcover books that cost \$25 each. If Juan bought more than 10 paperback books, how many hardcover books did he buy?

(1) The total cost of the hardcover books that Juan bought was at least \$150.

(2) The total cost of all the books that Juan bought was less than \$260.

3. A construction company was paid a total of \$500, 000 for a construction project. The company's only costs for the project were for labor and materials. Was the company's profit for the project greater than \$150, 000?

(1) The company's total cost was three times its cost for materials.

(2) The company's profit was greater than its cost for labor.

答案及解析

1. Two positive numbers differ by 12 and their reciprocals differ by $\frac{4}{5}$. What is their product?

(A) 15　(B) $\frac{2}{15}$　(C) 60　(D) $\frac{48}{5}$　(E) 42

翻译 两个正数相差 12，它们的倒数相差$\frac{4}{5}$。问这两个正数的乘积是多少？

思路 设较大的正数是 a，较小的正数是 b，

则 $a-b=12$。

因为 $a>b>0$，所以$\frac{1}{a}<\frac{1}{b}$，

$\frac{1}{b}-\frac{1}{a}=\frac{4}{5}$，

$\frac{a-b}{ab}=\frac{4}{5}$。

因为 $a-b=12$，所以$\frac{12}{ab}=\frac{4}{5}$，

解得 $ab=15$。

答案 A

2. Juan bought some paperback books that cost \$8 each and some hardcover books that cost \$25 each. If Juan bought more than 10 paperback books, how many hardcover books did he buy?

(1) The total cost of the hardcover books that Juan bought was at least \$150.

(2) The total cost of all the books that Juan bought was less than \$260.

翻译 Juan 买了一些平装书，平装书的单价是 8 美元；还买了一些精装书，精装书的单价是 25 美元。如果 Juan 买的平装书的数量 >10 本，问 Juan 买了多少本精装书？

(1) Juan 买的精装书的费用≥150 美元。

(2) Juan 买平装书、精装书的总费用 <260 美元。

思路 设平装书买了 a 本，精装书买了 b 本。已知 $a>10$，求 b 值。

条件 1：$25b\geqslant150$，解得 $b\geqslant6$，

但不知道 b 的确切数值。　insufficient

条件 2：$8a+25b<260$

因为 $a>10$，书的数量肯定是正整数，所以 a 不可能是 10.1，10.2，$a\geqslant 11$。

$8a\geqslant 88$，$25b<260-88=172$，$b<\dfrac{172}{25}$，$b\leqslant 6$，

但不知道 b 的确切数值。 insufficient

条件 1 + 条件 2：条件 1 已知 $b\geqslant 6$，条件 2 能算出 $b\leqslant 6$，

所以只能 $b=6$。 sufficient

答案 C

3. A construction company was paid a total of \$500,000 for a construction project. The company's only costs for the project were for labor and materials. Was the company's profit for the project greater than \$150,000?

(1) The company's total cost was three times its cost for materials.

(2) The company's profit was greater than its cost for labor.

翻译 一家建筑公司被支付了 500 000 美元来做一个项目，这个公司的成本只有两项：人力成本和原料成本。这家公司在该项目上所获得的利润大于 150 000 美元吗?

(1) 这家公司的总成本是原料成本的 3 倍。

(2) 这家公司的利润大于这家公司的人力成本。

思路 将原料的花费设为 x，将人力的花费设为 y。

利润 = 收入 − 成本，即利润 $=500\,000-(x+y)$。

条件 1：$x+y=3x$，解得 $y=2x$，

不知道具体数值，无法判断利润的大小。 insufficient

条件 2：利润 $=500\,000-(x+y)$，

$500\,000-(x+y)>y$，

$500\,000>x+2y$，

还是无法求具体数值，无法判断利润的大小。 insufficient

条件 1 + 条件 2：因为 $y=2x$，又 $500\,000>x+2y$，

所以 $500\,000>x+2\times 2x$，即 $500\,000>5x$，

解得 $x<100\,000$，则 $y=2x<200\,000$。

所以总成本 $x+y<300\,000$，

利润 $=500\,000-$ 成本 $>200\,000$。

既然利润大于 200 000，自然也就大于 150 000。 sufficient

答案 C

考点1　一元二次方程：$ax^2+bx+c=0$ 求解

（1）因式分解求解。

（2）求根公式 $x=\frac{-b\pm\sqrt{b^2-4ac}}{2a}$。

考点2　一元二次方程：$ax^2+bx+c=0$ 的几个性质

（1）问方程有几个解（solutions）？

利用$\triangle=b^2-4ac$ 和 0 的大小关系来判断。

如果 $b^2-4ac>0$，说明方程有两个解；

如果 $b^2-4ac=0$，说明方程有一个解；

如果 $b^2-4ac<0$，说明方程无解。

（2）两根之和 $x_1+x_2=-\frac{b}{a}$；两根之积 $x_1\times x_2=\frac{c}{a}$。

（3）已知方程的两个解是 x_1 和 x_2，这个方程可以写成：$a(x-x_1)(x-x_2)=0$。

例题 01.

一元二次方程 $x^2+2x=b$，什么时候只有一个解？

思路　一元二次方程 $ax^2+bx+c=0$（$a\neq0$）只有一个解，

则$\triangle=b^2-4ac=0$，

即 $4+4b=0$，解得 $b=-1$。

答案　$b=-1$

例题 02.

If the equation $x^2+px+9=0$ has the solutions: x_1 and x_2, what is the value of p^2?

（1）$x_1=x_2$

（2）$x_1+x_2=-6$

思路

条件 1： 既然方程的两个解相等，就意味着这个方程其实就一个解。

一元二次方程只有一个解，说明$\triangle=b^2-4ac=p^2-4\times1\times9=0$，

解得 $p^2=36$。　sufficient

条件 2：根据一元二次方程的性质，可求两根之和 $x_1+x_2=-\frac{b}{a}=-p=-6$，

解得 $p=6$，即 $p^2=36$。 sufficient

答案 D

例题 03.

一个方程有两个根：$2-\sqrt{3}$和$2+\sqrt{3}$，问下面哪个选项可能是这个方程？

(A) $2x^2-4x+1=0$

(B) $x^2-8x+1=0$

(C) $x^2-4x+2=0$

(D) $2x^2-8x+2=0$

(E) $3x^2-12x+2=0$

思路 已知方程的两个解是 x_1 和 x_2，这个方程可以写成：$a(x-x_1)(x-x_2)=0$。

所以，已知这个方程有两个根：$2-\sqrt{3}$和$2+\sqrt{3}$，这个方程可以写成：

$a\times[x-(2-\sqrt{3})]\times[x-(2+\sqrt{3})]=0$,

$a\times[(x-2)+\sqrt{3}]\times[(x-2)-\sqrt{3}]=0$,

$a\times[(x-2)^2-(\sqrt{3})^2]=0$,

$a\times[x^2-4x+1]=0$。

选项中符合的只有 $2x^2-8x+2=0$。

答案 $2x^2-8x+2$

练 习

1. If the equation $x^2-(m-2)x-(n-4)^2=0$ has only one solution, what is the product of m and n?

(A) 4

(B) 8

(C) 10

(D) 12

(E) 16

2. If $(5x+17)^2-4(5x+17)+4=0$, what is the value of x^2?

3. If $a>0$, $b\leqslant 0$, $c\geqslant 0$, how many solutions does $a\times(x+b)^2+c=0$ have?

(1) $bc=0$

(2) $b^2+c^2=0$

4. If $\frac{1}{x(x+1)}+\frac{1}{x(x+2)}=\frac{1}{x}$, what is the number of the possible value of x?

答案及解析

1. If the equation $x^2-(m-2)x-(n-4)^2=0$ has only one solution, what is the product of m and n?

(A) 4　　(B) 8　　(C) 10　　(D) 12　　(E) 16

思路 一元二次方程只有一个解，说明$\triangle=b^2-4ac=0$，

即$\triangle=(m-2)^2+4(n-4)^2=0$。

因为偶数次方改变正负，所以$(m-2)^2$和$4(n-4)^2$肯定都$\geqslant 0$。

两个非负数值相加，结果是0，只可能$(m-2)^2=0$，$4(n-4)^2=0$，

所以$m=2$，$n=4$，$m\times n=8$。

答案 8

2. If $(5x+17)^2-4(5x+17)+4=0$, what is the value of x^2?

思路 设$t=5x+17$，

即$t^2-4t+4=(t-2)^2=0$，

所以$t=2$。

因为$t=5x+17=2$，解得$x=-3$，

所以$x^2=9$。

答案 9

3. If $a>0$, $b\leqslant 0$, $c\geqslant 0$, how many solutions does $a\times(x+b)^2+c=0$ have?

(1) $bc=0$

(2) $b^2+c^2=0$

思路 原式可以写成：$ax^2+2abx+(ab^2+c)=0$

要想求一元二次方程有多少个解，可以利用$b^2-4ac=(2ab)^2-4a(ab^2+c)=-4ac$，和0进行大小比较来判断。

条件1：可能$b=0$，可能$c=0$，不确定a值，也就不确定$-4ac$值。　　insufficient

条件2：$b^2+c^2=0$，因为偶数次方改变正负，所以b^2和c^2肯定都$\geqslant 0$。

两个非负数值相加，结果是0，只可能$b=c=0$。

虽然不知 a 值，但因为 $c=0$，所以 $-4ac=0$，

$b^2-4ac=0$，所以方程有一个根。 sufficient

答案 B

4. If $\frac{1}{x(x+1)}+\frac{1}{x(x+2)}=\frac{1}{x}$, what is the number of the possible value of x?

思路 通分解得$\frac{x+2+x+1}{x(x+1)(x+2)}=\frac{(x+2)(x+1)}{x(x+1)(x+2)}$,

即 $x+2+x+1=(x+2)(x+1)$,

即 $x^2+x-1=0$。

因为$\triangle=b^2-4ac=1^2-4\times1\times(-1)=5>0$,

所以题目中的方程有两个解。

答案 2

第四节

不等式

不等式的基本性质：

（1）不等式的加减运算

不等式两边都加上（或减去）同一个数，不等式的方向不变。

如果 $a<b$，那么 $a+c<b+c$，$a-c<b-c$；

如果 $a>b$，那么 $a+c>b+c$，$a-c>b-c$。

（2）不等式的乘除运算

如果不等式两边同时乘以或者除以一个正数，不等式的方向不变；

如果不等式两边同时乘以或者除以一个负数，不等式的方向发生变化。

若 $a>b$，$c>0$，则 $a\times c>b\times c$；

若 $a>b$，$c<0$，则 $a\times c<b\times c$；

若 $a\times b>0$，$a>0$，则 $b>0$。

例题 01.

$x<y<z$?

(1) $x-1<y<z+1$

(2) $x+1<y<z-1$

思路 题目问：y 是否在 x 和 z 之间?

条件 1： （数轴：$x-1$，x，z，$z+1$）

已知 y 在 $x-1\sim z+1$ 之间，但是 y 可能在 $x-1\sim x$ 之间，可能在 $x\sim z$ 之间，也可能在 $z\sim z+1$ 之间。

所以，y 不一定在 $x\sim z$ 之间。　　insufficient

条件2：x $x+1$ $z-1$ z

既然 y 在 $x+1 \sim z-1$ 之间，那就肯定在 $x \sim z$ 之间。 sufficient

答案 B

例题 02.

Is $m \neq n$?

(1) $m+n<0$

(2) $mn<0$

思路

条件1：无法判断 m 和 n 是否相等，可能相等，也可能不等。 insufficient

条件2：$mn<0$，说明 m 和 n 异号。既然 m 和 n 异号，就意味着 m 和 n 是一正一负，不可能相等。 sufficient

答案 B

例题 03.

If x and y are positive, is $4x>3y$?

(1) $x>y-x$

(2) $\frac{x}{y}<1$

思路

条件1：$2x>y$，不等式两侧同时乘以或除以一个正数，不等式的方向保持不变，所以 $4x>2y$。

$4x$ 比 $2y$ 大，但是不知道 $4x$ 是否比 $3y$ 大。 insufficient

条件2：$x<y$，不等式两侧同时乘以或除以一个正数，不等式的方向保持不变，所以 $4x<4y$。

$4x$ 比 $4y$ 小，但是不知道 $4x$ 和 $3y$ 的大小关系。 insufficient

条件1+条件2：x $x+1$ $z-1$ z

已知 $4x$ 在 $2y \sim 4y$ 之间，但 $4x$ 可能比 $3y$ 小，也可能比 $3y$ 大。

insufficient

答案 E

例题 04.

If $-4 < x < 7$ and $-6 < y < 3$, which of the following specifies all the possible values of xy?

(A) $-24 < xy < 21$

(B) $-28 < xy < 18$

(C) $-42 < xy < 24$

(D) $-24 < xy < 24$

(E) $-42 < xy < 21$

思路 $7 \times 3 = 21$，$(-4) \times (-6) = 24$，因为 $24 > 21$，所以最大的临界值应该是 24；

$(-4) \times 3 = -12$，$(-6) \times 7 = -42$，因为 $-42 < -12$，所以最小的临界值应该是 -42。

因此，xy 的取值范围在 $-42 \sim 24$ 之间。

答案 C

练 习

1. Is $0.2 < x < 0.7$?

(1) $560x < 280$

(2) $700x > 280$

2. $a < b$?

(1) $a + b = 3 + \sqrt{3}$

(2) $a - b = -3 + \sqrt{3}$

3. If $xy \neq 0$, is $\frac{x}{y} = 1$?

(1) $x^2 = y^2$

(2) $xy > 0$

4. Is x greater than y?

(1) $x - y^2 > 0$

(2) $xy < 0$

5. If x and y are positive, is $3x > 7y$?

(1) $x > y + 4$

(2) $-5x < -14y$

答案及解析

1. Is $0.2 < x < 0.7$?

(1) $560x < 280$

(2) $700x > 280$

思路

条件1：$560x < 280$，不等式两侧同时除以560，得出 $x < 0.5$，
但是不知道 x 和0.2的大小关系。 insufficient

条件2：$700x > 280$，不等式两侧同时除以700，即 $x > 0.4$
但是不知道 x 和0.7的大小关系。 insufficient

条件1+条件2：0.2 0.4 0.5 0.7

既然 x 在0.4~0.5之间，那 x 肯定在0.2~0.7之间。 sufficient

答案 C

2. $a < b$?

(1) $a + b = 3 + \sqrt{3}$

(2) $a - b = -3 + \sqrt{3}$

思路

条件1：只能说明 $a + b$ 是正数，但不能反映出 a 和 b 的大小关系。 insufficient

条件2：因为$\sqrt{3}$在1~2之间，所以 $-3+\sqrt{3}$ 肯定是负数，$a - b$ 是负数。
既然 $a - b < 0$，则说明 $a < b$。 sufficient

答案 B

3. If $xy \neq 0$, is $\frac{x}{y} = 1$?

(1) $x^2 = y^2$

(2) $xy > 0$

思路 题目问：$x = y$ 吗？

条件1：既然 $x^2 = y^2$，可能 $x = y$，也可能 $x = -y$，
所以可能 x 和 y 相等，也可能 x 和 y 相反。 insufficient

条件2：只能说明 x 和 y 同号，但不知道 x 和 y 是否相等。 insufficient

条件 1 + 条件 2： 既然 $x^2=y^2$，那么可能 $x=y$，也可能 $x=-y$。因为 x 和 y 同号，所以只可能 $x=y$。 sufficient

答案 C

4. Is x greater than y?

(1) $x-y^2>0$

(2) $xy<0$

思路

条件 1： $x>y^2$

但是因为不知道 y 和 y^2 谁大谁小，所以 x 比 y^2 大，但是不代表 x 比 y 大。 insufficient

条件 2： 说明 x 和 y 异号，但是可能 x 正 y 负，$x>y$；也可能 x 负 y 正，$x<y$。 insufficient

条件 1 + 条件 2： $x>y^2$，因为 y^2 肯定是正数，所以意味着 x 肯定也是正数。

既然 x 和 y 异号，x 是正数，则肯定 y 是负数。

所以，$x>y$。 sufficient

答案 C

5. If x and y are positive, is $3x>7y$?

(1) $x>y+4$

(2) $-5x<-14y$

思路

条件 1： $x>y+4$，不等式两侧同时乘以 3，即 $3x>3y+12$。

因为不知道 $3y+12$ 和 $7y$ 的大小关系，所以 $3x$ 比 $3y+12$ 大，不代表 $3x$ 比 $7y$ 大。 insufficient

条件 2： $-5x<-14y$，不等式两侧同时除以 2，即 $2.5x>7y$。

既然 x 是正数，所以肯定 $3x>2.5x$，

$3x>2.5x>7y$。 sufficient

答案 B

做不等式的运算需注意：

(1) 不等式的计算，一般将未知数都移到一边，使另一边为 0，再求解。

(2) 不等式的计算，只能计算一个未知数的情况。（如果有好几个未知数，肯定无法求解，多是数值比较或讨论正负性。）

考点1　解一元高次不等式

解法：　穿针引线法

第一步：先通过移项，使不等式右侧为0，然后对左侧进行分解因式。

第二步：将不等号换成等号，解出所有根。

第三步：在数轴上从右到左依次标出各根。

第四步：画穿根线：从最大值的右上方开始，向左开始画线，经过一个根，就穿一次数轴，依次穿过各根。

如果不等号为“＞”，则取数轴上方，线以内的范围；

如果不等号为“＜”，则取数轴下方，线以内的范围。

注意：式子越复杂，用穿针引线法会越方便。

例1：$x^2-x<6$

过程：

（1）移项变成：$x^2-x-6<0$，然后进行因式分解，即 $(x-3)(x+2)<0$。

（2）得到两个解值 $x=3$ 和 $x=-2$。

（3）画数轴：

（4）穿针引线求结果：

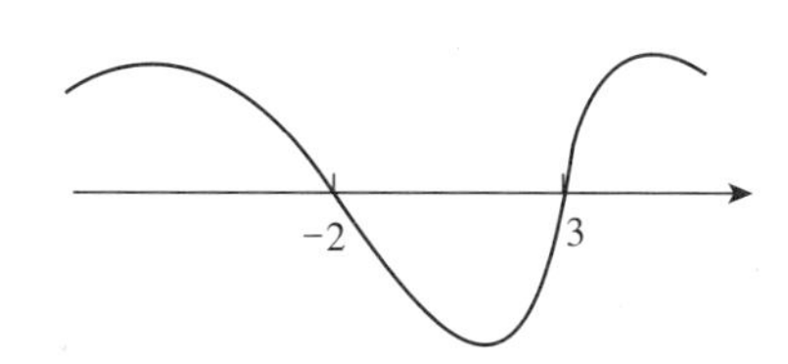

因为不等式的符号是 <0，所以看数轴下方线以内的区域，即区域范围是 $-2\sim3$。

因此，这个不等式的结果是 $-2<x<3$。

例2：$(x-5)(x+1)(x+4)>0$

过程：

（1）得到三个解值：$x=-4$，$x=-1$，$x=5$。

（2）画数轴：

-4　-1　5

(3) 穿针引线求结果:

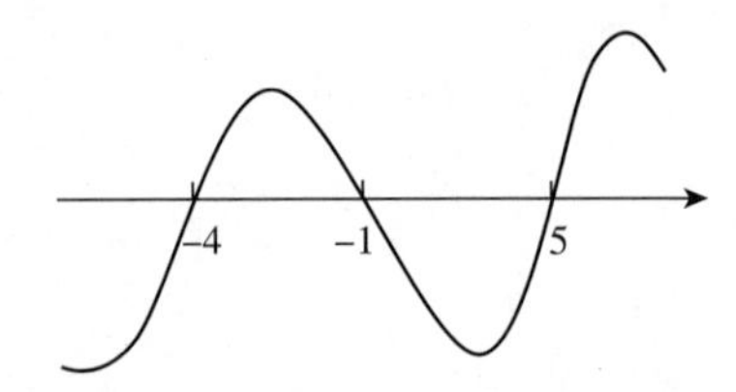

因为不等式的符号是 >0，所以看数轴上方线以内的区域，即区域范围是 $-4\sim-1$ 和 $5\sim+\infty$。

因此，这个不等式的结果是 $-4<x<-1$ 和 $x>5$。

注意事项:

1. 保证 x 前的系数为正数

$-x^2+3x+10<0$

过程:

(1) 保证 x 前系数为正，不等式两侧同时 $\times(-1)$，即 $x^2-3x-10>0$。

然后进行因式分解，即 $(x-5)(x+2)>0$。

(2) 得到两个解值 $x=5$ 和 $x=-2$。

(3) 画数轴:

(4) 穿针引线求结果:

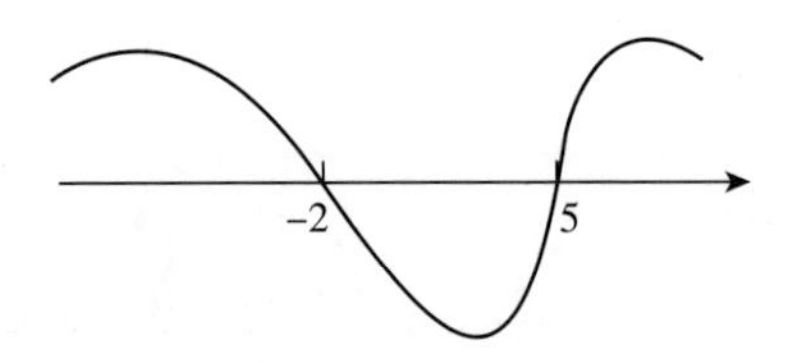

因为不等式的符号是 >0，所以看数轴上方线以内的区域，即区域范围是 $-\infty\sim-2$ 和 $5\sim+\infty$。

因此，这个不等式的结果是 $x<-2$ 和 $x>5$。

2. 奇穿偶不穿

$(x+4)^3(x+1)^2(x-5)>0$

过程:

(1) 得到三个解值 $x=-4$，$x=-1$，$x=5$。

(2) 画数轴:

（3）穿针引线求结果：

穿针引线法代表的是数值的正负性变化，奇数次方不影响正负性，偶数次方会改变正负性。

如果分解后的因式带偶数次方，因为偶数次方会改变正负性，所以本来需要穿线的解值，现在就不能穿线了；

如果分解后的因式带奇数次方，因为奇数次方不会改变正负性，所以正常穿线。

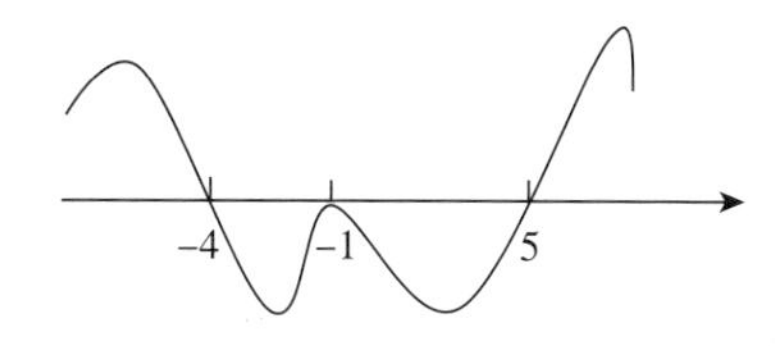

因为不等式的符号是 >0，即看数轴上方线以内的区域，即区域范围是 $-\infty \sim -4$ 和 $5 \sim +\infty$。

因此，这个不等式的结果是 $x<-4$ 和 $x>5$。

例题 01.

Is $x^2<x$?

(1) $0<x<1$

(2) $x^3>x$

思路 移项得到 $x^2-x<0$，进行因式分解后，题目就是在问 $x^2-x=x(x-1)<0$ 吗?

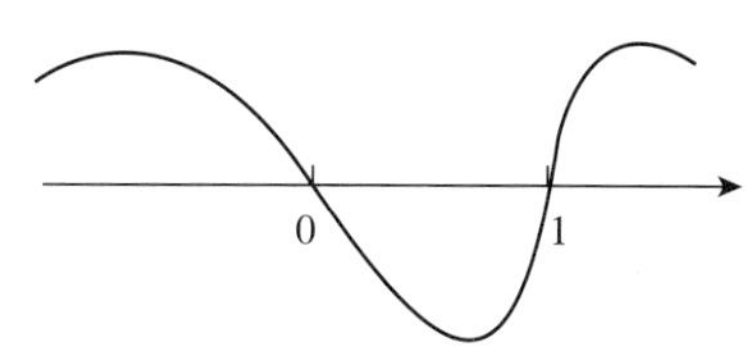

因为不等式的符号是 <0，所以看数轴下方线以内的区域，即区域范围是 $0\sim1$。

因此，这个不等式的结果是 $0<x<1$，即题目就是在问 $0<x<1$ 吗?

条件 1：明显充分。　　sufficient

条件 2：$x^3>x$，即 $x^3-x=x(x-1)(x+1)>0$。

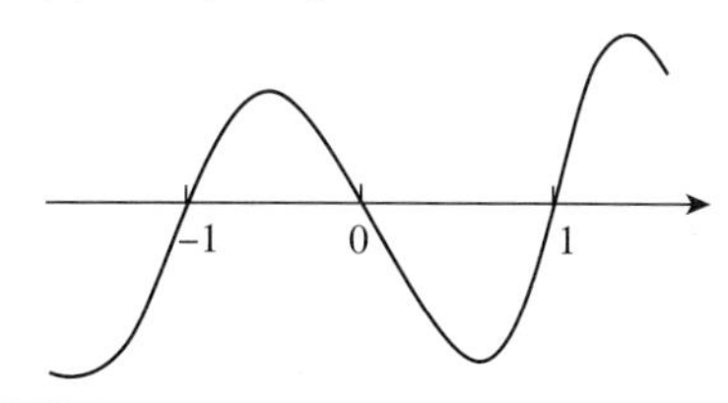

因为不等式的符号是 >0，所以看数轴上方线以内的区域，即区域范围是 $-1\sim0$ 和 $1\sim+\infty$。

因此，这个不等式的结果是 $-1<x<0$ 和 $x>1$。

题目问：x 在 $0\sim1$ 之间吗？条件 2 说明 x 肯定不在 $0\sim1$ 之间。

因此，否定回答也充分。 sufficient

答案 D

例题 02.

If $x>0$, is $x^2<x$?

(1) $0.1<x<0.4$

(2) $x^3<x^2$

思路 移项得到 $x^2-x<0$，进行因式分解后，题目就是在问 $x^2-x=x(x-1)<0$ 吗？

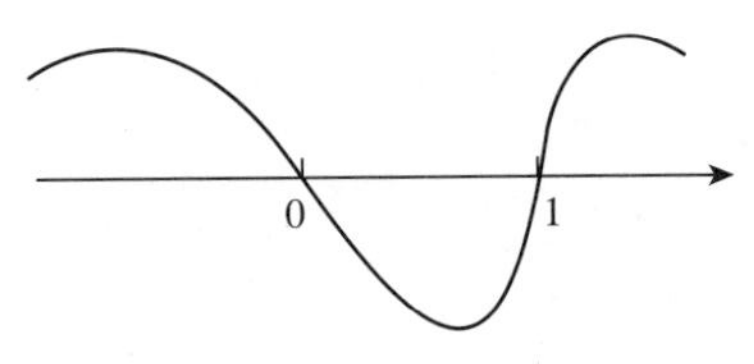

因为不等式的符号是 <0，所以看数轴下方线以内的区域，即区域范围是 $0\sim1$。

因此，这个不等式的结果是 $0<x<1$，即题目就是在问 $0<x<1$ 吗？

条件 1： 既然 x 在 $0.1\sim0.4$ 之间，那么肯定就也在 $0\sim1$ 之间。 sufficient

条件 2： $x^3<x^2$，即 $x^3-x^2=x^2(x-1)<0$。

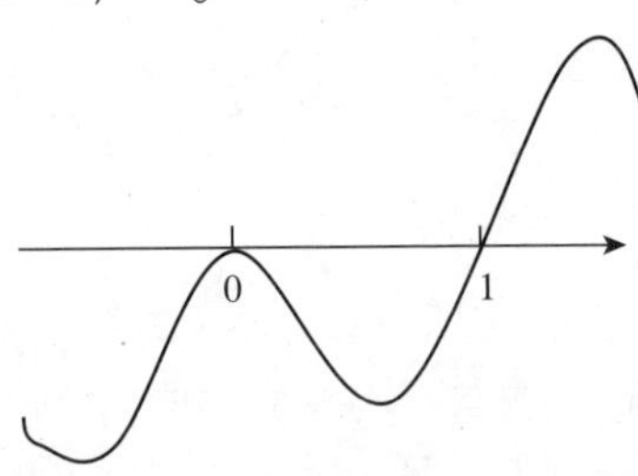

因为奇穿偶不穿，偶数次方不穿线，因为不等式的符号是 <0，所以看数轴下方线以内的区域，即区域范围是 $-\infty\sim0$ 和 $0\sim1$。

因此，这个不等式的结果是 $x<0$ 和 $0<x<1$。

因为题目中已经规定 $x>0$，所以 $0<x<1$。 sufficient

答案 D

Is $x<0$?

(1) $x^3<x^2$

(2) $x^3<x^4$

思路

条件1：$x^3<x^2$，即 $x^3-x^2=x^2(x-1)<0$。

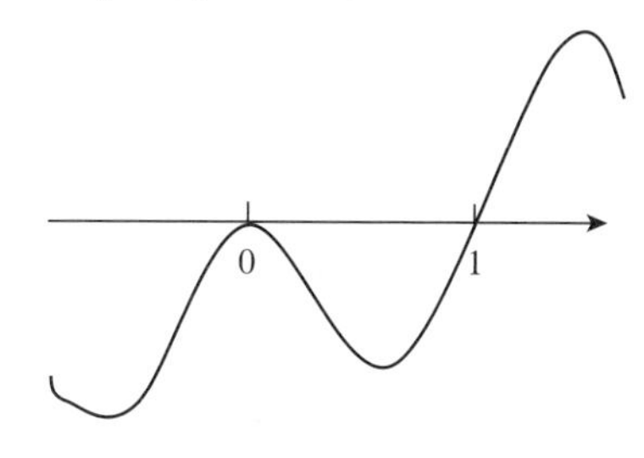

因为奇穿偶不穿，偶数次方不穿线，不等式的符号是 <0，所以看数轴下方线以内的区域。因此，这个不等式的结果是 $x<0$ 和 $0<x<1$。

可能 $x<0$，也可能 $x>0$。　　insufficient

条件2：$x^4>x^3$，即 $x^4>x^3=x^3\ (x-1)>0$。

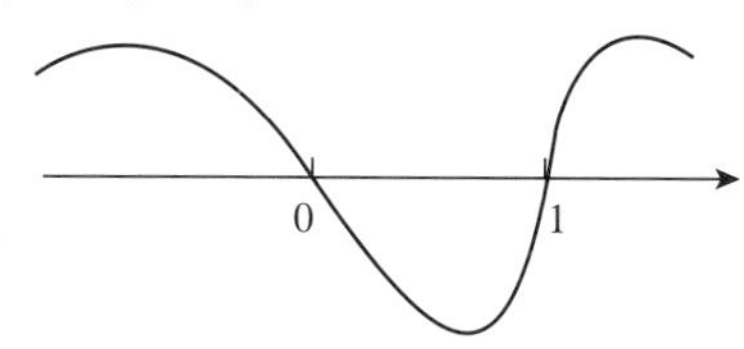

因为奇穿偶不穿，奇数次方正常穿线，不等式的符号是 >0，所以看数轴上方线以内的区域。因此，这个不等式的结果是 $x<0$ 和 $x>1$。

可能 $x<0$，也可能 $x>0$。　　insufficient

条件1+条件2：条件1的结果是 $x<0$ 和 $0<x<1$；

条件2的结果是 $x<0$ 和 $x>1$；

所以取交集之后，得到 $x<0$。　　sufficient

答案 C

考点2　解分式不等式

解法：　穿针引线法

第一步：先通过移项，保证不等式右侧为0。

第二步：对分式不等式进行通分，通分之后分子乘以分母。

第三步：因式分解，将不等号换成等号，解出所有根。

第四步：在数轴上从右到左依次标出各根，然后画穿根线：以数轴为标准，从“最右根”的右上方穿过根，往左下画线，然后又穿过“次右根”上去，一上一下依次穿过各根。

如果不等号为“ > ”，则取数轴上方，线以内的范围；

如果不等号为“ < ”，则取数轴下方，线以内的范围。

例题 01.

$\frac{3x+1}{3-x}>-1$

过程：

（1）移项变成：$\frac{3x+1}{3-x}+1>0$。

（2）通分变成：$\frac{3x+1+3-x}{3-x}>0$，即$\frac{2x+4}{3-x}>0$，分子乘以分母，即 $(2x+4)(3-x)>0$。

（3）保证 x 前系数为 0，变成 $(2x+4)(x-3)<0$。

（4）穿针引线求结果：

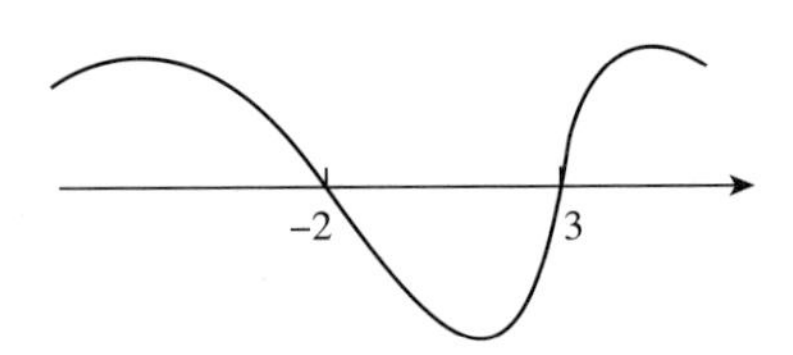

因为不等式的符号是 <0，所以看数轴下方线以内的区域，所以区域范围是 $-2\sim3$。

因此，这个不等式的结果是 $-2<x<3$。

例题 02.

$\frac{2x^2+3x-7}{x^2-x-2}\geqslant1$

过程：

（1）移项变成：$\frac{2x^2+3x-7}{x^2-x-2}-1\geqslant0$。

（2）通分变成：$\frac{2x^2+3x-7-(x^2-x-2)}{x^2-x-2}\geqslant0$，即$\frac{x^2+4x-5}{x^2-x-2}\geqslant0$，分子乘以分母，即 $(x^2+4x-5)(x^2-x-2)\geqslant0$。

（3）因式分解，变成 $(x+5)(x-1)(x-2)(x+1)\geqslant0$。

（4）穿针引线求结果：

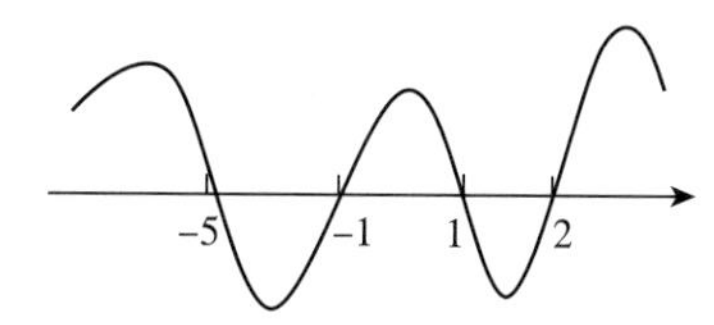

因为不等式的符号是≥0，所以看数轴上方线以内的区域，即区域范围是 $-\infty \sim -5$，$-1\sim1$，$2\sim+\infty$。

但是有一个易错点：数学规定分数中，分母不能是0，所以如果分式不等式的符号是≥或≤，需要额外注意分母处不能取0。

以这个式子为例，即 $(x-2)(x+1)\neq0$，

所以这个不等式的结果是 $x\leqslant-5$ 和 $-1<x\leqslant1$ 和 $x>2$。

例题 03.

求解 $\dfrac{x^2+7x+2}{x-2}>2$。

思路 移项得出：$\dfrac{x^2+7x+2}{x-2}-2>0$，$\dfrac{x^2+7x+2-2(x-2)}{x-2}>0$，$\dfrac{x^2+5x+6}{x-2}>0$。

进行因式分解：$\dfrac{(x+2)(x+3)}{x-2}>0$；

分子乘以分母，即 $(x+3)(x+2)(x-2)>0$。

穿针引线：

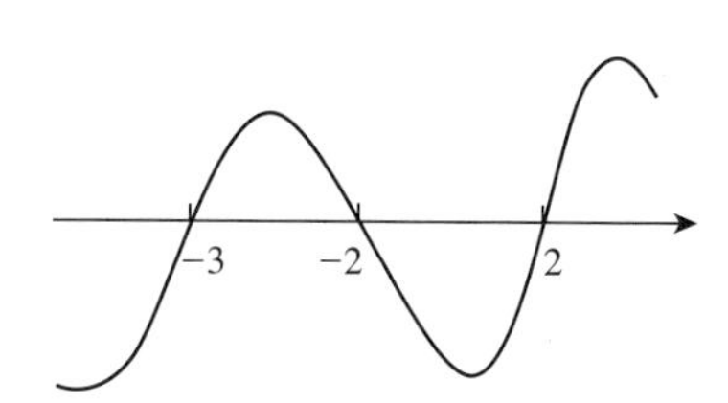

因为不等式的符号是 >0，所以看数轴上方线以内的区域。

因此，这个不等式的结果是 $-3<x<-2$ 和 $x>2$。

答案 $-3<x<-2$，$x>2$

例题 04.

How many of the integers that satisfy the inequality $\dfrac{(x+2)(x+3)}{x-2}\geqslant0$ are less than 5?

(A) 1　　(B) 2　　(C) 3　　(D) 4　　(E) 5

翻译 有多少个整数满足不等式$\frac{(x+2)(x+3)}{x-2}\geqslant 0$，且小于5?

思路 分子乘以分母，即 $(x+3)(x+2)(x-2)\geqslant 0$。

穿针引线:

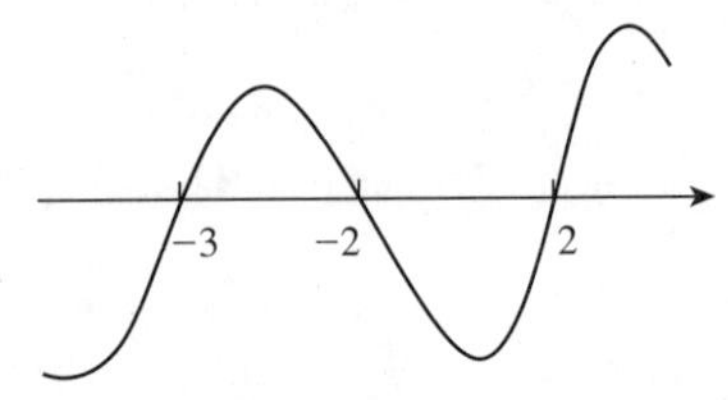

因为不等式的符号是$\geqslant 0$，所以看数轴上方线以内的区域。

如果分式不等式的符号是$\geqslant$或$\leqslant$，需要额外注意分母处不能取0。

以这个式子为例，即 $x-2\neq 0$，

所以这个不等式的结果是 $-3\leqslant x\leqslant -2$ 和 $x>2$。

题目问的是满足这个不等式且 <5 的整数，因此，符合条件的整数有 -3，-2，3，4 四个整数。

答案 D

考点3 一元高次不等式和分式不等式的正负性判定

如果不等式中只有一个未知数，毫无疑问是考查求解的；但如果不等式中有多个未知数，是无法求解的。

如果一元高次不等式和分式不等式有多个未知数，往往考查正负性判定。

解法：

跟前面解一元高次不等式和分式不等式的步骤一样，只是到最后一步穿针引线求值时，无法求解，需要判断每一个乘项的正负性。

例题 01.

Is $(x-y)(y^2+9)+(x-y)>0$?

(1) $y<-3$

(2) $y<x$

思路 $(x-y)(y^2+9)+(x-y)=(x-y)(y^2+10)$

题目就是在问 $(x-y)(y^2+10)$ 是否大于0，因为 y^2+10 肯定大于0，

所以需要知道 $x-y$ 的正负性。

条件1：不知道 $x-y$ 的正负性，所以无法判定。 insufficient

条件2：$x-y>0$，所以知道 $x-y$ 是正数。 sufficient

答案 B

例题 02.

Is $xy-yz-x+z>0$?

(1) $x>1$

(2) $y>1$

思路 $xy-yz-x+z=y(x-z)-(x-z)=(x-z)(y-1)$

题目就是在问 $(x-z)(y-1)$ 是否大于0，所以需要知道 $x-z$ 和 $y-1$ 的正负性。

条件1：不知道 $x-z$ 的正负性，也不知道 y 的情况。 insufficient

条件2：说明 $y-1$ 是正数，但是不知道 $x-z$ 的正负性。 insufficient

条件1+条件2：知道了 $y-1$ 是正数，但是还是不知道 $x-z$ 的正负性。 insufficient

答案 E

例题 03.

If $x\neq -y$, is $\frac{x-y}{x+y}>1$?

(1) $x>0$

(2) $y<0$

思路 移项得出$\frac{x-y}{x+y}-1>0$。

通分后得出$\frac{x-y-(x+y)}{x+y}>0$，即$\frac{-2y}{x+y}>0$。

分子乘以分母，即 $-2y(x+y)>0$。

题目就是在问 $-2y(x+y)$ 是否大于0，所以需要知道 y 和 $x+y$ 的正负性。

条件1：不知道 y 的情况。 insufficient

条件2：不知道 x 的情况。 insufficient

条件1+条件2：知道了 y 是负数，也知道了 x 是正数，但是不确定 $x+y$ 的正负性。 insufficient

答案 E

练 习

1. Is $ax^2 - axy - by^2 + bxy > 0$?

(1) $a > b$

(2) $x > y$

2. If $m > 0$ and $n > 0$, is $\frac{m+x}{n+x} > \frac{m}{n}$?

(1) $m < n$

(2) $x > 0$

3. Is $\frac{1}{p} > \frac{r}{r^2+2}$?

(1) $p = r$

(2) $r > 0$

4. If $mv < pv < 0$, is $v > 0$?

(1) $m < p$

(2) $m < 0$

5. If $zy < xy < 0$, is $|x - z| + |x| = |z|$?

(1) $z < x$

(2) $y > 0$

答案及解析

1. Is $ax^2 - axy - by^2 + bxy > 0$?

(1) $a > b$

(2) $x > y$

思路 化简后可得 $ax^2 - axy - by^2 + bxy = ax(x-y) + by(x-y) = (ax+by)(x-y)$。

题目就是在问 $(ax+by)(x-y)$ 是否大于0，所以需要知道 $ax+by$ 和 $x-y$ 的正负性。

条件1：知道 $a>b$，但不知道 $x-y$ 的正负性，也不能判断 $ax+by$ 的正负性。　insufficient

条件2：知道 $x-y$ 是正数，但不知道 a 和 b 的情况，不能判断 $ax+by$ 的正负性。　insufficient

条件1+条件2：知道 $x-y$ 是正数，但是因为不知道 a，b，x，y 的正负性，所以不能判断 $ax+by$ 的正负性。　insufficient

答案 E

2. If $m>0$ and $n>0$, is $\frac{m+x}{n+x} > \frac{m}{n}$?

(1) $m<n$

(2) $x>0$

思路 移项得到 $\frac{m+x}{n+x} - \frac{m}{n} > 0$。

通分后得到 $\frac{n(m+x)-m(n+x)}{(n+x)n} > 0$，即 $\frac{x(n-m)}{(n+x)n} > 0$。

分子乘以分母，即 $nx(n-m)(n+x) > 0$。

题目就是在问 $nx(n-m)(n+x)$ 是否大于0，已经知道 n 和 m 是正数，所以需要知道 x，$n-m$ 和 $n+x$ 的正负性。

条件1：既然 $n>m$，所以 $n-m$ 是正数，但是不知道 x 和 $n+x$ 的正负性。　insufficient

条件2：已知 x 是正数，$n+x$ 是正数，但是不知道 $n-m$ 的正负性。　insufficient

条件1+条件2：知道了 x 是正数，$n-m$ 是正数，$n+x$ 是正数。　sufficient

答案 C

3. Is $\frac{1}{p} > \frac{r}{r^2+2}$?

(1) $p=r$

(2) $r>0$

思路 移项得出$\frac{1}{p}-\frac{r}{r^2+2}>0$。

通分后得出$\frac{r^2+2-rp}{p(r^2+2)}>0$。

分子乘以分母，即$p(r^2-rp+2)(r^2+2)>0$。

题目就是在问$p(r^2-rp+2)(r^2+2)$是否大于0，因为r^2+2肯定是正数，所以还需要知道p和（r^2-rp+2）的正负性。

条件1： 既然$p=r$，则$r^2-rp+2=r^2-r^2+2=2$。

知道了r^2-rp+2是正数，但是不知道p的正负性。 insufficient

条件2： 还是不知道p的正负性。 insufficient

条件1+条件2： 知道了$r^2-rp+2=2$是正数，$p=r$，既然$r>0$，则p也是正数。 sufficient

答案 C

4. If $mv<pv<0$, is $v>0$?

(1) $m<p$

(2) $m<0$

思路

条件1： 已知$mv<pv$，移项得出$mv-pv<0$，即$v(m-p)<0$，说明v和$m-p$异号。

既然$m<p$，则说明$m-p<0$，

所以v肯定是正数。 sufficient

条件2： 已知$mv<0$，说明m和v异号。既然m是负数，所以v肯定是正数。 sufficient

答案 D

5. If $zy<xy<0$, is $|x-z|+|x|=|z|$?

(1) $z<x$

(2) $y>0$

思路 题干中说了$zy<xy$，即$zy-xy<0$，$y(z-x)<0$，说明y和$z-x$异号。

条件1： $z<x$，即$z-x<0$。既然$z-x$是负数，则y肯定是正数。

既然y是正数了，又因为题干中$zy<0$，$xy<0$，所以x，z都是负数，$z<x<0$。

题干中的绝对值相当于：$x-z-x=-z$。 sufficient

条件2： 既然y是正数，又因为题干中$zy<0$，$xy<0$，所以x，z都是负数，$z<x<0$。

题干中的绝对值相当于：$x-z-x=-z$。 sufficient

答案 D

考点4 解绝对值不等式

解法： 分类讨论

第一步：分类讨论两种情况，去掉绝对值符号。

第二步：两种情况分别求解，最后结果取并集。

例题 01.

$|2x+1|>x+1$

可能性1：当 $2x+1\geqslant 0$ 时，即 $x\geqslant -\frac{1}{2}$，绝对值符号可直接去掉，

即 $2x+1>x+1$，解得 $x>0$。

$x\geqslant -\frac{1}{2}$，又 $x>0$，所以 $x>0$。

可能性2：当 $2x+1<0$ 时，即 $x<-\frac{1}{2}$，把绝对值符号去掉，将绝对值符号中的式子乘以 -1。

即 $-(2x+1)>x+1$，解得 $x<-\frac{2}{3}$。

$x<-\frac{1}{2}$，又 $x<-\frac{2}{3}$，所以 $x<-\frac{2}{3}$。

最后结果取并集，答案是 $x<-\frac{2}{3}$ 和 $x>0$。

例题 02.

$2<|2x-5|\leqslant 7$

思路

可能性1：当 $2x-5\geqslant 0$ 时，即 $x\geqslant \frac{5}{2}$，绝对值符号可直接去掉，即 $2<2x-5\leqslant 7$。

各式子同时 $+5$，即 $7<2x\leqslant 12$，解得 $\frac{7}{2}<x\leqslant 6$。

$x\geqslant \frac{5}{2}$，又 $\frac{7}{2}<x\leqslant 6$，所以 $\frac{7}{2}<x\leqslant 6$。

可能性 2： 当 $2x-5<0$ 时，即 $x<\frac{5}{2}$，把绝对值符号去掉，将绝对值符号中的式子乘以 -1，即 $2<-(2x-5)\leqslant 7$。

各式子同时乘以 -1，即 $-2>2x-5\geqslant -7$；各式子同时 $+5$，即 $3>2x\geqslant -2$，解得 $\frac{3}{2}>x\geqslant -1$。

$x<\frac{5}{2}$，又 $\frac{3}{2}>x\geqslant -1$，所以 $-1\leqslant x<\frac{3}{2}$。

最后结果取并集，答案是 $-1\leqslant x<\frac{3}{2}$ 和 $\frac{7}{2}<x\leqslant 6$。

第五节
数　列

基本词汇

arithmetic sequence 等差数列　　geometric sequence 等比数列
set 集合　　subset 子集　　term 序列中的项

公式:

(1) 等差数列

等差数列的概念：一个数列从第 2 项起，每一项与它前一项的差值都是固定的。

等差数列的通项公式：$a_n = a_1 + (n-1)d$，其中 d 是固定的那个差值。

等差数列的求和公式：$S_n = \frac{(a_1 + a_n)n}{2}$。

(2) 等比数列

等比数列的概念：一个数列从第 2 项起，每一项与它前一项的比值都是固定的。

等比数列的通项公式：$a_n = a_1 q^{n-1}$，其中 q 是固定的那个比值。

等比数列的求和公式：$S_n = \frac{a_1(1-q^n)}{1-q}$，其中 q 是固定的那个比值。

等差数列、等比数列都有固定的公式，这个需要我们熟记，然后将数据往公式里代入即可。

例题 01.

Mark bought a set of 6 flower pots of different sizes at a total cost of $8.25. Each pot cost $0.25 more than the next one below it in size. What was the cost, in dollars, of the largest pot?

(A) $1.75　　(B) $1.85　　(C) $2.00　　(D) $2.15　　(E) $2.30

翻译 马克买了 6 个尺寸不一的花盆，6 个花盆的总成本是 8.25 美元。每一个花盆都比尺寸比它略小的花盆贵 0.25 美元。问最大的花盆的价格是多少美元?

思路 既然每一个花盆都比尺寸比它略小的花盆贵 0.25 美元，就说明这 6 个花盆是差值为 0.25 的等差数列。

利用等差数列的公式：$a_n = a_1 + (n-1)d$ 和 $S_n = \frac{(a_1 + a_n)n}{2}$，

设最大的花盆的价格是 $a_6 = a_1 + (6-1) \times 0.25 = a_1 + 1.25$。

6 个花盆的总费用 $S_6 = \frac{(a_1 + a_6) \times 6}{2} = 3 \times (a_1 + a_6) = 3 \times (a_1 + a_1 + 1.25) = 8.25$，

解得 $a_1 = 0.75$。

所以最大的花盆 $a_6 = a_1 + 1.25 = 2.00$。

答案 C

例题 02.

On a scale that measures the intensity of a certain phenomenon, a reading of $n+1$ corresponds to an intensity that is 10 times the intensity corresponding to a reading of n. On that scale, the intensity corresponding to a reading of 8 is how many times as great as the intensity corresponding to a reading of 3?

(A) 5　　(B) 50　　(C) 10^5　　(D) 5^{10}　　(E) $8^{10} - 3^{10}$

翻译 有一个测量某一现象强度的指标，指标读数 $n+1$ 所对应的强度是指标读数 n 所对应的强度的 10 倍。那么按照这个指标，读数 8 所对应的强度是读数 3 所对应的强度的多少倍?

思路 读数为 $n+1$ 时对应的强度是读数为 n 时对应强度的 10 倍，意思就是说这个指标读数是个比值为 10 的等比数列。

读数 8 和读数 3 之间差了 5 项，即差了 5 个 10 倍。

所以读数 8 ÷ 读数 3 = $10 \times 10 \times 10 \times 10 \times 10 = 10^5$。

答案 C

在 GMAT 考试中，除了等差数列、等比数列之外，也会涉及非等差和非等比数列，但是非等差和非等比数列的题目会直接给公式，我们只需要将数据代入公式中即可。

例题 03.

The sequence a_1, a_2, $\cdots$, a_n is such that $a_n = 2a_{n-1} - X$ for all positive integers $n \geqslant 2$ and for certain number X. If $a_5 = 99$ and $a_3 = 27$, what is the value of X?

(A) 3　　(B) 9　　(C) 18　　(D) 36　　(E) 45

思路 既然任何一项 a_n 都满足 $a_n = 2a_{n-1} - X$,

那么 $a_5 = 2a_4 - X = 99$，$a_4 = 2a_3 - X = 2 \times 27 - X = 54 - X$。

将 $a_4 = 54 - X$ 代入 $2a_4 - X = 99$,

解得 $X = 3$。

答案 A

例题 04.

In the sequence a_n, $a_n = a_1 + a_2 + \cdots + a_{n-1}$ for all positive integers $n \geqslant 2$. If $a_n = p$, what is the value of a_{n+2} in terms of p?

(A) $2p$　　(B) $3p$　　(C) $4p$　　(D) $5p$　　(E) $6p$

思路 任何一项 a_n 都满足 $a_n = a_1 + a_2 + \cdots + a_{n-1}$，即任何一项都等于它前面的所有项之和。

所以，a_n 等于 $a_1 \sim a_{n-1}$之和，$a_n = p$，$a_n = a_1 + a_2 + \cdots + a_{n-1} = p$。

$a_{n+1} = a_1 + a_2 + \cdots + a_{n-1} + a_n = p + p = 2p$。

a_{n+2}等于前面的 $a_1 \sim a_{n+1}$之和,

$$
\begin{aligned}
a_{n+2} &= a_1 + a_2 + \cdots + a_{n-1} + a_n + a_{n+1} \\
&= (a_1 + a_2 + \cdots + a_{n-1}) + a_n + a_{n+1} \\
&= p + p + 2p \\
&= 4p
\end{aligned}
$$

答案 C

练 习

1. If the sum of 7 consecutive integers is 434, then the greatest of the 7 integers is

(A) 62 (B) 65 (C) 67 (D) 69 (E) 71

2. In the sequence 1, 2, 4, 8, 16, 32, ⋯, each term after the first is twice the previous term. What is the sum of the 16th, 17th, and 18th terms in the sequence?

(A) 2^{18} (B) $3(2^{17})$ (C) $7(2^{16})$ (D) $3(2^{16})$ (E) $7(2^{15})$

3. If $a_n=\frac{1}{n}-\frac{1}{n+1}$, what is the value of $a_1+a_2+a_3+\cdots+a_{100}$?

4. 一个剧院的第一排有 16 个椅子，从第二排开始每排都比前面一排多两个椅子。已知剧院的最后一排有 64 个椅子，问剧院一共多少个椅子？

5. 一个数列中，$a_n=a_{n-2}+7$，$a_1=45$，$a_2=49$，问哪个选项包含在这个数列里？

(A) 631 (B) 632 (C) 633 (D) 634 (E) 635

6. For every integer k from 1 to 10, inclusive, the k th term of a certain sequence is given by $(-1)^{k+1}\left(\frac{1}{2^k}\right)$. If T is the sum of the first 10 terms in the sequence, then T is

(A) greater than 2

(B) between 1 and 2

(C) between $\frac{1}{2}$ and 1

(D) between $\frac{1}{4}$ and $\frac{1}{2}$

(E) less than $\frac{1}{4}$

答案及解析

1. If the sum of 7 consecutive integers is 434, then the greatest of the 7 integers is

(A) 62　　(B) 65　　(C) 67　　(D) 69　　(E) 71

思路 连续正整数其实就是差值为 1 的等差数列，

所以，$a_1+a_2+\cdots+a_6+a_7=\frac{(a_1+a_7)\times 7}{2}=\frac{(a_1+a_1+6)\times 7}{2}=434$，

解得 $a_1=59$，

那么最大值 $a_7=a_1+6=59+6=65$

答案 B

2. In the sequence 1, 2, 4, 8, 16, 32, $\cdots$, each term after the first is twice the previous term. What is the sum of the 16th, 17th, and 18th terms in the sequence?

(A) 2^{18}　　(B) $3(2^{17})$　　(C) $7(2^{16})$　　(D) $3(2^{16})$　　(E) $7(2^{15})$

思路 这个数列其实就是首项是 1、比值是 2 的等比数列。

根据等比数列的通项公式：$a_n=a_1q^{n-1}$，任何一项都可以表示成：$a_n=1\times 2^{n-1}=2^{n-1}$。

所以，$a_{16}+a_{17}+a_{18}=2^{15}+2^{16}+2^{17}=2^{15}+2^{15}\times 2+2^{15}\times 2^2=2^{15}\times 7$。

答案 E

3. If $a_n=\frac{1}{n}-\frac{1}{n+1}$, what is the value of $a_1+a_2+a_3+\cdots+a_{100}$?

思路 $a_1+a_2+a_3+\cdots+a_{100}=1-\frac{1}{2}+\frac{1}{2}-\frac{1}{3}+\frac{1}{3}-\frac{1}{4}+\cdots+\frac{1}{100}-\frac{1}{101}=\frac{100}{101}$

答案 $\frac{100}{101}$

4. 一个剧院的第一排有 16 个椅子，从第二排开始每排都比前面一排多两个椅子。已知剧院的最后一排有 64 个椅子，问剧院一共多少个椅子？

思路 椅子数量是从第 1 排开始、差值为 2 的等差数列。

排数 $n=\frac{64-16}{2}+1=25$，

椅子的总数量 $S=\frac{(16+64)\times 25}{2}=1000$。

答案 1000

5. 一个数列中，$a_n=a_{n-2}+7$，$a_1=45$，$a_2=49$，问哪个选项在这个数列里？

(A) 631 (B) 632 (C) 633 (D) 634 (E) 635

思路 当 n 是奇数时，$a_1=45$，$a_3=45+7=52\cdots$

说明奇数项就是首项为 45、差值为 7 的等差数列；

当 n 是偶数时，$a_2=49$，$a_4=49+7=56\cdots$

说明偶数项就是首项为 49、差值为 7 的等差数列。

哪个选项减去 45 之后是 7 的倍数，或者减去 49 之后是 7 的倍数，那么这个选项就在数列内。

$(633-45)\div 7=84$，所以 633 在数列内。

答案 633

6. For every integer k from 1 to 10, inclusive, the k th term of a certain sequence is given by $(-1)^{k+1}\left(\frac{1}{2^k}\right)$. If T is the sum of the first 10 terms in the sequence, then T is

(A) greater than 2 (B) between 1 and 2

(C) between $\frac{1}{2}$ and 1 (D) between $\frac{1}{4}$ and $\frac{1}{2}$

(E) less than $\frac{1}{4}$

翻译 整数 k 表示的是 1 ~ 10 的任一整数，且一个数列中 $a_k=(-1)^{k+1}\left(\frac{1}{2^k}\right)$。$T$ 是这个数列的前 10 项之和，那么 T 值是多少？

思路 $T=a_1+a_2+a_3+\cdots\cdots+a_9+a_{10}$

$$=(-1)^{1+1}\left(\frac{1}{2^1}\right)+(-1)^{2+1}\left(\frac{1}{2^2}\right)+(-1)^{3+1}\left(\frac{1}{2^3}\right)+(-1)^{4+1}\left(\frac{1}{2^4}\right)+\cdots$$

$$+(-1)^{9+1}\left(\frac{1}{2^9}\right)+(-1)^{10+1}\left(\frac{1}{2^{10}}\right)$$

$$=\frac{1}{2^1}-\frac{1}{2^2}+\frac{1}{2^3}-\frac{1}{2^4}+\cdots+\frac{1}{2^9}-\frac{1}{2^{10}}$$

整组数据其实是首项是$\frac{1}{2^1}$、比值是$-\frac{1}{2}$的等比数列。根据等比数列的求和公式，

$$T=\frac{\frac{1}{2^1}\times\left[1-\left(-\frac{1}{2}\right)^{10}\right]}{1-\left(-\frac{1}{2}\right)}=\frac{\frac{1}{2}\times\left(1-\frac{1}{2^{10}}\right)}{\frac{3}{2}}=\frac{1}{3}\times\left(1-\frac{1}{2^{10}}\right)$$

因为2^{10}数值非常大，所以$\frac{1}{2^{10}}$接近于0，$1-\frac{1}{2^{10}}$接近于1，

$\frac{1}{3}\times\left(1-\frac{1}{2^{10}}\right)$接近于$\frac{1}{3}$。

答案 D

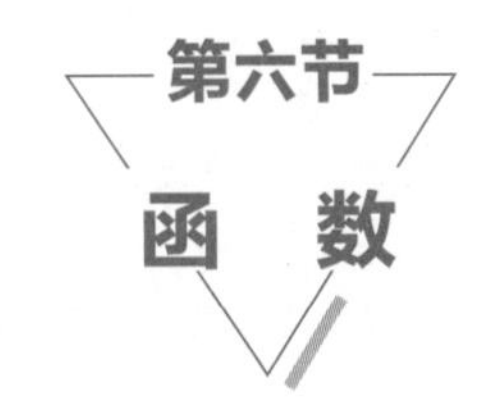

第六节 函数

函数问题在国内的高中数学中是比较难的考点，但是在 GMAT 考试中，函数问题比较简单，主要考查替换关系。

比如：

$f(x)=3x-2$，那么 $f(2x+1)$ 表示的就是把原式中所有的未知数 x 替换成 $2x+1$，所以 $f(2x+1)=3(2x+1)-2=6x+1$；

$f(x)=3x^2-2x+1$，那么 $f(2x+1)$ 表示的就是把原式中所有的未知数 x 替换成 $2x+1$，所以 $f(2x+1)=3(2x+1)^2-2(2x+1)+1=12x^2+8x+1$。

但是函数问题不一定会使用 $f(\ )$ 函数符号，可能会使用一些特殊符号。

比如：$a\therefore b=3a+2b-a\times b$，那么 $4\therefore 5=3\times 4+2\times 5-4\times 5=2$。

For all real numbers v, the operation $v*$ is defined by the equation $v*=v-\frac{1}{3}v$. If $(v*)*=8$, then $v=$

(A) 15 (B) 18 (C) 21 (D) 24 (E) 27

思路 $v*=v-\frac{1}{3}v=\frac{2}{3}v$，

$(v*)*=\left(\frac{2}{3}v\right)*$，将原式中的 v 替换成新的未知数 $\frac{2}{3}v$，

$(v*)*=\left(\frac{2}{3}v\right)*=\frac{2}{3}\times\frac{2}{3}v=\frac{4}{9}v=8$，解得 $v=18$。

答案 B

例题 02.

$*$ 代表一种算法，例如 $*b=(b+1)^b$，问（$*$（$*$（$*0$）））值是多少?

思路 $*0=(0+1)^0=1^0=1$

$*1=(1+1)^1=2$

$*2=(2+1)^2=9$

答案 9

例题 03.

For all positive integers m, $m=3m$ when m is odd and $m=\frac{1}{2}m$ when m is even. Which of the following is equivalent to 9×6?

(A) 81 (B) 54 (C) 36 (D) 27 (E) 18

翻译 对于所有的正整数 m，如果 m 是奇数的话，那么 $m=m\times 3$；如果 m 是偶数的话，那么 $m=m\times\frac{1}{2}$。求 9×6 的值是多少?

思路 因为 9 是奇数，所以 $9=9\times 3=27$；

因为 6 是偶数，所以 $6=6\times\frac{1}{2}=3$。

$9\times 6=27\times 3=81$。

A 选项：因为 81 是奇数，所以 $81=81\times 3=243$；

B 选项：因为 54 是偶数，所以 $54=54\times\frac{1}{2}=27$；

C 选项：因为 36 是偶数，所以 $36=36\times\frac{1}{2}=18$；

D 选项：因为 27 是奇数，所以 $27=27\times 3=81$；

E 选项：因为 18 是奇数，所以 $18=18\times\frac{1}{2}=9$。

因此，$9\times 6=$ D 选项。

答案 D

练 习

1. If $f(x)=1-x$, which of the following is $-f(-f(-x))$?

2. For which of the following functions f is $f(x)=f(1-x)$ for all x?

(A) $f(x)=1-x$

(B) $f(x)=1-x^2$

(C) $f(x)=x^2-(1-x)^2$

(D) $f(x)=x^2(1-x)^2$

(E) $f(x)=\frac{x}{1-x}$

答案及解析

1. If $f(x)=1-x$, which of the following is $-f(-f(-x))$?

思路 $f(-x)=1-(-x)=1+x$

$-f(-x)=-1-x$

$f(-f(-x))=f(-1-x)=1-(-1-x)$

$-f(-f(-x))=-f(-(1+x))=-(2+x)=-2-x$

答案 $-2-x$

2. For which of the following functions f is $f(x)=f(1-x)$ for all x?

(A) $f(x)=1-x$　　(B) $f(x)=1-x^2$

(C) $f(x)=x^2-(1-x)^2$　　(D) $f(x)=x^2(1-x)^2$

(E) $f(x)=\frac{x}{1-x}$

思路

A 选项：既然$f(x)=1-x$，那么$f(1-x)$ 表示的就是把原式中所有的未知数 x 替换成 $1-x$，所以$f(1-x)=1-(1-x)=x$，明显$f(1-x)\neq f(x)$，排除；

B 选项：既然$f(x)=1-x^2$，那么$f(1-x)$ 表示的就是把原式中所有的未知数 x 替换成 $1-x$，所以$f(1-x)=1-(1-x)^2=2x-x^2$，明显$f(1-x)\neq f(x)$，排除；

C 选项：既然$f(x)=x^2-(1-x)^2$，那么$f(1-x)$ 表示的就是把原式中所有的未知数 x 替换成 $1-x$，所以$f(1-x)=(1-x)^2-[1-(1-x)]^2=(1-x)^2-x^2$，明显$f(1-x)\neq f(x)$，排除；

D 选项：既然$f(x)=x^2(1-x)^2$，那么$f(1-x)$表示的就是把原式中所有的未知数x替换成$1-x$，所以$f(1-x)=(1-x)^2\times[1-(1-x)]^2=(1-x)^2x^2$，明显$f(1-x)=f(x)$，符合；

E 选项：既然$f(x)=\frac{x}{1-x}$，那么$f(1-x)$ 表示的就是把原式中所有的未知数 x 替换成 $1-x$，所以$f(1-x)=\frac{1-x}{1-(1-x)}=\frac{1-x}{x}$，明显$f(1-x)\neq f(x)$，排除。

答案 D

Geometry 几何

几何部分有 3 大考点：平面几何、立体几何和解析几何。
其中，平面几何和解析几何考查的频次很高。

几何部分主要考查 6 个知识点：
（1）平面几何 1——角和直线
（2）平面几何 2——三角形
（3）平面几何 3——四边形
（4）平面几何 4——圆
（5）立体几何
（6）解析几何

第一节

平面几何 1——角和直线

基本词汇

line 线　angle 角　degree 度数　acute angle 锐角　right angle 直角
obtuse angle 钝角　be parallel to 平行　be perpendicular to 垂直

知识点：

（1）多边形的内角和 =180°×（角的数量或边的数量 −2）。

（2）三角形的外角 = 两个不相邻的内角之和。

（3）直线l_1 和直线l_2 平行，则

∠1 和∠4 是同位角，同位角相等。

∠2 和∠4 是内错角，内错角相等。

∠3 和∠4 是同旁内角，同旁内角互补。

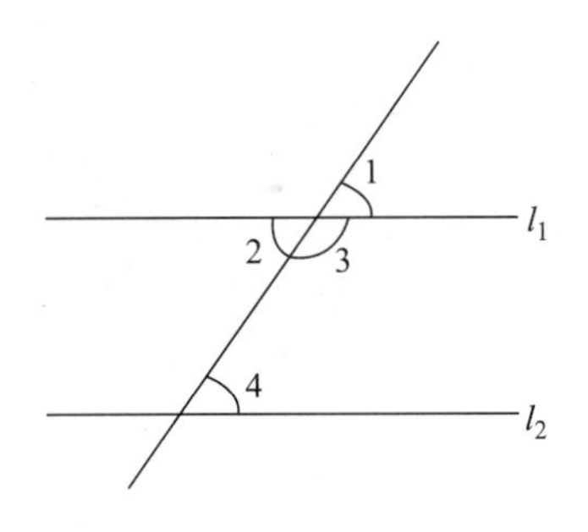

In a polygon, what is the average of the interior angles of the polygon?

(1) Two of the interior angles of the polygon are right angles.

(2) The polygon has five vertices.

翻译 在一个多边形中，内角的平均数是多少?

（1）这个多边形有 2 个内角是直角。

（2）这个多边形有 5 个顶点。

思路 平均数 = 总和 ÷ 总个数，所以内角的平均数 $=\frac{\text{内角和}}{\text{内角个数}}$。

内角和 =180°×（内角个数 −2），

内角的平均数 $=\frac{180°\times(\text{内角个数}-2)}{\text{内角个数}}$，

所以需要知道内角个数。

条件 1 不充分、条件 2 充分。

答案 B

例题 02.

Is the measure of one of the interior angles of quadrilateral *ABCD* equal to 60 degrees?

(1) Two of the interior angles of *ABCD* are right angles.

(2) The degree measure of angle *ABC* is twice the degree measure of angle *BCD*.

翻译 一个四边形 *ABCD*，问这个四边形中有没有一个内角刚好是 60°?

(1) 四边形 *ABCD* 有两个内角是直角。

(2) 四边形 *ABCD* 中，∠*ABC* 是∠*BCD* 的 2 倍。

思路

条件 1：四边形的内角和是 360°，既然有两个角是直角，说明另外两个角相加等于 180°，但不知另外两个角的角度如何分配。 insufficient

条件 2：四边形的一个角是另一个角的 2 倍，但是这种关系的角度组合方式有很多种，如：60°和 30°，90°和 45°，120°和 60°。 insufficient

条件 1 + 条件 2：四边形的内角和是 360°，既然有两个角是直角，说明另外两个角相加等于 180°，而且一个角是另一个角的 2 倍。

可能性 1：

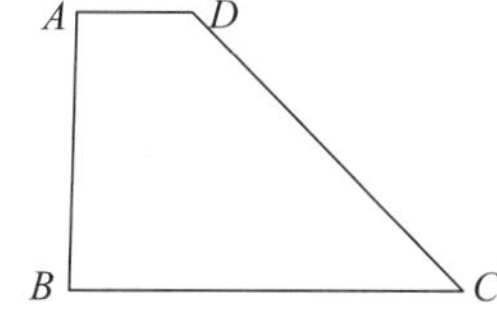

90°是 45°的 2 倍，但此时没有内角刚好是 60°。

可能性 2：

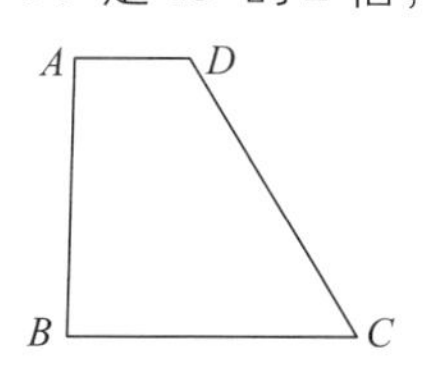

120°是 60°的 2 倍，此时有内角刚好是 60°。

insufficient

答案 E

练 习

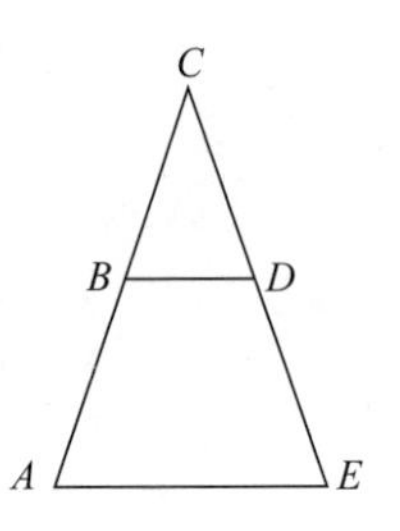

1. 在$\triangle CAE$中，取CA上一点B，取CE上一点D，连接BD。已知$\angle C=35°$。求$\angle ABD+\angle BDE$的和是多少?

2. In the figure shown, point O is the center of the semicircle and points B, C, and D lie on the semicircle. If the length of line segment AB is equal to the length of line segment OC, what is the degree measure of angle BAO?

(1) The degree measure of angle COD is 60.

(2) The degree measure of angle BCO is 40.

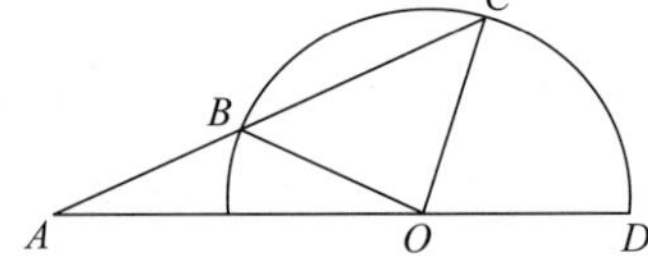

3. In the figure, if x and y are each less than 90 and $PS // QR$ is the length of segment PQ less than the length of segment SR?

(1) $x>y$

(2) $x+y>90$

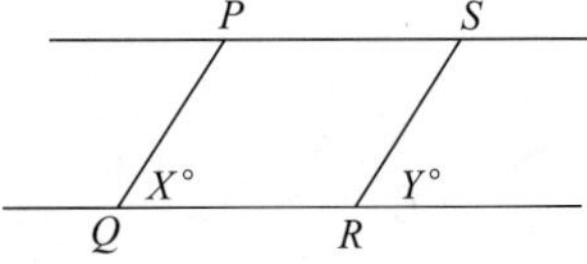

答案及解析

1. 在△CAE 中，取 CA 上一点 B，取 CE 上一点 D，连接 BD。已知∠c = 35°。求∠ABD + ∠BDE 的和是多少?

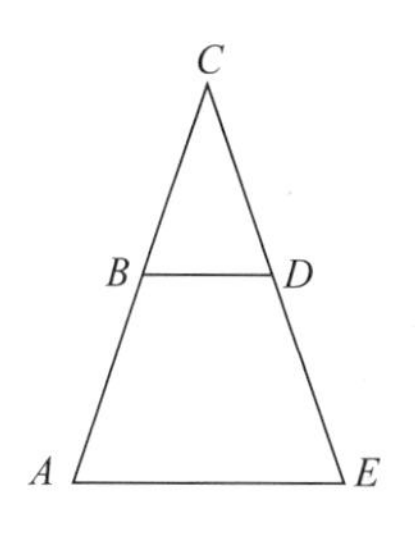

思路 三角形的内角和为 180°，因为∠C = 35°，所以∠CBD + ∠CDB = 180° − 35° = 145°。

因为∠ABD = 180° − ∠CBD，∠BDE = 180° − ∠CDB，

所以∠ABD + ∠BDE = 180° − ∠CBD + 180° − ∠CDB

= 360° − (∠CBD + ∠CDB)

= 360° − 145° = 215°。

答案 215°

2. In the figure shown, point O is the center of the semicircle and points B, C, and D lie on the semicircle. If the length of line segment AB is equal to the length of line segment OC, what is the degree measure of angle BAO?

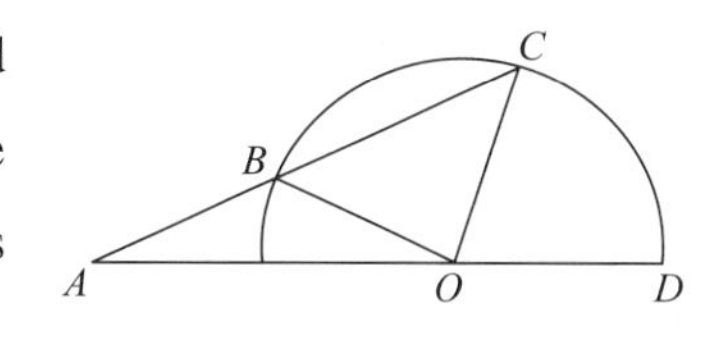

(1) The degree measure of angle COD is 60.

(2) The degree measure of angle BCO is 40.

翻译 在图中，点 O 是半圆的圆心，点 B，C，D 都在圆上。如果线段 AB 的长和线段 OC 的长是相等的，求∠BAO 的度数。

(1) ∠COD = 60°　　　(2) ∠BCO = 40°

思路 已知 AB = 半径 OB = OC = OD，求∠BAO 的度数。

条件 1：三角形的外角等于两个不相邻的内角之和，所以∠COD = ∠OCB + ∠BAO = 60°，

因为半径 OB = 半径 OC，所以△OBC 是等腰三角形，∠OCB = ∠OBC，

就意味着∠OBC + ∠BAO = 60°。

同样，∠OBC = ∠BOA + ∠BAO，

∠COD = ∠OBC + ∠BAO = ∠BOA + ∠BAO + ∠BAO = 60°。

因为半径 OB = AB，所以△ABO 是等腰三角形，∠BOA = ∠BAO，则∠BAO = 20°。

sufficient

条件 2： 因为半径 OB = 半径 OC，所以 $\triangle OBC$ 是等腰三角形，$\angle OCB = \angle OBC = 40°$。
三角形的外角等于两个不相邻的内角之和，所以 $\angle OBC = \angle BOA + \angle BAO = 40°$。
因为半径 $OB = AB$，所以 $\triangle ABO$ 是等腰三角形，$\angle BOA = \angle BAO$，则 $\angle BAO = 20°$。
sufficient

答案 D

3. In the figure, if x and y are each less than 90 and $PS // QR$ is the length of segment PQ less than the length of segment SR?

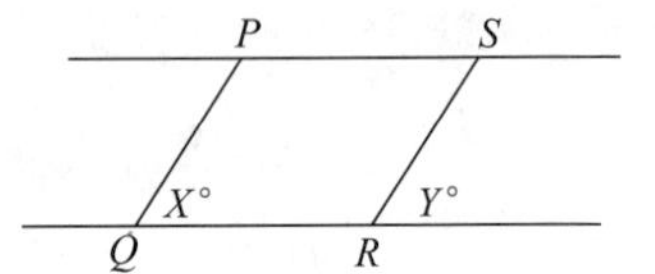

(1) $x > y$

(2) $x + y > 90$

思路 如果 $PQ // SR$（$x = y$），则四边形 $PQRS$ 是平行四边形，则 $PQ = SR$；
如果 $x > y$，则 $PQ < SR$；
如果 $x < y$，则 $PQ > SR$。

条件 1： sufficient

条件 2： $x + y > 90$，但并不知道 x 和 y 的大小关系，也就无法确定 PQ 和 SR 是否平行。
insufficient

答案 A

第二节 平面几何 2——三角形

基本词汇

polygon 多边形　triangle 三角形　quadrilateral 四边形　pentagon 五边形
hexagon 六边形　regular polygon 正多边形　equilateral triangle 等边三角形
isosceles triangle 等腰三角形　right triangle 直角三角形　hypotenuse 斜边
leg 侧边　opposite 对边　adjacent 邻边　similar triangle 相似三角形

知识点：

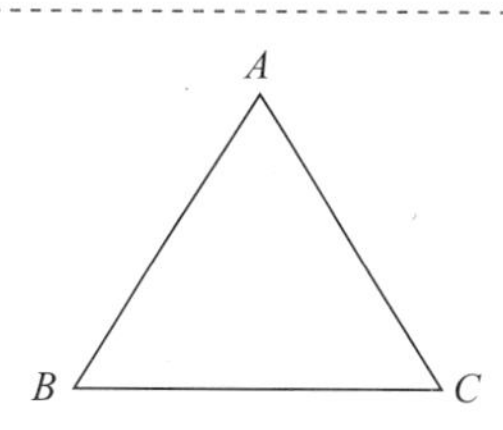

（1）大边对大角，大角对大边。

（2）三角形两边之和大于第三边，两边之差小于第三边。

（3）勾股定理

直角三角形：$a^2+b^2=c^2$

锐角三角形：$a^2+b^2>c^2$

钝角三角形：$a^2+b^2<c^2$

（4）三角函数

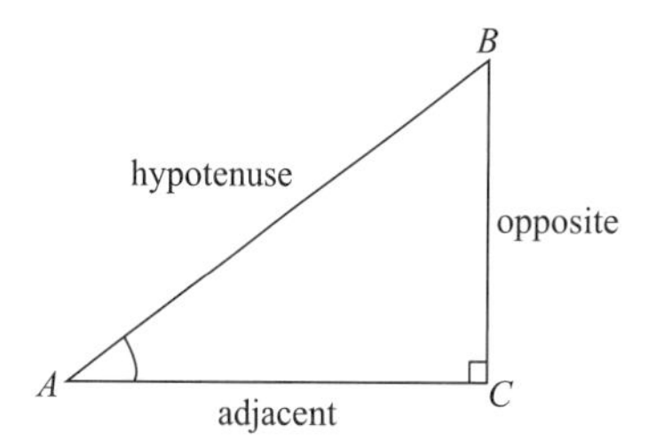

正弦 $\sin A=\dfrac{\text{opposite}}{\text{hypotenuse}}$

余弦 $\cos A=\dfrac{\text{adjacent}}{\text{hypotenuse}}$

正切 $\tan A=\dfrac{\text{opposite}}{\text{adjacent}}$

	30°	45°	60°	0°	90°
$\sin\alpha$	$\frac{1}{2}$	$\frac{\sqrt{2}}{2}$	$\frac{\sqrt{3}}{2}$	0	1
$\cos\alpha$	$\frac{\sqrt{3}}{2}$	$\frac{\sqrt{2}}{2}$	$\frac{1}{2}$	1	0
$\tan\alpha$	$\frac{\sqrt{3}}{3}$	1	$\sqrt{3}$	0	—

（5）三角形的面积 $=\frac{1}{2}\times$ 底 $\times$ 高 $=\frac{1}{2}ab\sin C$

（6）相似三角形

①如果一个三角形的两个角与另一个三角形的两个角对应相等，那么这两个三角形相似。（两角对应相等，两个三角形相似）

②如果两个三角形的两组对应边成比例，并且对应的夹角相等，那么这两个三角形相似。（两边对应成比例且夹角相等，两个三角形相似）

③如果两个三角形的三组对应边成比例，那么这两个三角形相似。（三边对应成比例，两个三角形相似）

④两个三角形三边对应平行，则两个三角形相似。（三边对应平行，两个三角形相似）

相似比、面积比和体积比：

相似比 = 边长比

面积比 = 相似比^2

体积比 = 相似比^3

In a triangle ABC, is the perimeter of the triangle greater than 11?

(1) The triangle ABC is an isosceles triangle.

(2) The sum of two sides in the triangle is 5.

翻译 在三角形 ABC 中，周长大于 11 吗？

（1）$\triangle ABC$ 是等腰三角形。

（2）三角形的两边之和是 5。

思路

条件 1： 两边相等，但不知道具体的数值大小。　insufficient

条件 2： 因为三角形的两边之和大于第三边，所以第三边肯定 <5，

周长 = 已知两边 + 第三边 <10。

既然周长 <10，也就肯定不会大于 11，

否定回答也充分。　sufficient

答案 B

If each side of $\triangle ACD$ has length 3 and if AB has length 1, what is the area of region $BCDE$?

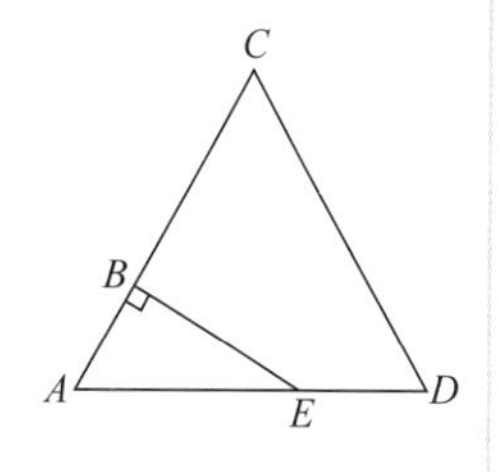

(A) $\frac{9}{4}$　　(B) $\frac{7\sqrt{3}}{4}$　　(C) $\frac{9\sqrt{3}}{4}$

(D) $\frac{7\sqrt{3}}{2}$　　(E) $6+\sqrt{3}$

思路 四边形 $BCDE$ 的面积 = $\triangle ACD$ 的面积 − $\triangle ABE$ 的面积。

因为 $\triangle ACD$ 是等边三角形，

所以利用三角形面积公式 $\frac{1}{2}ab\sin C$，可求得 $\triangle ACD$ 的面积是 $\frac{9\sqrt{3}}{4}$。

在 $\triangle ABE$ 中，因为 $\angle ABE=90°$，$\angle A=60°$，$\angle BEA=30°$，已知 $AB=1$，

所以利用三角函数，可求得 $BE=\sqrt{3}$，$\triangle ABE$ 的面积是 $\frac{\sqrt{3}}{2}$。

四边形 $BCDE$ 的面积 = $\triangle ACD$ 的面积 − $\triangle ABE$ 的面积 $=\frac{9\sqrt{3}}{4}-\frac{\sqrt{3}}{2}=\frac{7\sqrt{3}}{4}$。

答案 B

例题 03.

In the rectangle $ABCD$, $AB=6$, $AD=8$. If point P is selected from segment BC at random, what is the probability that the length of segment AP is less than $3\sqrt{5}$?

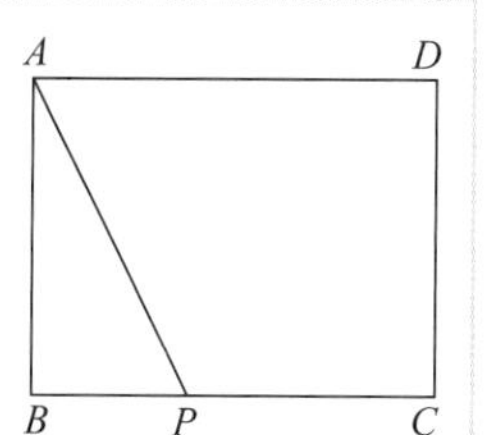

(A) $\frac{3}{8}$　　(B) $\frac{\sqrt{19}}{8}$　　(C) $\frac{3}{5}$

(D) $\frac{3}{4}$　　(E) $\frac{3\sqrt{5}}{8}$

翻译 在矩形 $ABCD$ 中，$AB=6$，$AD=8$。如果从线段 BC 中再选一点 P，符合 $AP<3\sqrt{5}$ 的概率是多少?

思路 从 BC 上任取一点 P，设 $AP=3\sqrt{5}$，

$\triangle ABP$ 明显是直角三角形，利用勾股定理 $AB^2+BP^2=AP^2$，

即 $6^2+BP^2=(3\sqrt{5})^2$，

解得 $BP=3$。

当点 B 和点 P 的距离是 3 时，刚好 $AP=3\sqrt{5}$。

如果点 P 向左移动，AP 的长度应该会缩短；如果点 P 向右移动，AP 的长度应该会延长。

因此，在长度为 8 的线段 BC 上，只要点 P 到点 B 的距离 <3，都满足 $AP<3\sqrt{5}$，所以概率是 $\frac{3}{8}$。

答案 A

A ladder 25 feet long is leaning against a wall that is perpendicular to level ground. The bottom of the ladder is 7 feet from the base of the wall. If the top of the ladder slips down 4 feet, how many feet will the bottom of the ladder slip?

(A) 4 (B) 5 (C) 8 (D) 9 (E) 15

翻译 一个长 25 英尺的梯子斜靠在一堵与地面垂直的墙上，梯子的底端到墙底部的距离是 7 英尺。如果现在梯子的顶端下滑 4 英尺的话，那么请问梯子的底端滑了多远的距离?

思路 很明显梯子、墙、地面构成了直角三角形，

利用勾股定理，$7^2+a^2=25^2$，

解得 $a=24$，说明梯子顶端到地面的距离是 24 英尺。

现在梯子的顶端下滑 4 英尺，说明梯子顶端到地面的距离是 20 英尺。

利用勾股定理，$b^2+20^2=25^2$，

解得 $b=15$，说明梯子底端到墙底部的距离是 15 英尺。

之前梯子底端到墙底部的距离是 7 英尺，现在是 15 英尺，说明梯子的底端滑动了 $15-7=8$（英尺）。

答案 C

练　习

1. If k is an integer and $2<k<7$, for how many different values of k is there a triangle with sides of lengths 2, 7, and k?

(A) One　(B) Four　(C) Five　(D) Three　(E) Two

2. In the figure on the right, square $CDEF$ has area 4. What is the area of $\triangle ABF$?

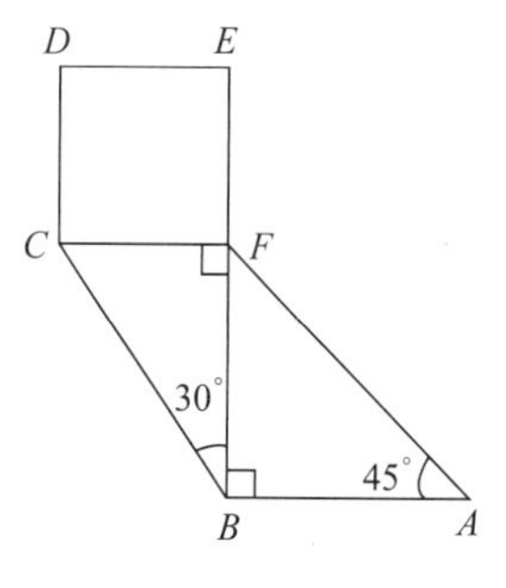

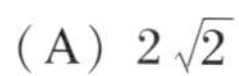 (A) $2\sqrt{2}$　 (B) $2\sqrt{3}$　(C) 4

(D) $3\sqrt{3}$　(E) 6

3. An obtuse triangle has three sides, and the length of each side is 40, 9 and x. Which of the following could be the possible value of x?

(A) 30　(B) 33　(C) 39　(D) 40　(E) 41

4. 有一个高 3 英尺的圆锥体容器，里面装了一些水，水面的直径是 3 英尺，容器顶端横截面的直径是 5 英尺。问容器顶端到水面的距离是多少？

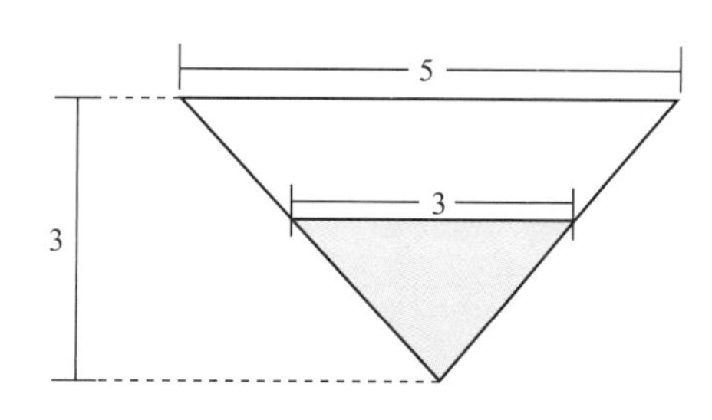

答案及解析

1. If k is an integer and $2<k<7$, for how many different values of k is there a triangle with sides of lengths 2, 7, and k?

(A) One　(B) Four　(C) Five　(D) Three　(E) Two

翻译 k 是一个大于 2 小于 7 的整数，如果一个三角形的三条边分别是 2，7，k，问 k 的取值有多少种不同的可能？

思路 三角形两边之和大于第三边，两边之差小于第三边。

可知，$5<k<9$。

因为 $2<k<7$，所以 $5<k<7$，

k 只可能是 6，即 k 的取值只有 1 个。

答案 A

2. In the figure on the right, square $CDEF$ has area 4. What is the area of $\triangle ABF$?

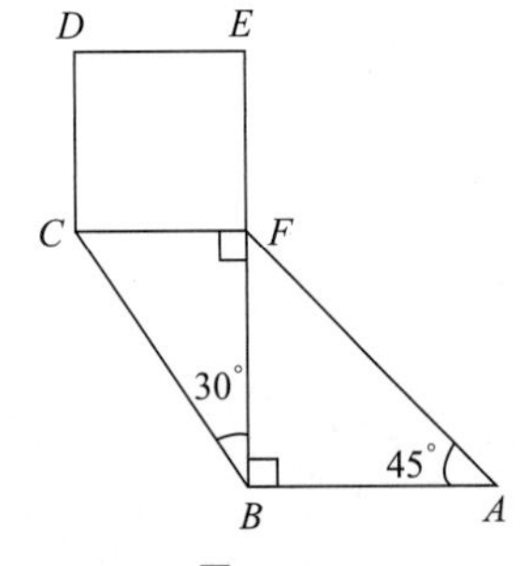

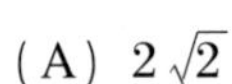
(A) $2\sqrt{2}$　(B) $2\sqrt{3}$　(C) 4

(D) $3\sqrt{3}$　(E) 6

思路 正方形 $CDEF$ 的面积是 4，由此可求边长是 2。

在 $\triangle BFC$ 中，$\angle CBF=30°$，$CF=2$，利用三角函数，可求得 $BF=2\sqrt{3}$。

在 $\triangle ABF$ 中，$\angle BAF=\angle BFA=45°$，所以 $\triangle ABF$ 是等腰直角三角形，

$BA=BF=2\sqrt{3}$。

$\triangle ABF$ 的面积是 $\frac{1}{2}\times2\sqrt{3}\times2\sqrt{3}=6$。

答案 E

3. An obtuse triangle has three sides, and the length of each side is 40, 9 and x. Which of the following could be the possible value of x?

(A) 30　(B) 33　(C) 39　(D) 40　(E) 41

翻译 一个钝角三角形的三条边分别是：40，9，x。下面哪个选项可能是 x 值?

思路 三角形两边之和大于第三边，两边之差小于第三边，由此可求得 $31 < x < 49$，排除 30。

首先 9 绝对不是钝角对应的边，钝角对应的边长要么是 40，要么是 x（此时 $x > 40$）。

根据钝角三角形的勾股定理 $a^2 + b^2 < c^2$：

可能性 1：x 是钝角边，则 $x^2 > 40^2 + 9^2$，解得 $x > 41$；

可能性 2：40 是钝角边，则 $40^2 > 9^2 + x^2$，解得 $x < 39$。

因此，符合条件的只有 33。

答案 B

4. 有一个高 3 英尺的圆锥体容器，里面装了一些水，水面的直径是 3 英尺，容器顶端横截面的直径是 5 英尺。问容器顶端到水面的距离是多少?

思路 设水面到底部的距离为 x，则容器顶端到水面的距离是 $3 - x$。

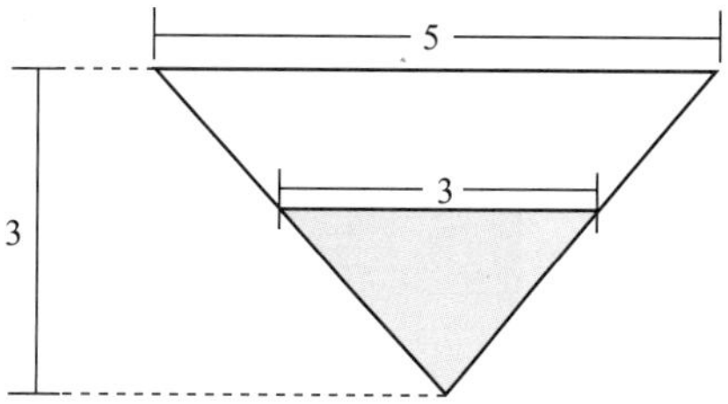

截面直径比为 $\frac{3}{5}$，

则 $\frac{x}{3} = \frac{3}{5}$，

$x = \frac{9}{5}$（英尺），

容器顶端到水面的距离是 $3 - \frac{9}{5} = \frac{6}{5}$（英尺）。

5
3
3

答案 $\frac{6}{5}$ 英尺

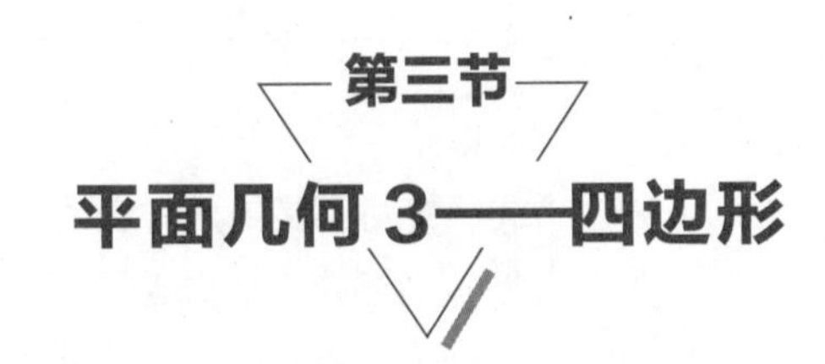

第三节 平面几何 3——四边形

基本词汇

rectangle 矩形　perimeter 周长　area 面积　diagonal 对角线　square 正方形
parallelogram 平形四边形　trapezoid 梯形　rhombus 菱形　hexagon 正六边形

知识点：

矩形：

周长 =（长 + 宽）×2

面积 = 长 × 宽

对角线长 $=\sqrt{长^2+宽^2}$

正方形：

周长 = 边长 ×4

面积 = 边长^2

平行四边形：

（1）平行四边形的判定依据：

① 从边看：两组对边分别平行的四边形是平行四边形；
两组对边分别相等的四边形是平行四边形；
一组对边平行且相等的四边形是平行四边形。

② 从角看：两组对角分别相等的四边形是平行四边形。

③ 从对角线看：对角线互相平分的四边形是平行四边形。

（2）周长 = 底边 ×2 + 侧边 ×2

（3）面积 = 底 × 高

梯形：

（1）特点：一组边平行。

（2）面积 =（上底 + 下底）× 高 $\times\frac{1}{2}$

菱形：

①四边都相等的四边形是菱形。

②对角线互相垂直的平行四边形是菱形。

③有一组邻边相等的平行四边形是菱形。

正六边形：

（1）正六边形是由6个等边三角形组成的。

（2）正六边形的面积＝等边三角形的面积×6

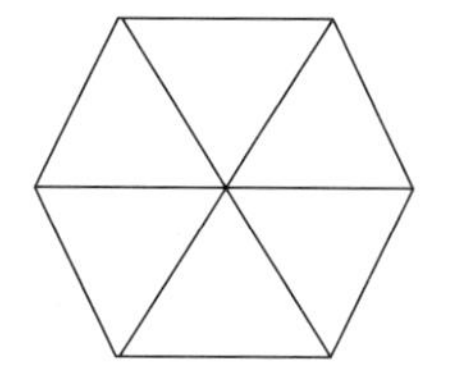

引申性质：

（1）多边形的对角线数量$=\dfrac{n(n-3)}{2}$，其中n表示边的数量。

（2）如果一个四边形的对角线互相垂直，那么这个四边形的面积＝对角线长度的乘积÷2。

用篱笆围成一个长方形，长是宽的3倍。用同样的篱笆围成一个正方形，面积比长方形大了400英尺^2。问篱笆的总长度是多少？

思路 设长方形宽为x，则长为$3x$，长方形面积为$x\times3x=3x^2$，周长$=8x$。

正方形周长也是$8x$。

正方形边长$=2x$，面积$=4x^2$，

$4x^2-3x^2=x^2=400$（英尺^2），

解得$x=20$（英尺），篱笆周长$=160$（英尺）。

答案 160英尺

The figure shows a square patio surrounded by a walkway of width x meters. If the area of the walkway is 132 square meters and the width of the patio is 5 meters greater than the width of the walkway, what is the area of the patio in square meters?

(A) 56 (B) 64 (C) 68

(D) 81 (E) 100

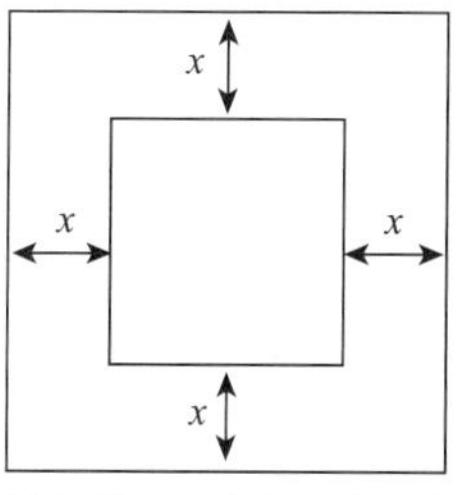

Note: Figure not drawn to scale.

翻译 如图所示，一个正方形的平台被一圈宽度为x米的走廊所环绕。如果走廊的面积是132米^2，平台的宽度比走廊的宽度大5米，请问平台的面积是多少？

思路 因为平台是正方形的，各处走廊的宽度都是 x 米，所以整个图形就是一个大正方形。

因为走廊的宽是 x 米，所以平台的宽度就是（$x+5$）米，整个图形的边长就是 $x+5+2x=3x+5$（米）。

走廊面积 = 整个图形的面积 − 方形平台的面积，

即 $132=(3x+5)^2-(x+5)^2$，

解得 $x=3$（米）。

平台的面积 $=(x+5)^2=8^2=64$（米^2）

答案 B

例题 03.

The sides of a parallelogram have length 6, 8. Which of the following could be the area of the parallelogram?

I. 35

II. 45

III. 55

(A) only I　　(B) only II

(C) only I and II　　(D) only I and III

(E) I, II and III

翻译 一个平行四边形的边长是 6 和 8，下面哪个选项可能是这个平行四边形的面积？

思路 平行四边形的面积 = 底 × 高 = 8 × 高，

虽然高度未知，但是很明显高和侧边构成了直角三角形，

直角三角形的斜边最长且边长是 6，所以高 <6。

平行四边形的面积 $=8\times$高 $<8\times6=48$，

35 和 45 都符合 <48。

答案 C

例题 04.

一个四边形的风筝，已知两条对角线刚好垂直，且长度分别是18、12，求风筝的面积是多少？

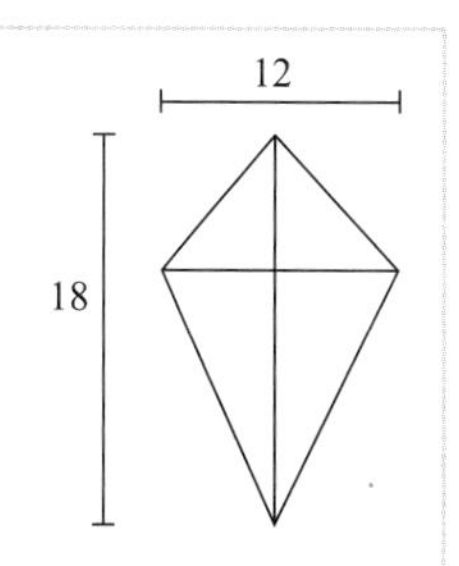

思路 风筝的面积 $=12\times18\times1/2=108$。

答案 108

Is the quadrilateral $ABCD$ a rectangle?

(1) $AB=CD$, $AD=BC$

(2) $AC=BD$

思路

条件1：能说明是平行四边形（两组对边相等），但不一定是矩形。　insufficient

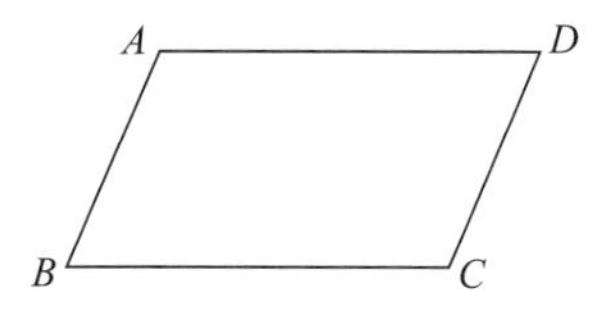

条件2：可能是矩形，也有可能是等腰梯形。　insufficient

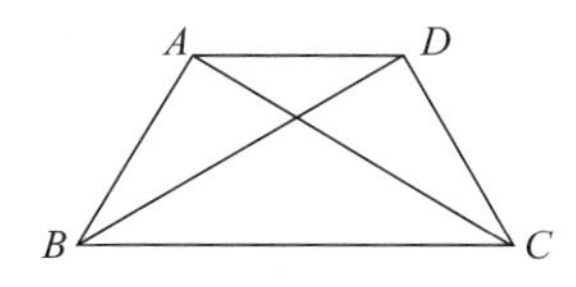

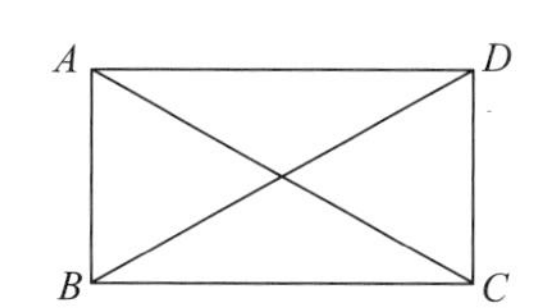

条件1＋条件2：对角线相等的平行四边形是矩形。　sufficient

答案 C

练习

1. In the figure, the area of square region *PRTV* is 81, and the ratio of the area of square region *XSTU* to the area of square region *PQXW* is 1 to 4. What is the length of segment *RS*?

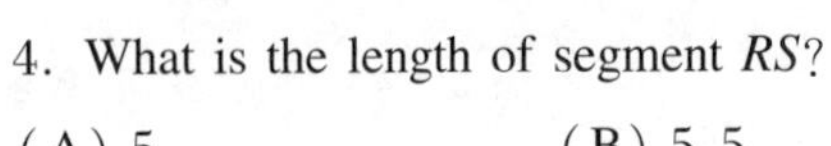

(A) 5　　(B) 5.5　　(C) 6

(D) 6.5　　(E) 7

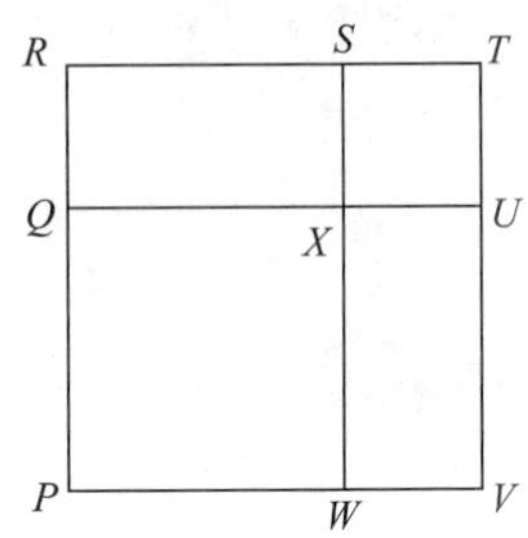

Note: Figure not drawn to scale.

2. A large square is composed of a small square and four congruent right triangles. The perimeter of the large square is 20, and the perimeter of the small square is 4. What is the perimeter of the right triangle?

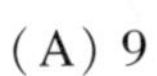

(A) 9　　(B) 10　　(C) 11

(D) 12　　(E) 15

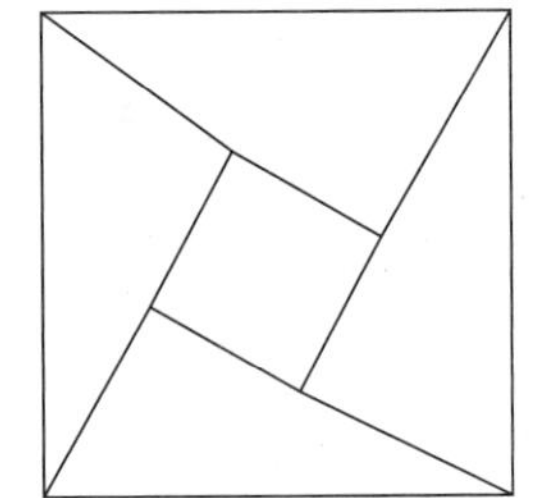

3. How many diagonals does an octagon have?

答案及解析

1. In the figure, the area of square region *PRTV* is 81, and the ratio of the area of square region *XSTU* to the area of square region *PQXW* is 1 to 4. What is the length of segment *RS*?

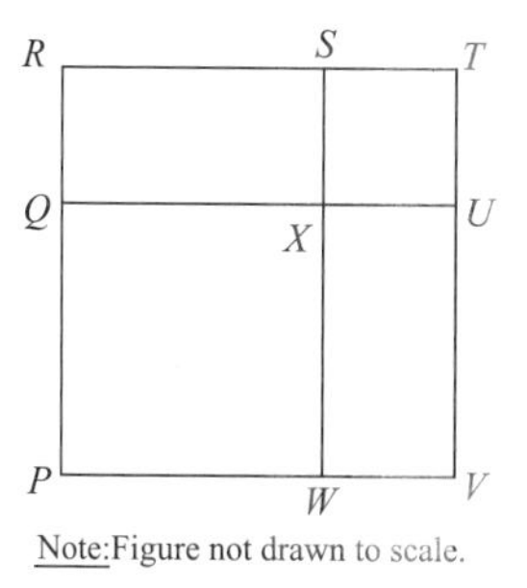

Note:Figure not drawn to scale.

(A) 5　(B) 5.5　(C) 6　(D) 6.5　(E) 7

翻译 在图中，正方形区域 *PRTV* 的面积是 81，且正方形 *XSTU* 的面积和正方形 *PQXW* 的面积比例是 1:4。求线段 *RS* 的长度是多少?

思路 因为正方形 *PRTV* 的面积是 81，所以边长是 9。

假设正方形 *PQXW* 的边长 *XW* 为 a，则正方形 *XSTU* 的边长 *TU* 为 $9-a$，

正方形 *PQXW* 的面积是 a^2，正方形 *XSTU* 的面积是 $(9-a)^2$。

因为正方形 *XSTU* 的面积和正方形 *PQXW* 的面积比例是 1:4，可解得 $a=6$。

答案 C

2. A large square is composed of a small square and four congruent right triangles. The perimeter of the large square is 20, and the perimeter of the small square is 4. What is the perimeter of the right triangle?

(A) 9　(B) 10　(C) 11　(D) 12　(E) 15

思路 大正方形的边长为 5，小正方形边长为 1。

大正方形的面积 =4 × 直角三角形面积 + 小正方形的面积。

因为四个三角形是全等的，所以可以发现三角形的长直角边 = 三角形的短直角边 + 正方形边长，即长直角边 = 短直角边 + 1。

设直角三角形短直角边 = x，则长直角边 = $x+1$。

三角形是直角三角形，利用勾股定理，可知 $x^2+(x+1)^2=5^2$，

可解得 $x=3$。

因此，直角三角形的边长分别是 3，4，5，周长 $=3+4+5=12$。

答案 D

3. How many diagonals does an octagon have?

思路 根据多边形对角线数量 $=\dfrac{n(n-3)}{2}$，

八边形对角线数量 $=\dfrac{8(8-3)}{2}=20$。

答案 20

第四节 平面几何 4——圆

基本词汇

circle 圆　center 圆心　radius 半径　diameter 直径　circumference 周长　area 面积
chord 弦　arc 弧　central angle 圆心角　inscribed angle 圆周角　sector 扇形

考点 1　圆的周长和面积

周长 $=2\pi r$

面积 $=\pi r^2$

例题 01.

一只小白鼠在一个半径为$\frac{1}{2}$英尺的圆形笼子里奔跑，跑了 240 英尺，请问小白鼠大约跑了多少圈?

思路 半径 $r=\frac{1}{2}$ 英尺，周长 $=2\pi r=2\times\frac{1}{2}\times\pi=\pi$(英尺)

已知小白鼠跑了 240 英尺，

所以一共跑了$\frac{240}{\pi}$圈，约等于 76 圈。

答案 76

例题 02.

正方形的周长和圆的周长比是 8，求正方形的面积和圆的面积的比例?

思路 设圆的半径为 r，正方形的边长为 a，

$\frac{4a}{2\pi r}=8$,

$a=4\pi r$,

面积比 $=\frac{a^2}{\pi r^2}=\frac{(4\pi r)^2}{\pi r^2}=16\pi$。

答案 16π

例题 03.

In the figure shown, if the area of the shaded region is 3 times the area of the smaller circular region, then the circumference of the larger circle is how many times the circumference of the smaller circle?

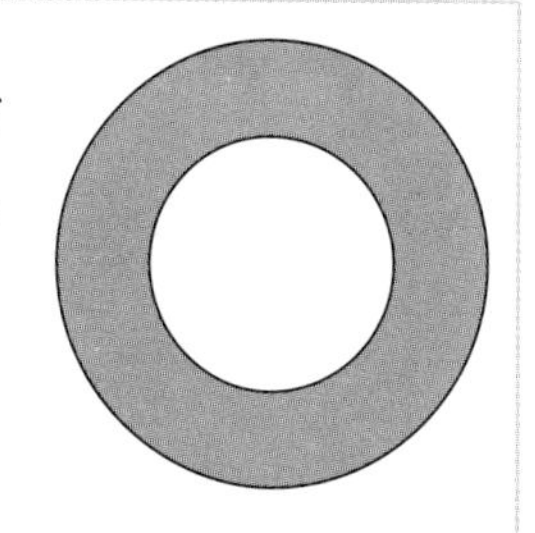

(A) 4　　(B) 3　　(C) 2

(D) $\sqrt{3}$　　(E) $\sqrt{2}$

翻译 在上图中，阴影区域的面积是小圆面积的 3 倍，求大圆周长是小圆周长的多少倍?

思路 阴影区域的面积 = 大圆面积 − 小圆面积。

设大圆的半径是 R，小圆的半径是 r，

阴影区域的面积 $=\pi R^2-\pi r^2=$ 小圆面积 $\times 3=3\pi r^2$。

即 $\pi R^2=4\pi r^2$,

$R=2r$,

所以大圆周长是 $2\pi R=4\pi r$，小圆周长是 $2\pi r$,

大圆周长是小圆周长的 2 倍。

答案 C

练　习

1. 一个操场上外圈跑道和内圈跑道之间的间距是8，问外圈跑道的周长比内圈跑道的周长多多少？

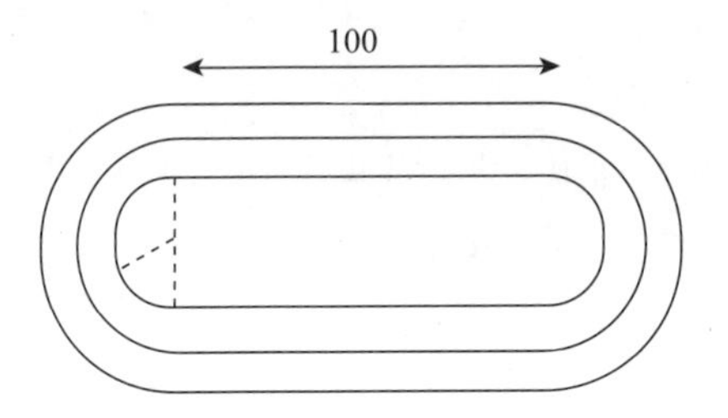

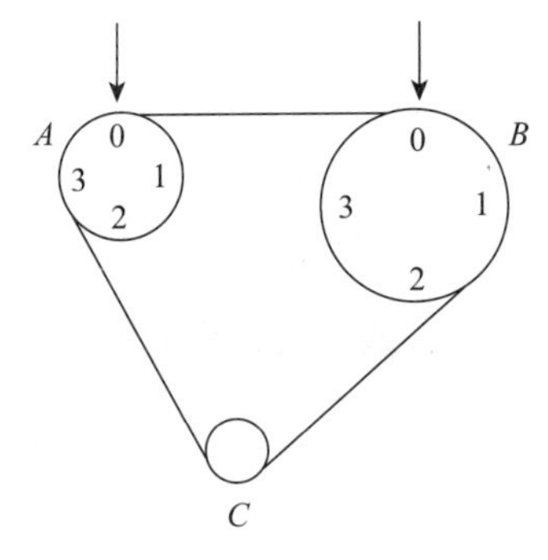

2. 一个传送带上共有 A，B，C 3 个轮子，箭头指针固定，轮子逆时针转动，可以知道 A，B，C 的半径分别是4，6，2，问 C 转了1.5圈后，A 和 B 两个被箭头指着的数字加起来为几？

3. The diameter of circle S is equal in length to a side of a certain square. The diameter of circle T is equal in length to a diagonal of the same square. The area of circle T is how many times the area of circle S?

(A) $\sqrt{2}$　　(B) $\sqrt{2}+1$　　(C) 2　　(D) π　　(E) $\sqrt{2\pi}$

4. In the figure, points A, B, C, D, and E lie on a line. A is on both circles, B is the center of the smaller circle, C is the center of the larger circle, D is on the smaller circle, and E is on the larger circle. What is the area of the region inside the larger circle and outside the smaller circle?

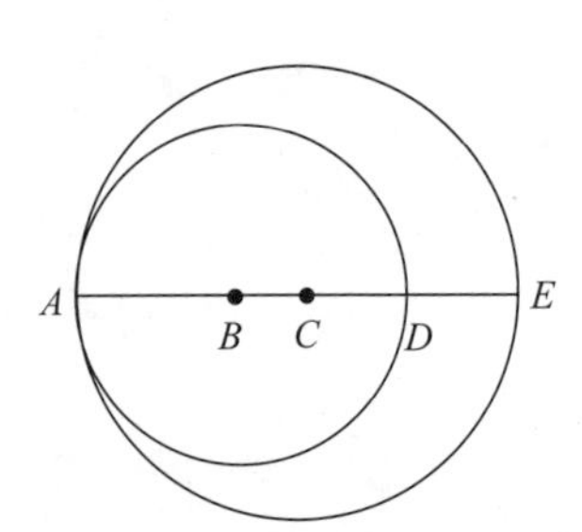

(1) $AB=3$ and $BC=2$

(2) $CD=1$ and $DE=4$

答案及解析

1. 一个操场上外圈跑道和内圈跑道之间的间距是8，问外圈跑道的周长比内圈跑道的周长多多少？

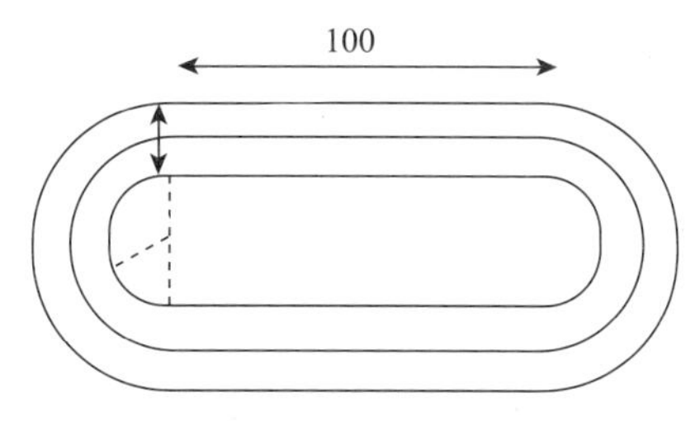

思路 两个侧边是一样的，外圈跑道比内圈跑道的差别只是在于两个半圆的大小。

设内部小圆的半径是 x，则大圆半径就是 $x+8$。

外圈跑道的周长 − 内圈跑道的周长 = 大圆周长 − 小圆周长 =

$2\pi\times(x+8)-2\pi\times x=16\pi$。

答案 16π

2. 一个传送带上共有 A，B，C 3 个轮子，箭头指针固定，轮子逆时针转动，可以知道 A，B，C 的半径分别是 4，6，2，问 C 转了 1.5 圈后，A 和 B 两个被箭头指着的数字加起来为几？

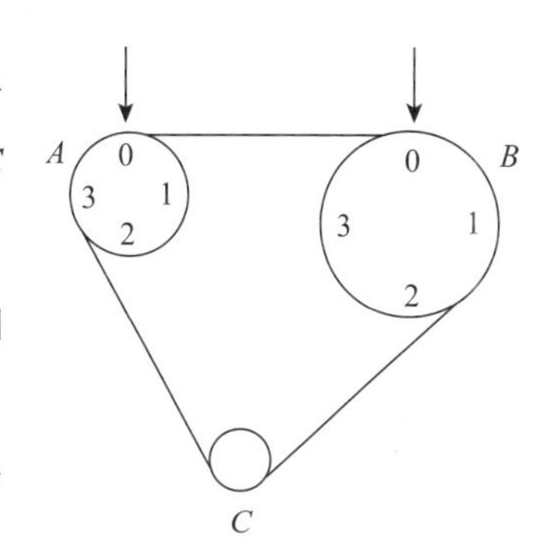

思路 在同一传送带上，经过任何一点的传送带长度都是相等的。

圆 C 转动 1.5 圈，因为半径是 2，所以经过圆 C 的传送带长度是 $2\times\pi\times2\times1.5=6\pi$。

圆 A 的周长为 $2\times\pi\times4=8\pi$，6π 对于 8π 来说是$\frac{6\pi}{8\pi}=\frac{3}{4}$圈，而圆 A 逆时针转$\frac{3}{4}$圈，转到了数字 3；

圆 B 的周长为 $2\times\pi\times6=12\pi$，6π 对于 12π 来说是$\frac{6\pi}{12\pi}=\frac{1}{2}$圈，而圆 B 逆时针转$\frac{1}{2}$圈，转到了数字 2。

$3+2$ 的数字之和为 5。

答案 5

3. The diameter of circle S is equal in length to a side of a certain square. The diameter of circle T is equal in length to a diagonal of the same square. The area of circle T is how many times the area of circle S?

(A) $\sqrt{2}$ (B) $\sqrt{2}+1$ (C) 2 (D) π (E) $\sqrt{2\pi}$

翻译 圆 S 的直径和一个正方形的边长相等，圆 T 的直径和这个正方形的对角线相等。问圆 T 面积是圆 S 面积的多少倍?

思路 设正方形的边长是 a，则正方形的对角线长度为$\sqrt{2}a$。

圆 S 的直径是 a，则半径是$\frac{a}{2}$，圆 S 的面积是$\frac{\pi a^2}{4}$；

圆 T 的直径是$\sqrt{2}a$，则半径是$\frac{\sqrt{2}a}{2}$，圆 T 的面积是$\frac{\pi a^2}{2}$。

因此，圆 T 与圆 S 的面积比例是 2:1。

答案 C

4. In the figure, points A, B, C, D, and E lie on a line. A is on both circles, B is the center of the smaller circle, C is the center of the larger circle, D is on the smaller circle, and E is on the larger circle. What is the area of the region inside the larger circle and outside the smaller circle?

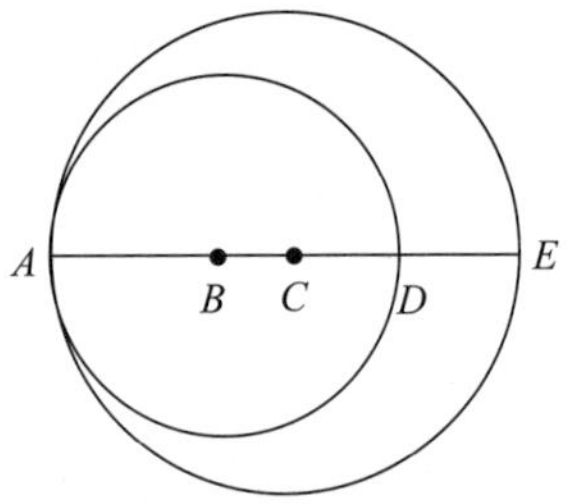

(1) $AB=3$ and $BC=2$

(2) $CD=1$ and $DE=4$

翻译 在上图中，点 A，B，C，D，E 都在同一条直线上。点 A 既在小圆上又在大圆上，点 B 是小圆的圆心，点 C 是大圆的圆心。点 D 在小圆上，点 E 在大圆上。求大圆之内小圆之外的区域的面积是多少?

思路 大圆之内小圆之外的区域的面积 = 大圆的面积 − 小圆的面积，

所以需要知道大圆的半径和小圆的半径。

条件 1：大圆半径 $R=AB+BC=5$，

小圆半径 $r=AB=3$。

因此，题目所问区域的面积可以求值。 sufficient

条件 2：大圆半径 $R=CD+DE=5$，

小圆半径 $r=\frac{AD}{2}=\frac{AC+CD}{2}=\frac{CE+CD}{2}=3$。

因此，题目所问区域的面积可以求值。 sufficient

答案 D

考点 2　弦、弧、圆周角和圆心角、扇形

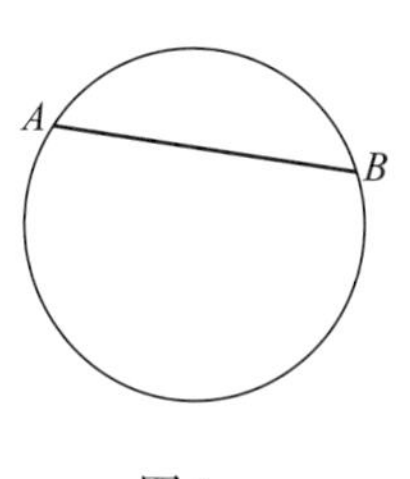

图 1

弦：连接圆上任意两点的线段，如图 1 线路 AB。直径是最长的弦。

弧：圆上两点之间的圆周部分，如图 1 弧 AB。

圆心角：顶点在圆心上的角，如图 2 $\triangle OBC$。

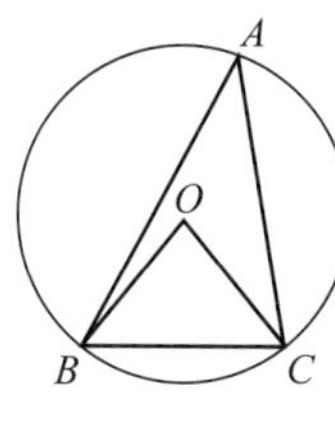

图 2

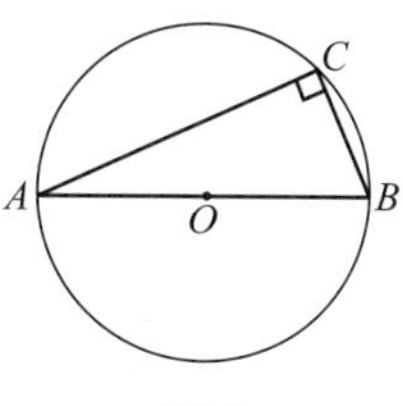

图 3

圆周角：顶点在圆周上、另外两点也在圆周上所形成的角，如图 2 $\triangle ABC$。

性质 1：直径对应的圆周角是 90°，如图 3 $\triangle CAB$；

性质 2：相同一段弧/弦对应的圆周角是圆心角的一半。

弧长 $=\dfrac{n\pi r}{180°}$（n 是圆心角）

扇形面积 $=\dfrac{n\pi r^2}{360°}$（n 是圆心角）

例题 01.

圆的圆心是 O，OB 和 OC 是半径。$\angle BOC=130°$，$\angle BAD=50°$。问 $\angle ABD$ 的大小是多少？

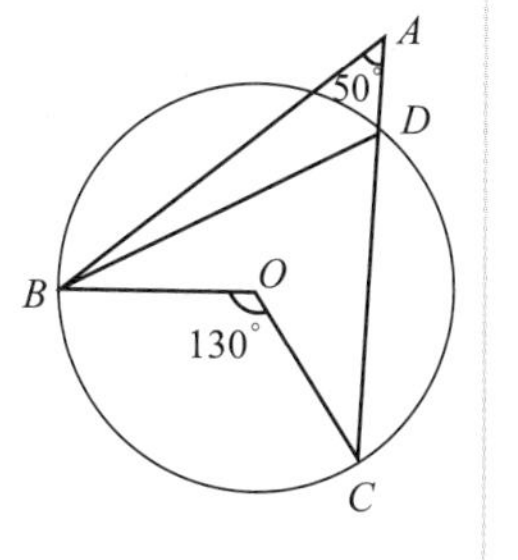

思路

$$\angle BDC=\angle BOC\times\frac{1}{2}=65°$$

$$\angle BDA=180°-65°=115°$$

$$\angle ABD=180°-115°-50°=15°$$

答案　15°

例题 02.

In the circle, PQ is parallel to diameter OR, and OR has length 18. What is the length of minor arc PQ?

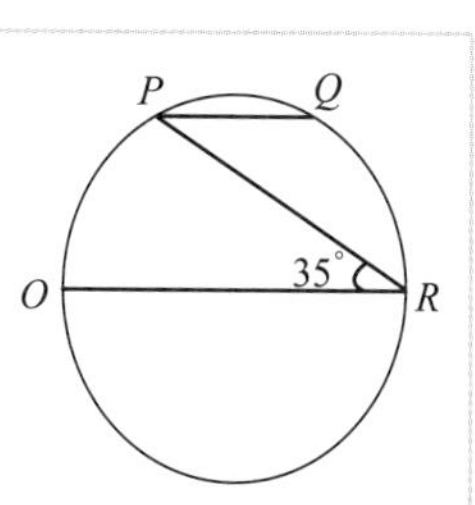

(A) 2π　　(B) $\dfrac{9\pi}{4}$　　(C) $\dfrac{7\pi}{2}$

(D) $\frac{9\pi}{2}$　　　(E) 3π

思路 弧长 $=\frac{n\pi r}{180°}$

因为直径是 18，所以半径 $r=9$。

要想求弧长 PQ，需要知道 PQ 对应的圆心角。

设圆心为点 M，则 $\angle PMQ$ 就是弧长 PQ 对应的圆心角。

因为 $\angle PRO=35°$，而同一段弧对应的圆心角是圆周角的 2 倍，

所以 $\angle PMO=70°$。

因为 PQ 与直径 OR 平行，所以整个图像是对称图像，

$\angle QMR=\angle PMO=70°$。

因为半圆的角度是 $180°$，所以 $\angle PMQ=180°-70°-70°=40°$，

弧长 $=\frac{40°\times\pi\times9}{180°}=2\pi$。

答案 A

正方形边长为 1，以正方形左上方和右下方的顶点为圆心作两个 $\frac{1}{4}$ 圆，求阴影部分的面积是多少?

思路 阴影区域可以看成两个部分，先算出一半阴影区域，然后 $\times2$ 就是总的阴影区域。

一半阴影区域 = 扇形面积 − 三角形面积 $=\frac{90°\pi\times1^2}{360°}-1\times1\times\frac{1}{2}=\frac{\pi}{4}-\frac{1}{2}$，

所以总的阴影区域面积 $=\frac{\pi}{2}-1$。

答案 $\frac{\pi}{2}-1$

一个圆心是 C 的圆，$AC\perp BC$，$AC=5$。求阴影部分的面积是多少?

(1) $\angle BAD=15°$

(2) $\angle DAC=30°$

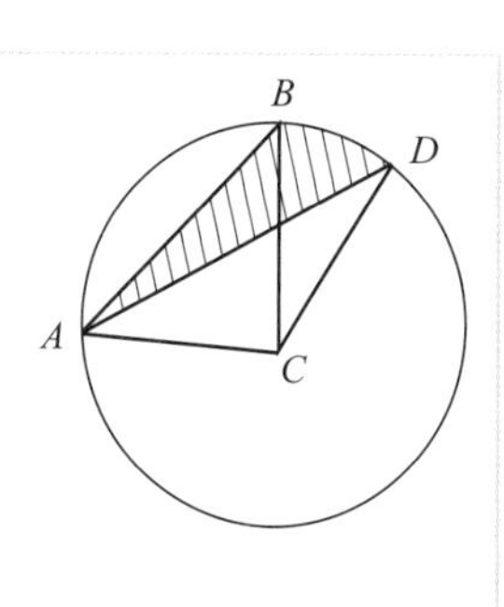

思路 阴影部分的面积 = 扇形 ACD 的面积 − 白色弧形的面积 − 三角形 ACD 的面积

= 扇形 ACD 的面积 −（扇形 ACB 的面积 − 三角形 ACB 的面积）− 三角形 ACD 的面积

可以知道扇形 ACB 的面积和三角形 ACB 的面积，还需要求扇形 ACD 的面积和三角形 ACD 的面积。

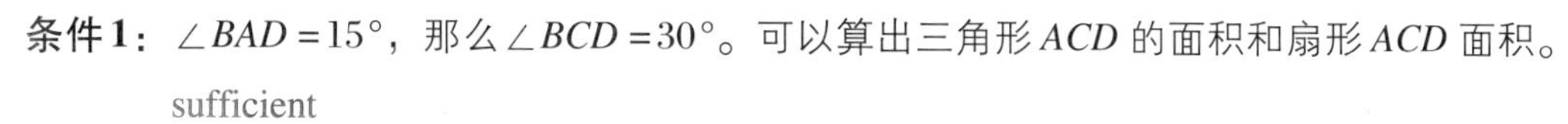

条件 1： $\angle BAD=15°$，那么 $\angle BCD=30°$。可以算出三角形 ACD 的面积和扇形 ACD 面积。

sufficient

条件 2： $\angle DAC=30°$，则 $\angle ADC=30°$，$\angle ACD=120°$。可以算出三角形 ACD 的面积和扇形 ACD 的面积。　sufficient

答案 D

练 习

1. 三个全等的、半径是 10cm 的圆相切，从圆中各选取一段相同的弧构成上述图像。求这个图像的周长是多少?

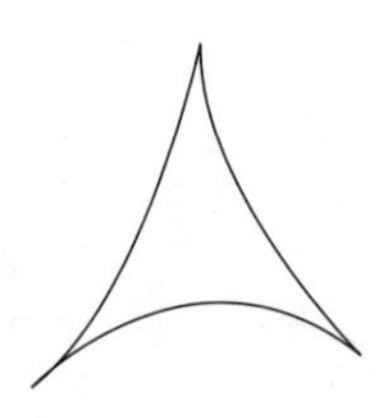

2. In the figure, A is the point of tangency for two circles and also the center of the third circle. If the radii of three circles are 1, what is the external perimeter of the figure?

(A) $\frac{7\pi}{3}$　　(B) $\frac{10\pi}{3}$　　(C) 4π

(D) $\frac{14\pi}{3}$　　(E) 6π

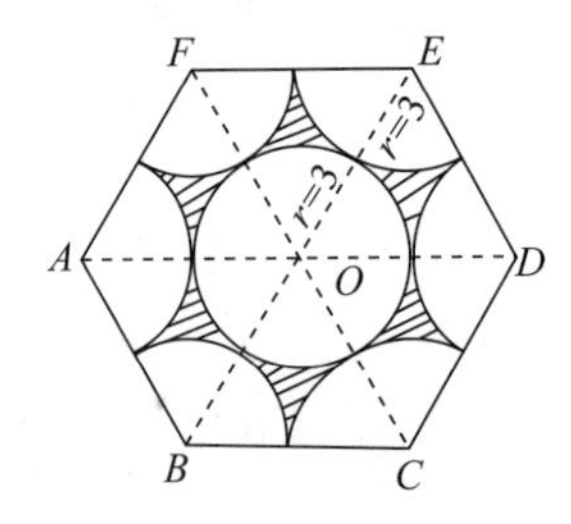

3. 一个边长为 6 的正六边形，中心有一个半径为 3 的圆，并且以正六边形的六个顶点为圆心分别作了 6 个半径为 3 的圆。已知 7 个圆彼此相切，求阴影部分的面积等于多少?

4. If O and D are centers of two circles, and arc AC is part of the circle D. If AC is perpendicular to BD, what is the area of the shaded region?

(1) The length of arc AD is $\frac{3\pi}{2}$.

(2) The length of segment BD is 6.

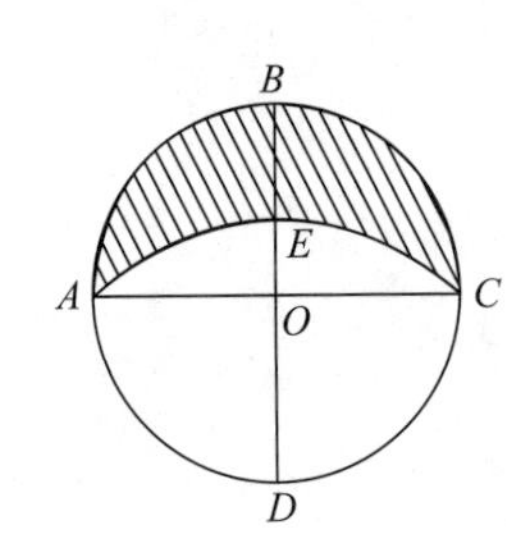

答案及解析

1. 三个全等的、半径是 10cm 的圆相切，从圆中各选取一段相同的弧构成上述图像。求这个图像的周长是多少？

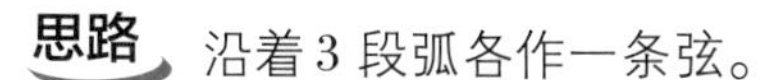

思路 沿着 3 段弧各作一条弦。

弧长相等，则弦构成的是一个等边三角形，弧长相对的圆心角为 $60°$，

三段弧长 $=3\times\frac{60°\pi r}{180°}=\pi r=10\pi\text{cm}$。

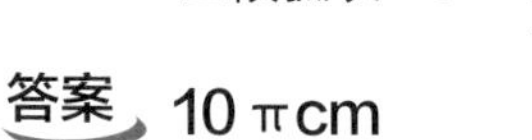

答案 $10\pi\text{cm}$

2. In the figure, A is the point of tangency for two circles and also the center of the third circle. If the radii of three circles are 1, what is the external perimeter of the figure?

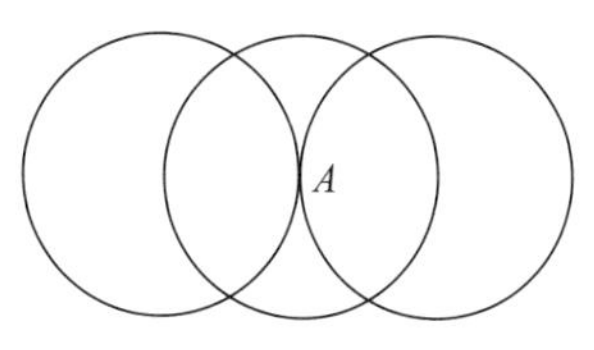

(A) $\frac{7\pi}{3}$　　(B) $\frac{10\pi}{3}$　　(C) 4π　　(D) $\frac{14\pi}{3}$　　(E) 6π

翻译 在图中，点 A 是两个圆的切点，同时是第三个圆的圆心。如果这 3 个圆的半径都是 1，求整个图像的外部周长是多少？

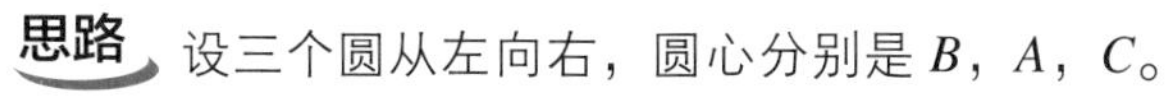

思路 设三个圆从左向右，圆心分别是 B，A，C。

图像的外部周长 =3 个圆的周长 −4 段内部弧长，

3 个圆的周长 $=2\pi r\times3=6\pi$，

因为 3 个圆是全等的，所以 4 段内部弧长也是相等的。

弧长 $=\frac{n\pi r}{180°}=\frac{n\pi}{180°}$

利用三个圆心作三角形如上图所示，可知 4 个三角形都是等边三角形。

等边三角形的角是 $60°$，所以一段弧对应的圆心角 $=60°\times2=120°$，

弧长 $=\frac{120°\pi}{180°}=\frac{2\pi}{3}$，4 段弧长 $=\frac{2\pi}{3}\times4=\frac{8\pi}{3}$。

图像的外部周长 $=6\pi-\frac{8\pi}{3}=\frac{10\pi}{3}$。

答案 B

3. 一个边长为 6 的正六边形，中心有一个半径为 3 的圆，并且以正六边形的六个顶点为圆心

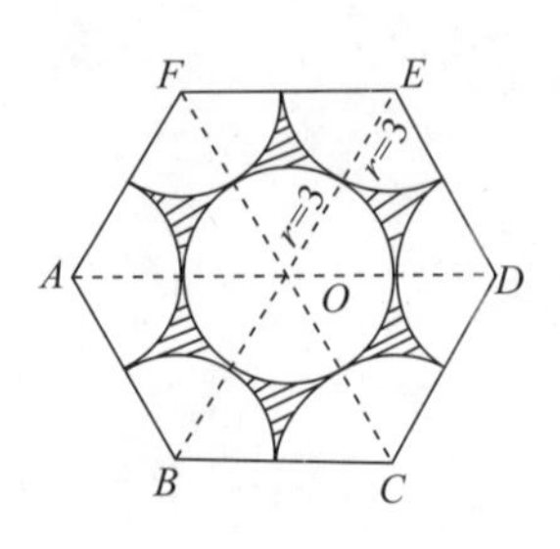

分别作了6个半径为3的圆。已知7个圆彼此相切，求阴影部分的面积等于多少?

思路 六边形的面积 =6 个等边三角形的面积

$$=6\times\left(\frac{1}{2}\times 6\times\frac{6\sqrt{3}}{2}\right)=54\sqrt{3}$$

中间圆的面积是 $\pi r^2=9\pi$

顶点处6个不完整的圆其实相当于6个扇形，

扇形面积 $=\frac{n\pi r^2}{360°}=\frac{120°\pi 3^2}{360°}=3\pi$，因此6个扇形就是 18π，

阴影区域的面积 $=54\sqrt{3}-27\pi$。

答案 $54\sqrt{3}-27\pi$

4. If O and D are centers of two circles, and arc AC is part of the circle D. If AC is perpendicular to BD, what is the area of the shaded region?

(1) The length of arc AD is $\frac{3\pi}{2}$.

(2) The length of segment BD is 6.

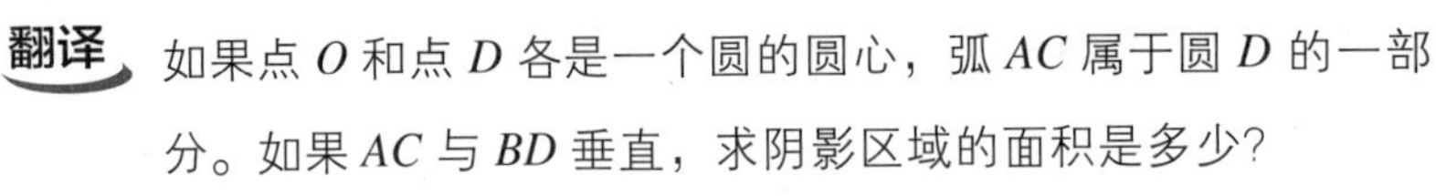

翻译 如果点 O 和点 D 各是一个圆的圆心，弧 AC 属于圆 D 的一部分。如果 AC 与 BD 垂直，求阴影区域的面积是多少?

(1) 弧 AC 的长是 $\frac{3\pi}{2}$。 (2) 线段 BD 的长度是6。

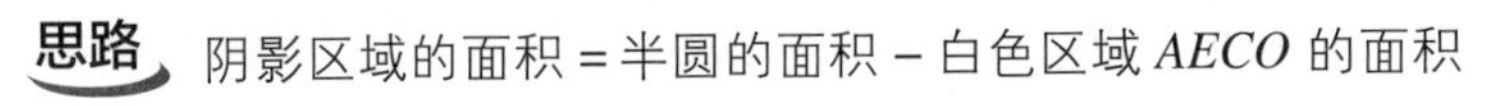

思路 阴影区域的面积 = 半圆的面积 − 白色区域 $AECO$ 的面积

$$=\frac{1}{2}\pi r^2-(\text{扇形 }ADC\text{ 的面积}-\triangle ADC\text{ 的面积})$$

因为在圆 O 中，AC 是直径，直径对应的圆周角刚好是 $90°$，所以 $\triangle ADC$ 是等腰直角三角形。

阴影区域的面积 $=\frac{1}{2}\pi r^2-(\text{扇形 }ADC\text{ 的面积}-\triangle ADC\text{ 的面积})$

$$=\frac{1}{2}\pi\times OA^2-\left(\frac{90°\pi\times AD^2}{360°}-\frac{1}{2}\times AD^2\right)$$

因为 $\triangle ADC$ 是等腰直角三角形，所以 $AD=\sqrt{2}OA$，

要想求阴影区域的面积，只需要求 OA 或 AD 的值。

条件1：$\frac{90°\pi\times AD}{180°}=\frac{3\pi}{2}$，可以求 AD 的值。 sufficient

条件2：$BD=6$，说明圆 O 的直径是6，则半径就是3，$OA=3$。 sufficient

答案 D

考点 3　圆的内接图形和外切图形

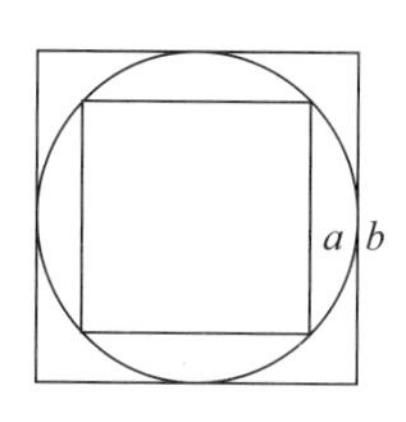

圆的内接正方形和外切正方形：

圆的内接正方形的对角线和圆的直径重合，所以圆的直径 = 内接正方形的对角线；

圆的外切正方形的边长和圆的直径相等，所以圆的直径 = 外切正方形的边长。

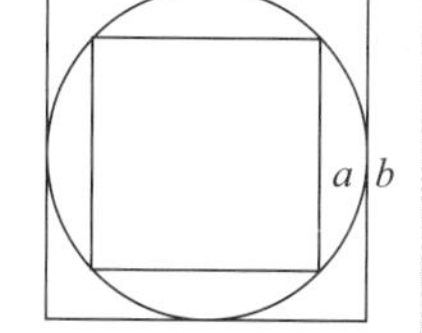

In the figure, a circle is **inscribed** in a square with side b and a square with side a is inscribed in the circle. What is the area of the square with side b?

(1) $a = 4$

(2) The **radius** of the circle is $2\sqrt{2}$.

思路

条件 1： 正方形的边长是 4，则对角线是 $4\sqrt{2}$。

因为圆的直径 = 内接正方形的对角线，所以圆的直径也是 $4\sqrt{2}$；

而圆的直径 = 外切正方形的边长，所以外切正方形的边长是 $4\sqrt{2}$。

因此，外切正方形的面积是 32。　　sufficient

条件 2： 圆的半径是 $2\sqrt{2}$，则圆的直径也是 $4\sqrt{2}$。

圆的直径 = 外切正方形的边长，所以外切正方形的边长是 $4\sqrt{2}$，

外切正方形的面积是 32。　　sufficient

答案 D

练 习

一个正方形里内接了一个圆，已知阴影部分面积是1，求圆的面积是多少?

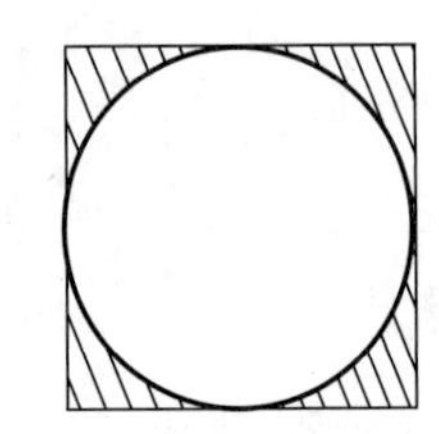

答案及解析

一个正方形里内接了一个圆，已知阴影部分面积是1，求圆的面积是多少?

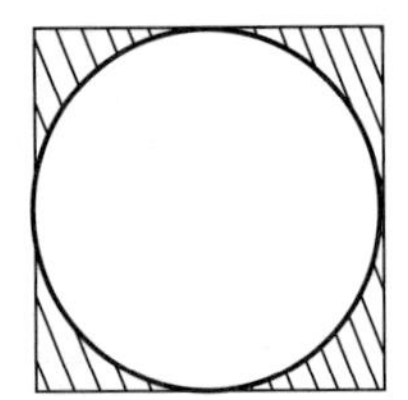

思路 设圆的半径是 r，则正方形的边长是 $2r$。

$S_{阴影}=S_{正}-S_{圆}=(2r)^2-\pi r^2=1$，即 $(4-\pi)r^2=1$，$r^2=\frac{1}{4-\pi}$，

则正方形的面积是$\frac{4}{4-\pi}$，

圆的面积是$\frac{\pi}{4-\pi}$。

第五节

立体几何

基本词汇

rectangular solid 长方体　cube 正方体　cylinder 圆柱　sphere 球　face 面　edge 棱　vertex 顶点
cogruent cirde 等圆　lateral surface 侧面　surface area 表面积　volume 体积
cone 圆锥　prism 棱柱　equation 方程　slope 斜率　y-intercept 纵截距

知识点：

（1）长方体：体积 $=abc$，表面积 $=2\times(ab+ac+bc)$

正方体：体积 $=a^3$，表面积 $=6a^2$

一个长方体或正方体有 6 个面、12 个棱、8 个顶点。

（2）圆柱：体积 $=\pi r^2\times h$，表面积 $=2\pi r^2+2\pi rh$

一个圆柱有 2 个等圆和一个侧面。

（3）球：体积 $=\frac{4}{3}\pi r^3$，表面积 $=4\pi r^2$

（4）其他

圆锥：体积 $=\frac{1}{3}\pi r^2\times h$

A container in the shape of a right circular cylinder is $\frac{1}{2}$ full of water. If the volume of water in the container is 36 cubic inches and the height of the container is 9 inches, what is the diameter of the base of the cylinder, in inches?

(A) $\frac{16}{9\pi}$　(B) $\frac{4}{\sqrt{\pi}}$　(C) $\frac{12}{\sqrt{\pi}}$　(D) $\sqrt{\frac{2}{\pi}}$　(E) $2\sqrt{\frac{2}{\pi}}$

翻译 一个圆柱形的容器中装了一半的水，如果容器中水的体积是 36 英寸^3，而这个容器的高度是 9 英寸，请问这个圆柱形容器的底面圆的直径是多少?

思路 既然水占了容器的一半，水的体积是 36 英寸^3，则说明容器的体积是 72 英寸^3。

$V=\pi r^2\times h=\pi r^2\times 9=72$

$r^2=\frac{8}{\pi}$

$r=\sqrt{\frac{8}{\pi}}=2\sqrt{\frac{2}{\pi}}$

直径 $=2r=4\sqrt{\frac{2}{\pi}}$（英寸^3）

答案 E

例题 02.

有一个圆，半径是 12，去掉一个圆心角为 120° 的扇形（即拿掉圆面积的 $\frac{1}{3}$），用剩下的部分做成一个圆锥。请问做成的圆锥的高是多少?

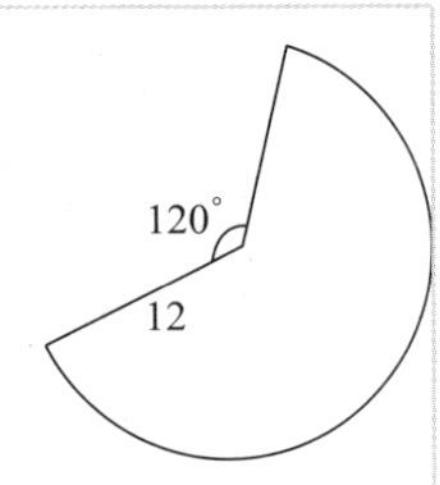

思路 用$\frac{2}{3}$的圆做成圆锥后，

圆锥的母线 = 原本圆的半径 = 12，

圆锥底面圆的周长 = 圆的周长 $\times\frac{2}{3}=2\pi r\times\frac{2}{3}$

$=2\pi\times 12\times\frac{2}{3}=16\pi$。

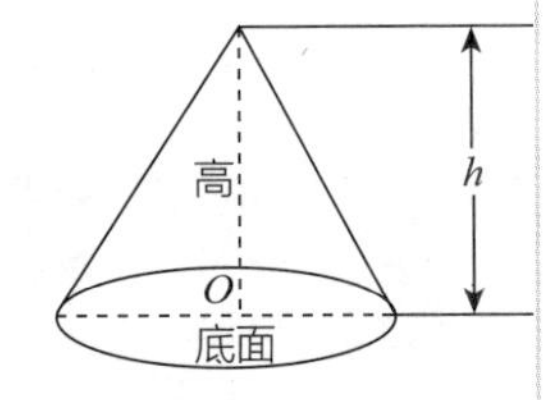

圆锥底面圆的半径 $=\frac{\text{底面圆周长}}{2\pi}=\frac{16\pi}{2\pi}=8$，

利用勾股定理，可求圆锥的高 $=\sqrt{12^2-8^2}=\sqrt{80}=4\sqrt{5}$。

答案 $4\sqrt{5}$

例题 03.

有一张长 8 宽 2 的纸，用这张纸来卷圆柱，有 2 种卷法：一种以 8 为高开始卷，一种以 2 为高开始卷，问卷出来的以 2 为高的圆柱体积和以 8 为高的圆柱体积的比是多少?

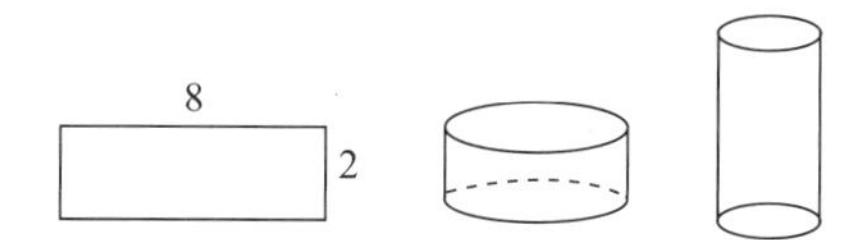

思路 以 2 为高的圆柱的底面圆周长 $2\pi r=8$，即 $r=\frac{4}{\pi}$，则其体积 $=\left(\frac{4}{\pi}\right)^2\pi\times2=\frac{32}{\pi}$，

以 8 为高的圆柱的底面圆周长 $2\pi r=2$，即 $r=\frac{1}{\pi}$，则其体积 $=\left(\frac{1}{\pi}\right)^2\pi\times8=\frac{8}{\pi}$。

所以，以 2 为高的圆柱体积和以 8 为高的圆柱体积的比是 4∶1。

答案 4∶1

每立方英尺的油重 50 磅。圆柱形的罐车没有油时重 11000 磅，罐底直径为 6 英尺，长为 9 英尺，问罐车装满油后重约为多少吨？(1 吨 =2000 磅)

思路 $\pi\times3^2\times9\times50+11000\approx23700$（磅）

$23700\div2000\approx12$（吨）

答案 约 12 吨

练 习

1. 某人有一个大圆柱桶，底面直径是 12，高是 8，装了 75% 的水。他还有 5 个小圆柱桶，直径是 4，高是 2。现在把大圆柱桶里的水倒满所有小圆柱桶，大圆柱桶剩下的水的体积约等于多少?

2. 用一张长为 10，宽为 6 的矩形纸条，卷成一个圆柱。一种卷法是以 6 为底卷圆柱，另一种卷法是以 10 为底卷圆柱。问哪种卷法得到的体积更大，大多少?

(A) 选 6 为底，大$\frac{60}{\pi}$

(B) 选 6 为底，大 240π

(C) 选 10 为底，大$\frac{60}{\pi}$

(D) 选 10 为底，大 240π

(E) 一样

3. 一个圆锥，从中间截一道，就是上面还是一个圆锥，下半部分就是一个圆台。一小一大两个底面圆的面积分别是 b 和 B，整个圆锥和圆台的高分别是 h 和$\frac{h}{2}$，求 b 和 B 的比值是多少?

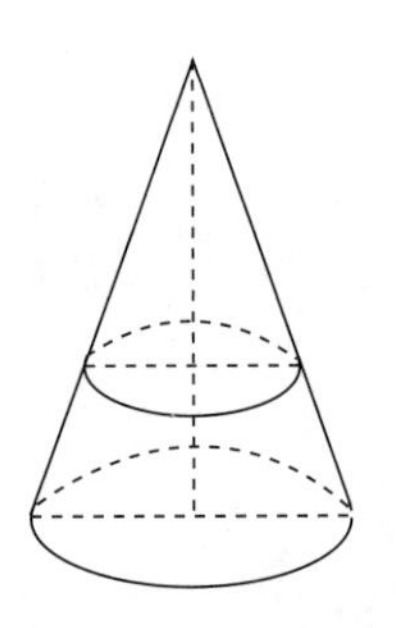

4. 有两个圆锥，其中圆锥 A 的半径和高分别是 R 和 H，圆锥 B 的半径和高分别是 r 和 h。已知 $r=2R$，而两个圆锥的体积相同，问两个圆锥的高的关系?

答案及解析

1. 某人有一个大圆柱桶，底面直径是12，高是8，装了75%的水。他还有5个小圆柱桶，直径是4，高是2。现在把大圆柱桶里的水倒满所有小圆柱桶，大圆柱桶剩下的水的体积约等于多少?

思路 桶体积 $V=36\pi\times8$，所以一共有 $0.75\times V=216\pi$ 的水。

每个小桶的体积是 $v=4\pi\times2$，因为有5个小桶，说明倒出来了 $8\pi\times5=40\pi$ 的水。

因此，剩下的水的体积是 $216\pi-40\pi=176\pi\approx552$。

答案 552

2. 用一张长为10，宽为6的矩形纸条，卷成一个圆柱。一种卷法是以6为底卷圆柱，另一种卷法是以10为底卷圆柱。问哪种卷法得到的体积更大，大多少?

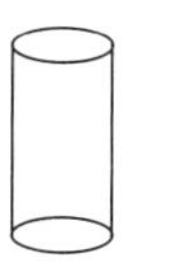
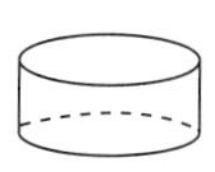

(A) 选6为底，大$\dfrac{60}{\pi}$

(B) 选6为底，大 240π

(C) 选10为底，大$\dfrac{60}{\pi}$

(D) 选10为底，大 240π

(E) 一样

思路 以6为底、10为高时，底面圆周长 $2\pi r=6$，则半径是$\dfrac{3}{\pi}$，体积是:

$$V_1=\pi\times\left(\frac{3}{\pi}\right)^2\times10=\frac{90}{\pi}。$$

以10为底、6为高时，底面圆周长 $2\pi r=10$，则半径是$\dfrac{5}{\pi}$，体积是:

$$V_2=\pi\times\left(\frac{5}{\pi}\right)^2\times6=\frac{150}{\pi}。$$

因此，以10为底、6为高时，体积更大，大$\dfrac{60}{\pi}$。

答案 C

3. 一个圆锥，从中间截一道，就是上面还是一个圆锥，下半部分就是一个圆台。一小一大两个底面圆的面积分别是 b 和 B，上面圆锥和圆台的高分别是 h 和$\frac{h}{2}$，求 b 和 B 的比值是多少?

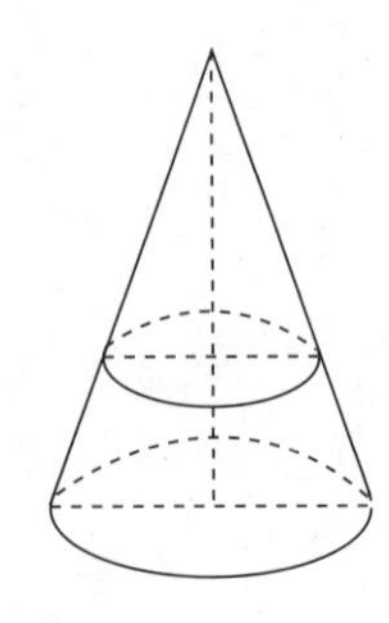

思路 因为上面的圆锥和整个圆锥的比例是 2:3，说明相似比是 2:3，所以面积比是 4:9。

答案 4 : 9

4. 有两个圆锥，其中圆锥 A 的半径和高分别是 R 和 H，圆锥 B 的半径和高分别是 r 和 h。已知 $r=2R$，而两个圆锥的体积相同，问两个圆锥的高的关系?

思路 $\frac{1}{3}\times\pi R^2\times H=\frac{1}{3}\times\pi r^2\times h$

因为 $r=2R$，

所以 $H=4h$。

答案 $H=4h$

第六节
解析几何

基本词汇

plane 平面　rectangular coordinate system 平面直角坐标系
quadrant 象限　coordinate 坐标　parabola 抛物线

考点1 象限问题

第一象限：（+，+），横坐标为正，纵坐标为正。
第二象限：（-，+），横坐标为负，纵坐标为正。
第三象限：（-，-），横坐标为负，纵坐标为负。
第四象限：（+，-），横坐标为正，纵坐标为负。

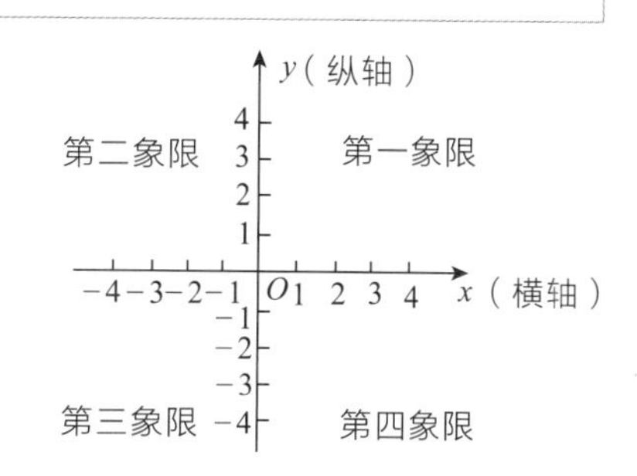

If $ab \neq 0$ and points $(-a, b)$ and $(-b, a)$ are in the same quadrant of the xy-plane, is point $(-x, y)$ in this same quadrant?

(1) $xy > 0$

(2) $ax > 0$

思路 同一象限内的点，横坐标同号，纵坐标也同号。

$(-a, b)$ 和 $(-b, a)$ 同象限，那就是 ab 同号。

如果 $(-x, y)$ 和这两个点在同一象限内，则 x，y 与 a，b 应该同号。

条件1： xy 同号，但是与 ab 无关。　insufficient

条件2： ax 同号，但是不知道 y 的情况。　insufficient

条件1+条件2： xy 同号，又 ax 同号，则说明 x，y 与 a，b 同号，确实在同一象限内。　sufficient

答案 C

考点 2　平面直角坐标上两点间的距离

已知点 A（x_1，y_1），点 B（x_2，y_2），则两点之间的距离 $|AB|=\sqrt{(x_1-x_2)^2+(y_1-y_2)^2}$。

例题 01.

A square lies in the rectangular coordinate system, and the two vertices of its diagonal have coordinates: $(-1, 3)$ and $(2, -1)$. What is the perimeter of the square?

翻译 平面直角坐标系中有一个正方形，正方形的一条对角线的两个顶点分别是（-1，3）和（2，-1）。求这个正方形的周长是多少？

思路 根据平面直角坐标系求两点距离的公式，可以求出对角线的长度为：

$\sqrt{(-1-2)^2+(3+1)^2}=\sqrt{25}=5$。

由此可算出边长为：$5\div\sqrt{2}=\frac{5\sqrt{2}}{2}$，

周长是 $4\times\frac{5\sqrt{2}}{2}=10\sqrt{2}$。

答案 $10\sqrt{2}$

例题 02.

In the xy-plane, the point $(-2, -3)$ is the center of a circle. The point $(-2, 1)$ lies inside the circle and the point $(4, -3)$ lies outside the circle. If the radius r of the circle is an integer, then $r=$

(A) 6　　(B) 5　　(C) 4　　(D) 3　　(E) 2

翻译 在平面直角坐标系中，点（-2，-3）是圆的圆心，点（-2，1）在圆内，而点（4，-3）在圆外。如果这个圆的半径是整数的话，请问 r 值是多少？

思路 圆上的点到圆心的距离刚好等于半径，

圆内的点到圆心的距离小于半径，

圆外的点到圆心的距离大于半径。

圆心是（-2，-3），点（-2，1）在圆内，可算出两点间的距离是 4。

因为圆内的点到圆心的距离小于半径，所以半径应该大于 4。

圆心是（-2，-3），点（4，-3）在圆内外，可算出两点间的距离是 6。

因为圆内的点到圆心的距离小于半径，所以半径应该小于 6。

半径大于 4 小于 6，应该是 5。

答案 B

例题 03.

In the rectangular coordinate system, the distance of point $A(m, n)$ from point (1, 2) is $\sqrt{10}$. If m and n are integers, what is the total number of point A?

(A) 2　　(B) 4　　(C) 8　　(D) 12　　(E) 16

翻译 在平面直角坐标系中，点 $A(m, n)$ 到点（1，2）的距离是 $\sqrt{10}$。已知 m 和 n 都是整数，问可能的 A 点有多少个?

思路 根据两点之间的距离公式，可求得 $\sqrt{(m-1)^2+(n-2)^2}=\sqrt{10}$，

即 $(m-1)^2+(n-2)^2=10$。

因为 m，n 都为整数，所以 $m-1$，$n-2$ 还是整数。

$(m-1)^2$ 和 $(n-2)^2$ 都是平方数，

而 2 个平方数相加等于 10，可能是 $1+9$，也可能是 $9+1$。

可能性 1：$(m-1)^2=1$，$(n-2)^2=9$，则 $m=2$ 或 0，$n=5$ 或 -1。

所以（m，n）有 $2\times2=4$ 种可能。

可能性 2：$(m-1)^2=9$，$(n-2)^2=1$，则 $m=4$ 或 -2，$n=3$ 或 1。

所以，（m，n）有 $2\times2=4$ 种可能。

A 点共有 8 种可能。

答案 C

练 习

1. In the rectangular coordinate system, are the points (r, s) and (u, v) equidistant from the origin?

(1) $r+s=1$

(2) $u=1-r$ and $v=1-s$

2. 三个点 A (3, 2), B (−2, 4), C (−6, −6) 围成一个三角形，问这个三角形的面积是多少?

答案及解析

1. In the rectangular coordinate system, are the points (r, s) and (u, v) equidistant from the origin?

(1) $r+s=1$

(2) $u=1-r$ and $v=1-s$

翻译 在平面直角坐标系中，点 (r, s) 和点 (u, v) 到原点的距离相等吗?

思路 根据两点之间的距离公式，点 (r, s) 到原点的距离是 $\sqrt{(r-0)^2+(s-0)^2}=\sqrt{r^2+s^2}$，

点 (u, v) 到原点的距离是 $\sqrt{(u-0)^2+(v-0)^2}=\sqrt{u^2+v^2}$，

所以题目其实就是在问 $\sqrt{r^2+s^2}$ 和 $\sqrt{u^2+v^2}$ 是否相等，

即 r^2+s^2 和 u^2+v^2 是否相等。

条件1：跟 u 和 v 没有关系。　*insufficient*

条件2：$u^2+v^2=(1-r)^2+(1-s)^2=r^2+s^2-2r-2s+2=r^2+s^2-2(r+s)+2$

不知道 $-2(r+s)+2$ 的值，

所以不确定 r^2+s^2 和 $r^2+s^2-2(r+s)+2$ 是否相等。　*insufficient*

条件1+条件2：$u^2+v^2=r^2+s^2-2(r+s)+2=r^2+s^2-2+2=r^2+s^2$。　*sufficient*

答案 C

2. 三个点 A (3, 2)，B (−2, 4)，C (−6, −6) 围成一个三角形，问这个三角形的面积是多少?

思路 根据两点之间的距离公式，可求得:

$AB=\sqrt{29}$，$BC=\sqrt{145}$，$AC=\sqrt{116}$。

由此可以发现 $BC^2=AB^2+AC^2$，所以 $\triangle ABC$ 是一个直角三角形。

面积 = 两直角边相乘 $\times\frac{1}{2}=\frac{\sqrt{29}\times\sqrt{116}}{2}=\frac{\sqrt{29}\times2\sqrt{29}}{2}=29$。

答案 29

考点3　直线

直线方程：$y = kx + b$，其中 k 表示斜率，b 表示纵截距。

1. 斜率问题

(1) 斜率的图像

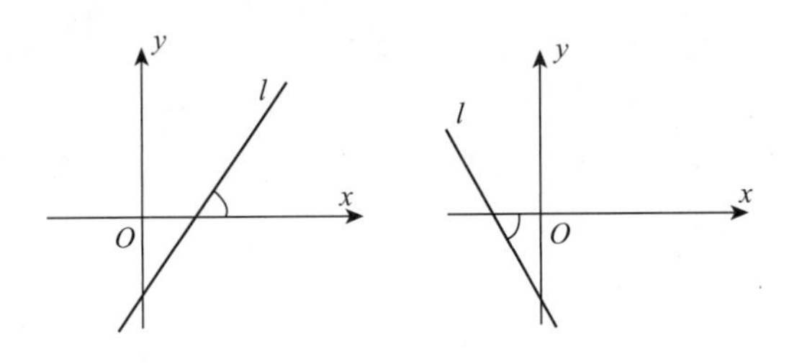

直线斜率如果为正，那么直线向右上方倾斜，直线一定经过第一象限和第三象限；

直线斜率如果为负，那么直线向右下方倾斜，直线一定经过第二象限和第四象限。

(2) 斜率的计算

斜率 $k = \dfrac{y_1 - y_2}{x_1 - x_2} = \dfrac{\text{直角三角形的对边}}{\text{直角三角形的邻侧边}}$

(3) 斜率和直线平行、垂直的关系

两条直线平行，则斜率相等；

两条直线垂直，则斜率的乘积是 -1。

2. 截距问题

截距表示的是直线与坐标轴交点的坐标，可以为正，也可以为负。

如果题目让我们求横截距，因为横截距指的是直线与横轴的交点，所以将 $y=0$ 代入直线方程，解得的 x 值就是横截距；

如果题目让我们求纵截距，因为纵截距指的是直线与纵轴的交点，所以将 $x=0$ 代入直线方程，解得的 y 值就是纵截距。

例题 01.

The graph of which of the following equations is a straight line that is parallel to the line l in the figure?

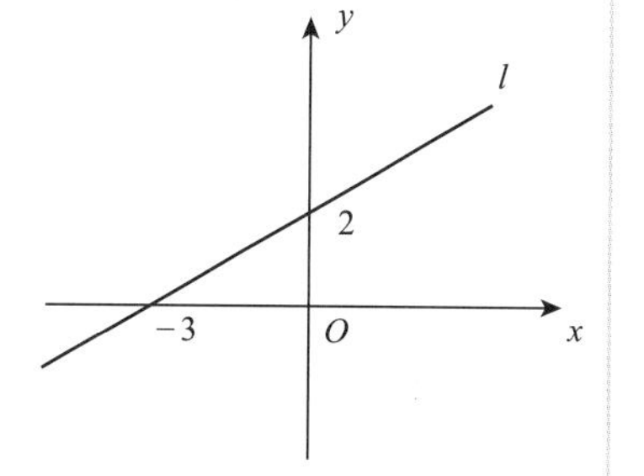

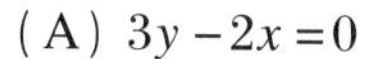

(A) $3y-2x=0$　　(B) $3y+2x=0$

(C) $3y-2x=6$　　(D) $2y-3x=6$

(E) $2y+3x=-6$

思路 由图可知直线 l 经过两个点（-3，0）和（0，2），

可求得斜率 $=\frac{2-0}{0-(-3)}=\frac{2}{3}$。

既然题目问哪个选项与直线 l 平行，两条直线要平行，则斜率就要相等，那么选项中直线的斜率也得是 $\frac{2}{3}$。

其中 A 和 C 选项的斜率是 $\frac{2}{3}$，

A 选项：$y=\frac{2}{3}x$，C 选项：$y=\frac{2}{3}x+2$。

因为图中的直线 l 经过点为（0，2），纵截距是 2，所以 C 选项表示的就是直线 l，而题目问的是与直线 l 平行的直线，并不是问直线 l 的方程。

答案 A

例题 02.

If the line l passes through the point $(r, -s)$, $r\neq s\neq 0$, is the slope of the line l negative?

(1) The line l passes through the point $(-s, r)$.

(2) The line l passes through the point (u, t), $u<r$, $t<-s$.

思路

条件 1： 斜率 $=\frac{-s-r}{r-(-s)}=\frac{-(r+s)}{r+s}=-1$，斜率确实为负。　　sufficient

条件 2： 斜率 $=\frac{-s-t}{r-u}$，因为 $t<-s$，所以 $-s-t>0$；因为 $u<r$，所以 $r-u>0$。

因此斜率 $=\frac{-s-t}{r-u}$ 中分子是正、分母也是正，斜率 >0。

否定回答也充分。　　sufficient

答案 D

例题 03.

The slope of the line l_1 is m and the slope of the line l_2 is n, are l_1 and l_2 parallel lines?

(1) $m+n=-1$

(2) $mn=\frac{1}{4}$

思路 当 $mn=-1$ 时，表示两条直线垂直；当 $m=n$ 时，表示两条直线平行

条件 1、条件 2 单独都不充分。

条件 1 + 条件 2： $m+n=-1$，又 $mn=\frac{1}{4}$，

解得 $m=n=-\frac{1}{2}$。　sufficient

答案 C

练 习

1. In the figure, points P and Q lie on the circle with center O. What is the value of s?

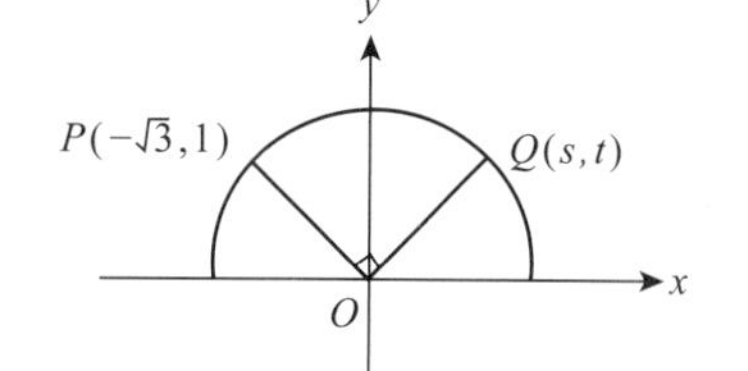

(A) $\frac{1}{2}$　　(B) 1　　(C) $\sqrt{2}$

(D) $\sqrt{3}$　　(E) $\frac{\sqrt{2}}{2}$

2. In the rectangular coordinate system shown, does the line k (not shown) intersect quadrant II?

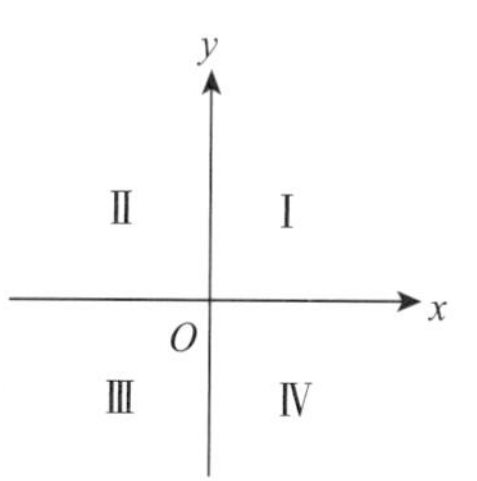

(1) The slope of k is $-\frac{1}{6}$.

(2) The y-intercept of k is -6.

3. In the xy-plane, the line k passes through the origin and through the point (a, b), where $ab \neq 0$. Is b positive?

(1) The slope of line k is negative.

(2) $a > b$

答案及解析

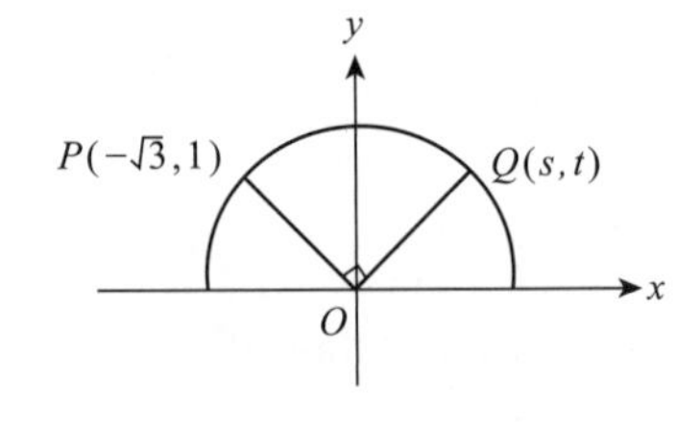

1. In the figure, points P and Q lie on the circle with center O. What is the value of s?

(A) $\frac{1}{2}$ (B) 1 (C) $\sqrt{2}$ (D) $\sqrt{3}$ (E) $\frac{\sqrt{2}}{2}$

思路 首先，题目中并没有说过这是一个对称图形！请不要想当然！

因为 $OP \perp OQ$，OP 的斜率可以算出来是 $-\frac{\sqrt{3}}{3}$，所以 OQ 的斜率是 $\frac{t}{s}=\sqrt{3}$，

又因为点 P、点 Q 都在圆上，所以 $OP=OQ=2$（利用 O、P 两点之间距离公式）

所以 $OQ=\sqrt{s^2+t^2}=2$

可解得 $t=\sqrt{3}$，$s=1$

答案 B

2. In the rectangular coordinate system shown, does the line k (not shown) intersect quadrant II?

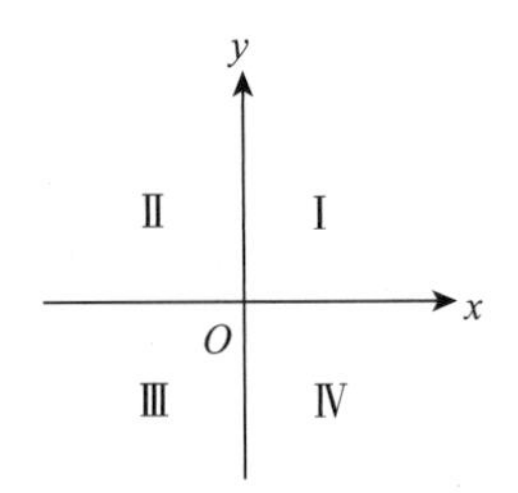

(1) The slope of k is $-\frac{1}{6}$.

(2) The y-intercept of k is -6.

思路

条件1： 直线斜率为负，说明直线向右下方倾斜，肯定会穿过第二、第四象限。 sufficient

条件2： 直线经过点（0，−6），但不知道直线的方向，不确定是否能够穿过第二象限。 insufficient

答案 A

3. In the xy-plane, the line k passes through the origin and through the point (a, b), where $ab \neq 0$. Is b positive?

(1) The slope of line k is negative.

(2) $a>b$

思路 **条件1：** 斜率 $\frac{b}{a}$ 为负，说明 ab 异号，但不知道 a 和 b 谁正谁负。 insufficient

条件2： 可能同正，可能同负，可能一正一负。 insufficient

条件1＋条件2： ab 异号，肯定是一正一负，又 $a>b$，只可能正数比负数大，所以 a 为 positive，b 为 negative。否定回答也充分。 sufficient

答案 C

考点4 线性规划

“线性规划”在GMAT考试中属于高难度题目，需要运算和画图相结合。

在考试中碰到“线性规划”问题该如何解决呢？我们来看一道典型例题，通过这道例题来熟悉一下“线性规划”的做题思路。

例题

在平面直角坐标系中，x轴、y轴、$x=6$、$y=4$围成了一个矩形。从该矩形中取一点（x，y），该点满足$x+y<4$的概率是多少？

思路

第1步：先画x轴、y轴、$x=6$、$y=4$，

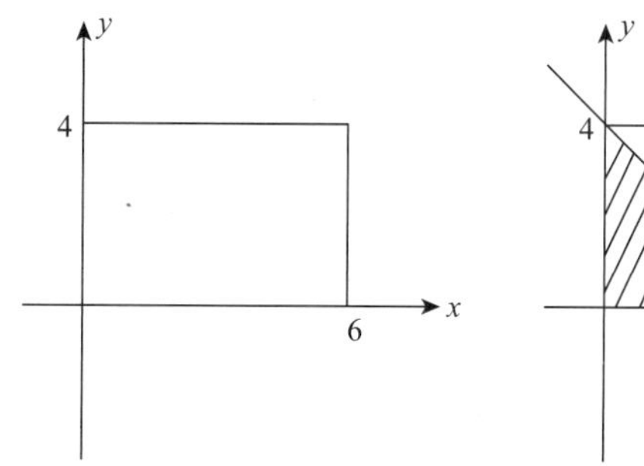

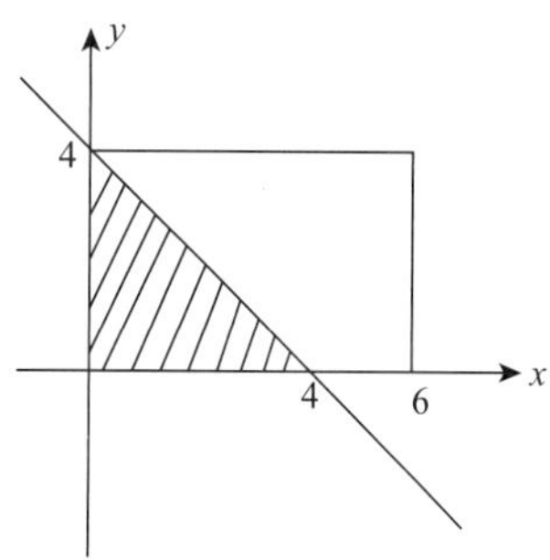

再作直线$x+y=4$，

这条直线表示这条直线上所有的点都符合$x+y=4$。

第2步：判断一下$x+y<4$是在这条直线的左侧还是在这条直线的右侧。

取左侧一点（1，0），代入$x+y$，发现<4，说明直线的左侧就是$x+y<4$，即阴影区域。

第3步：概率是多少，即求阴影部分的面积和整个矩形面积的比例：

$\frac{4\times4\div2}{4\times6}=\frac{8}{24}=\frac{1}{3}$。

答案 $\frac{1}{3}$

练 习

在平面直角坐标系中，$x=0$、$x=6$、$y=0$、$y=4$ 围成了一个矩形。从该矩形中取一点（x，y），该点满足$\frac{x}{y}<\frac{1}{2}$的概率是多少?

答案及解析

在平面直角坐标系中，$x=0$、$x=6$、$y=0$、$y=4$ 围成了一个矩形。从该矩形中取一点（x，y），该点满足$\frac{x}{y}<\frac{1}{2}$的概率是多少?

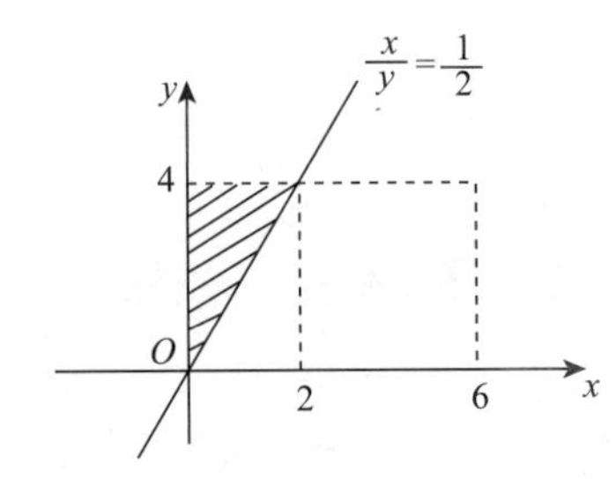

思路 概率 $=\dfrac{\frac{1}{2}\times 2\times 4}{6\times 4}=\dfrac{1}{6}$

答案 $\dfrac{1}{6}$

考点5 抛物线

抛物线的知识点可参照一元二次方程部分。

抛物线的方程： $y=ax^2+bx+c$

（1）a 决定抛物线的开口方向

如果 $a>0$，则抛物线图像开口朝上；

如果 $a<0$，则抛物线图像开口朝下。

（2）抛物线的对称轴

对称轴 $=-\dfrac{b}{2a}$（如果对称轴 <0，说明抛物线在 y 轴左侧；如果对称轴 >0，说明抛物线在 y 轴右侧）

在对称轴处，抛物线取最值。

（3）抛物线与 x 轴的交点

$\Delta=b^2-4ac$

$\Delta>0$：抛物线与 x 轴有两个交点；

$\Delta=0$：抛物线与 x 轴有一个交点；

$\Delta<0$：抛物线与 x 轴没有交点。

（4）圆的方程

在平面直角坐标系中，圆的方程是 $(x-a)^2+(y-b)^2=r^2$，其中（a，b）是圆心，r 是半径。

例题 01.

$y=x^2+bx+6$，问 b 满足什么条件能使该函数与 x 轴无交点？

思路 如果 $\triangle=b^2-4ac=b^2-24<0$，则一元二次方程无解，即与 x 轴没有交点，

所以 $-2\sqrt{6}<b<2\sqrt{6}$。

答案 $-2\sqrt{6}<b<2\sqrt{6}$

例题 02.

一个人要利用长度是 50 英尺的墙（并不是要完全利用）和一些篱笆，来围成一个院子。已知篱笆的长度是 80 英尺，用篱笆来围剩下的三个边。问墙对面的那条边长是多少时，能使得院子的面积最大？

思路

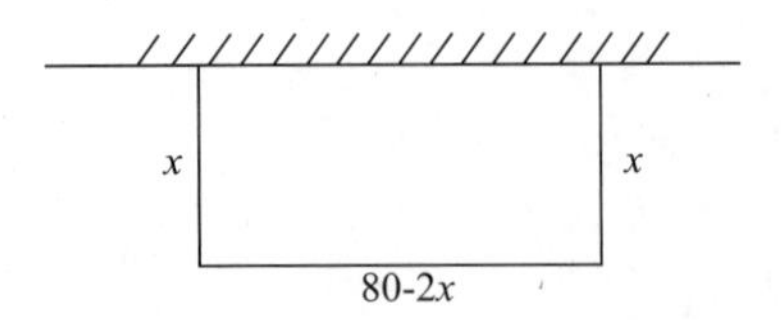

设院子的侧边是 x，

则院子的面积 $S=(80-2x)x=-2x^2+80x$。

抛物线的方程是：$y=ax^2+bx+c$，

抛物线图像在对称轴 $=-\dfrac{b}{2a}$ 处取最值。

院子的面积 $S=-2x^2+80x$ 可看成一个抛物线方程，

院子的面积在对称轴 $x=20$ 时取最值。

侧边是 20，则墙对的那个边长为 $80-20\times2=40$（英尺）。

答案 **40 英尺**

练　习

In the xy-coordinate plane, is the graph of $y=x^2+c$ (c is a constant number) above the x-axis?

(1) $c>0$

(2) The graph of $y=x^2+c$ passes through the point (1, 2).

答案及解析

In the xy-coordinate plane, is the graph of $y=x^2+c$ (c is a constant number) above the x-axis?

(1) $c>0$

(2) The graph of $y=x^2+c$ passes through the point (1, 2).

翻译 在平面直角坐标系中，$y=x^2+c$ 的图像恒在 x 轴的上方吗？

思路 所谓的恒在 x 轴的上方，就是在问什么情况下 x^2+c 一直 >0。

因为 x^2 肯定 >0，所以需要知道 c 的正负情况。

条件 1： $c>0$　　sufficient

条件 2： 代入点的坐标，可求得 $c=1$，说明 c 为正。　　sufficient

答案 D

考点6 点的对称问题

对称的表达方式：x-axis is perpendicular bisector of segment AB;

B is the reflection of A about the x-axis;

A and B are symmetric about the x-axis.

点 $A(a, b)$ 关于 x 轴的对称点：$(a, -b)$；

点 $A(a, b)$ 关于 y 轴的对称点：$(-a, b)$；

点 $A(a, b)$ 关于直线 $y=x$ 的对称点：(b, a)；

点 $A(a, b)$ 关于原点的对称点：$(-a, -b)$。

例题

In the rectangular coordinate system, the line $y=x$ is ***perpendicular bisector*** of segment AB (not shown), and the x-axis is the perpendicular bisector of segment BC (not shown). If the coordinates of point A are $(2, 3)$, what are the coordinates of the point C?

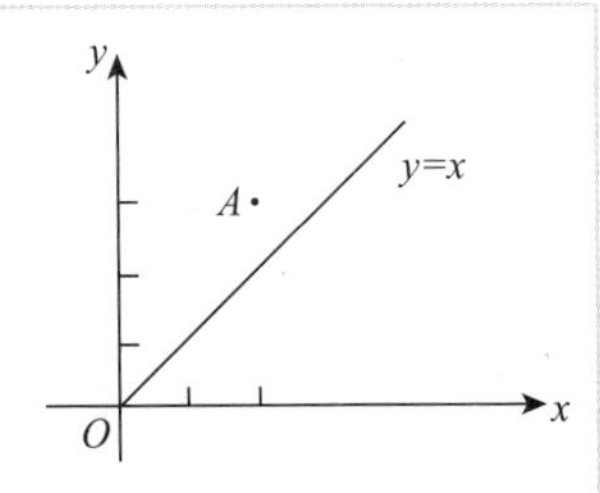

(A) $(-3, -2)$

(B) $(-3, 2)$

(C) $(2, -3)$

(D) $(3, -2)$

(E) $(2, 3)$

翻译 在平面直角坐标系中，直线 $y=x$ 垂直平分线段 AB，x 轴垂直平分 BC。如果点 A 的坐标是 $(2, 3)$，求点 C 的坐标是多少?

思路 直线 $y=x$ 垂直平分线段 AB，即点 A 和点 B 关于直线 $y=x$ 对称，

既然点 A 的坐标是 $(2, 3)$，则点 B 的坐标是 $(3, 2)$。

x 轴垂直平分线段 BC，即点 B 和点 C 关于 x 轴对称，

既然点 B 的坐标是 $(3, 2)$，则点 C 的坐标是 $(3, -2)$。

答案 D

Word Problems 文字应用题

文字应用题部分主要考查 5 个知识点：

(1) 列方程

(2) 集合题

(3) 排列组合

(4) 事件发生的概率

(5) 统计

基本词汇

compound interests 复利　　simple interests 单利

列方程问题就是小学的应用题直接翻译成英文版本，知识点方面没有难度，难度主要体现在读题上。只要题目能读懂，根据题目信息列方程，然后解方程即可。

下面我们主要列举一下列方程问题在 GMAT 考试中常见的背景形式。

考点 1 利率问题

因为 GMAT 考试是针对申请商科研究生的入学考试，所以经常会出现一些利率计算问题。

利率问题需要我们掌握两个考点：

(1) 单利和复利

单利：本息和 = 本金 + 本金 × 利率 × 存期

复利：本息和 = 本金 ×(1 + 利率)^{存期}

单利和复利的算法公式是不一样的，一定要看清楚题目问的是单利问题还是复利问题，然后代入相应的公式中。

(2) 存期期限

看清楚题目中所说的存法是“一年一期”“半年一期”还是“一个季度一期”。

例 1： 小红将 10 000 元存入年利率为 8% 的复利账户中，存了 1 年，问 1 年之后小红的账户里有多少钱？

$10\,000\times(1+8\%)$

例 2： 小红将 10 000 元存入年利率为 8% 的复利账户中，存了 1 年，半年为一期，问 1 年之后小红的账户里有多少钱？

$10\,000\times\left(1+\frac{8\%}{2}\right)^2=10\,000\times1.04^2$

例题 01.

Mary invested \$14,000 for 3 years in a certificate of deposit paying 9.25% simple annual interest. How much more interest would Mary have received if the interest rate on this certificate had been 9.75% simple annual interest?

(A) \$21　(B) \$210　(C) \$420　(D) \$2,100　(E) \$4,200

翻译 玛丽在一个年利率为9.25%的单利储蓄账户中存了14 000美元，为期3年。如果账户是一个年利率为9.75%的单利储蓄账户，问玛丽能多得多少利息?

思路 $14\,000 \times 9.75\% \times 3 - 14\,000 \times 9.25\% \times 3 = 210$（美元）

答案 B

If \$5,000 invested for one year at p percent simple annual interest yields \$500, what amount must be invested at k percent simple annual interest for one year to yield the same number of dollars?

(1) $k = 0.8p$

(2) $k = 8$

翻译 将5 000美元存到一个为期一年、利率为$p\%$的单利账户中，生成了500美元的利息。要想生成同样多的利息，需要将多少美元存到一个利率为$k\%$的单利账户中?

思路 $5\,000 \times p\% = 500$，可解得$p\% = 10\%$。

设需要存ax美元，则题目是在问$xk\% = 500$，求x的值。

条件1：因为$p\% = 10\%$，所以$k\% = 8\%$，既然$x8\% = 500$，可解得x的值。　sufficient

条件2：$k\% = 8\%$，既然$x8\% = 500$，可解得x的值。　sufficient

答案 D

A 2-year certificate of deposit is purchased for k dollars. If the certificate earns interest at an annual rate of 6 percent compounded quarterly, which of the following represents the value, in dollars, of the certificate at the end of the 2 years?

(A) $(1.06)^2k$　(B) $(1.06)^8k$　(C) $(1.015)^2k$　(D) $(1.015)^8k$　(E) $(1.03)^4k$

翻译 向一个为期2年的储蓄账户里存入k美元，如果这个储蓄账户的年利率是6%，按复利计算，一个季度为一期。问下面哪个选项能表示2年后账户中的金额?

思路 年利率是6%，一年4个季度，说明季利率是$\frac{6\%}{4}=1.5\%$。

存了2年，一年4个季度，一个季度为一期，说明存了8期。

所以，本息和$=k\times\left(1+\frac{6\%}{4}\right)^8=k\times(1+1.5\%)^8$。

答案 D

John deposited \$10,000 to open a new savings account that earned 4 percent annual interest, compounded quarterly. If there were no other transactions in the account, what was the amount of money in John's account 6 months after the account was opened?

(A) \$10,100

(B) \$10,101

(C) \$10,200

(D) \$10,201

(E) \$10,400

翻译 约翰向一个年利率为4%的储蓄账户里存了10 000美元，按复利计算，一个季度为一期。如果这个储蓄账户没有进行别的交易，问6个月之后，这个储蓄账户里的金额是多少钱？

思路 复利本息和 = 本金 × (1 + 利率)^{存期}

年利率是4%，因为一个季度为一期，一年有4个季度，所以季度利率为$\frac{4\%}{4}=1\%$。

一年是4个季度，半年就是2个季度。

所以，本息和$=10\,000\times(1+1\%)^2=10\,201$（美元）。

答案 D

练 习

Mary invested some money in a certificate of deposit that earns interest at an annual rate of x percent compounded semi-annually. At the end of the first half-year, the amount in the certificate is \$2, 060. At the end of the second half-year, the amount in the certificate is \$2, 121. What is the annual interest rate on this certificate?

(A) 3% (B) 4% (C) 5% (D) 6% (E) 7%

答案及解析

Mary invested some money in a certificate of deposit that earns interest at an annual rate of x percent compounded semi-annually. At the end of the first half-year, the amount in the certificate is \$2, 060. At the end of the second half-year, the amount in the certificate is \$2, 121. What is the annual interest rate on this certificate?

(A) 3% (B) 4% (C) 5% (D) 6% (E) 7%

思路 $2\,060 \times \left(1 + \frac{x}{2}\right) = 2\,121$

半年利率：$2\,121 \div 2\,060 - 1 = 3\%$

年利率：$3\% \times 2 = 6\%$

答案 D

考点 2 生产问题

只要是生产效率问题，都是始终围绕着一个公式进行考查：任务量 = 单位时间内总的工作效率 × 工作时间。

技巧：如果题目中未提及具体的任务量是多少，可以用 1 来替代，表示“一份任务”。

例题 01.

R 机器单独完成生产任务要 4 小时，S 机器单独完成生产任务要 6 小时，两台机器共同运转 2 个小时，问剩下的任务单独让 S 机器做需要多少分钟能够完成？

思路 R 机器 4 小时完成 1 份任务，R 机器的效率是一小时完成$\frac{1}{4}$的任务量；

S 机器 6 小时完成 1 份任务，S 机器的效率是一小时完成$\frac{1}{6}$的任务量。

两台机器的总效率是：一小时完成$\frac{1}{4}+\frac{1}{6}=\frac{5}{12}$的任务量。

运转 2 小时后，完成了$\frac{5}{12}\times 2=\frac{10}{12}=\frac{5}{6}$的任务量，还剩$1-\frac{5}{6}=\frac{1}{6}$的任务量。

S 机器单独完成剩下的$\frac{1}{6}$的任务量，则需要$\frac{1}{6}\div\frac{1}{6}=1$（小时），即 60 分钟。

答案 60

Six machines, each working at the same constant rate, together can complete a certain job in 12 days. How many additional machines, each working at the same constant rate, will be needed to complete the job in 8 days?

(A) 3　(B) 4　(C) 6　(D) 8　(E) 9

翻译 6 台机器，各自以相同的速率进行运转，一起完成一份任务需要 12 天。问额外需要多少台机器，使得我们 8 天就能够完成这份任务？

思路 每台机器的速率是一样的，可以设单独一台机器的效率是 a，

任务量 = 单位时间内总的工作效率 × 生产时间，

$6a\times 12=1$，

解得 $a=\frac{1}{72}$，即单独一台机器的效率是 1 天完成$\frac{1}{72}$份任务。

设要想 8 天就完成这份任务，额外需要 n 台机器，

任务量 = 单位时间内总的工作效率 × 生产时间，即 $\frac{1}{72}\times(6+n)\times 8=1$，

解得 $n=3$。

答案 A

例题 03.

Running at their respective constant rates, Machine X takes 2 days longer to produce w widgets than Machine Y. At these rates, if the two machines together produce $\frac{5}{4}w$ widgets in 3 days, how many days would it take Machine X alone to produce $2w$ widgets?

(A) 4　　(B) 6　　(C) 8　　(D) 10　　(E) 12

翻译 机器 X 和机器 Y 以各自的速率进行运转，机器 X 生产 w 个零件相比于机器 Y 生产 w 个零件要多花 2 天时间。在以这样的速率运转的情况下，两台机器共同生产 $\frac{5}{4}w$ 个零件需要花 3 天时间，问机器 X 单独生产 $2w$ 个零件需要多少时间?

思路 设 Y 机器生产 w 个零件需要花 a 天，则 X 机器生产 w 个零件需要花 $a+2$ 天。

X 机器的效率是 $\frac{w}{a+2}$，Y 机器的效率是 $\frac{w}{a}$。

两台机器一起生产 $\frac{5}{4}w$ 个零件需要 3 天，

任务量 = 总的生产效率 × 生产时间，

$\left(\frac{w}{a+2}+\frac{w}{a}\right)\times 3=\frac{5}{4}w$，

两边同 ÷ w，即 $\left(\frac{1}{a+2}+\frac{1}{a}\right)\times 3=\frac{5}{4}$，

$\frac{a+a+2}{a(a+2)}=\frac{5}{12}$，

$5a(a+2)=12(2a+2)$，

$5a^2-14a-24=0$，

$(5a+6)(a-4)=0$，

解得 $a=4$。

所以 X 机器生产 w 个零件需要 6 天，

则生产 $2w$ 个零件需要 12 天。

答案 E

练 习

Three machines, K, M, and P, working simultaneously and independently at their respective constant rates, can complete a certain task in 24 minutes. How long does it take Machine K, working alone at its constant rate, to complete the task?

(1) Machines M and P, working simultaneously and independently at their respective constant rates, can complete the task in 36 minutes.

(2) Machines K and P, working simultaneously and independently at their respective constant rates, can complete the task in 48 minutes.

答案及解析

Three machines, K, M, and P, working simultaneously and independently at their respective constant rates, can complete a certain task in 24 minutes. How long does it take Machine K, working alone at its constant rate, to complete the task?

(1) Machines M and P, working simultaneously and independently at their respective constant rates, can complete the task in 36 minutes.

(2) Machines K and P, working simultaneously and independently at their respective constant rates, can complete the task in 48 minutes.

翻译 三台机器 K，M，P 以各自的速率进行运转，一起完成一份任务，需要 24 分钟。问 K 机器单独完成这份任务，需要多少时间？

(1) M 和 P 两台机器一起完成这份任务，需要 36 分钟。

(2) K 和 P 两台机器一起完成这份任务，需要 48 分钟。

思路 工作任务量 = 单位时间内总的工作效率 × 工作时间

K，M，P 一起做一份任务花 24 分钟，说明 K，M，P 的总效率 $=\frac{1}{24}$。

题目问 K 机器单独做这份任务需要多少时间，首先得知道 K 机器的效率。

条件 1：K，M，P 的总效率 $=\frac{1}{24}$，

条件 1 说 M，P 的总效率 $=\frac{1}{36}$，

则 K 机器的效率 $=\frac{1}{24}-\frac{1}{36}=\frac{1}{72}$。　　sufficient

条件 2：K，M，P 的总效率 $=\frac{1}{24}$，

条件 2 说 K，P 的总效率 $=\frac{1}{48}$，

只能求 M 机器的效率，无法求 K 机器的效率。　　insufficient

答案 A

考点3 路程、时间、速度问题

“路程、时间、速度问题”永远是利用一个公式：路程 = 时间 × 速度。

Susan drove at an average speed of 60 miles per hour for 5 hours and then at an average speed of 30 miles per hour for the remaining miles of the trip. If she makes no stops during the trip and Susan's average speed is 45 miles per hour. How many hours does Susan take for the remaining miles of the trip?

(A) 3 (B) 4 (C) 5 (D) 6 (E) 7

翻译 苏珊先是以 60 英里每小时的速度行驶了 5 小时，再以 30 英里每小时的速度行驶完余下的路程。如果苏珊整趟旅程没有中途休息，平均速度是 45 英里每小时，问苏珊行驶完余下的路程需要多少时间?

思路 设行驶完余下的路程花 t 小时，

路程 = 时间 × 速度，

$60\times5+30\times t=45\times(5+t)$，

解得 $t=5$（小时）。

答案 C

一个人的家距离办公室 10mile。前一天他从家开车，开了 20 分钟到达办公室。今天，他前 10 分钟以 15 mile/h 的速度开车；接下来的 10 分钟以昨天的速度开。问他现在离办公室还有多少英里?

思路 昨天的速度 = 昨天的路程 ÷ 昨天的时间 $=10\div20=0.5$ mile/min，

今天前 10 分钟的速度是 15 mile/h $=0.25$ mile/min，

所以，前 10 分钟走的路程 $=10\times0.25=2.5$ mile。

接下来 10 分钟走的路程 $=10\times0.5=5$ mile，

余下的路程 $=10-2.5-5=2.5$ mile。

答案 2.5 mile

A boat traveled upstream a distance of 90 miles at an average speed of $(v-3)$ miles per hour and then traveled the same distance downstream at an average speed of $(v+3)$ miles per hour. If the trip upstream took half an hour longer than the trip downstream, how many hours did it take the boat to travel downstream?

(A) 2.5　　(B) 2.4　　(C) 2.3　　(D) 2.2　　(E) 2.1

翻译 一艘船逆流行驶了 90 英里，速度是 $v-3$ 英里每小时；然后顺流行驶了同样的路程，速度是 $v+3$ 英里每小时。如果逆流所花的时间比顺流所花的时间多半小时，问顺流行驶花了多少小时？

思路 逆流时间 − 顺流时间 $=\frac{1}{2}$，

$\frac{逆流路程}{逆流速度}-\frac{顺流路程}{顺流速度}=\frac{1}{2}$，

$\frac{90}{v-3}-\frac{90}{v+3}=\frac{1}{2}$，

$\frac{90(v+3)-90(v-3)}{(v-3)(v+3)}=\frac{1}{2}$，

$\frac{540}{v^2-9}=\frac{1}{2}$，

解得 $v=33$。

顺流时间 = 顺流路程 ÷ 顺流速度 $=90\div(33+3)=2.5$（小时）。

答案 A

练 习

1. Susan drove at an average speed of 30 miles per hour for the first 30 miles of a trip and then at an average speed of 60 miles per hour for the remaining 30 miles of the trip. If she made no stops during the trip, what was Susan's average speed, in miles per hour, for the entire trip?

(A) 35

(B) 40

(C) 45

(D) 50

(E) 55

2. On his trip from Alba to Benton, Julio drove the first x miles at an average rate of 50 miles per hour and the remaining distance at an average rate of 60 miles per hour. How long did it take Julio to drive the first x miles?

(1) On this trip, Julio drove for a total of 10 hours and drove a total of 530 miles.

(2) On this trip, it took Julio 4 more hours to drive the first x miles than to drive the remaining distance.

答案及解析

1. Susan drove at an average speed of 30 miles per hour for the first 30 miles of a trip and then at an average speed of 60 miles per hour for the remaining 30 miles of the trip. If she made no stops during the trip, what was Susan's average speed, in miles per hour, for the entire trip?

(A) 35 (B) 40 (C) 45 (D) 50 (E) 55

翻译 苏珊先是以 30 英里/小时的速度行驶了前 30 英里，又以 60 英里/小时的速度行驶完了余下的 30 英里。如果苏珊整趟旅程没有中途休息，问她整趟旅程的平均速度是多少?

思路 前部分行程：路程是 30 英里，速度是 30 英里/小时；

后部分行程：路程是 30 英里，速度是 60 英里/小时。

平均速度 = 总路程 ÷ 总时间，

总路程 $=30+30=60$（英里），总时间 $=\frac{30}{30}+\frac{30}{60}=1.5$（小时），

平均速度 $=60\div1.5=40$（英里/小时）。

答案 B

2. On his trip from Alba to Benton, Julio drove the first x miles at an average rate of 50 miles per hour and the remaining distance at an average rate of 60 miles per hour. How long did it take Julio to drive the first x miles?

(1) On this trip, Julio drove for a total of 10 hours and drove a total of 530 miles.

(2) On this trip, it took Julio 4 more hours to drive the first x miles than to drive the remaining distance.

翻译 朱里奥从阿尔巴前往本顿，他先是以 50 英里/小时的速度行驶了前 x 英里，又以 60 英里/小时的速度行驶了余下的路程。问前 x 英里开了多少时间?

(1) 整趟旅程，朱里奥总共开了 10 小时，行驶了 530 英里。

(2) 朱里奥前 x 公里花的时间比余下的路程花的时间多 4 小时。

思路

条件 1： 总路程是 530 英里，前面行驶了 x 英里，则余下的路程就是 $530-x$ 英里。

根据题意，可列方程 $\frac{x}{50}+\frac{530-x}{60}=10$，

解得 $x=350$（英里）。 sufficient

条件 2： 前面行驶了 x 英里，设余下的路程是 y 英里。

根据题意，可列方程 $\frac{x}{50}-\frac{y}{60}=4$，

一个方程中有两个未知数，无法求解。 insufficient

答案 A

考点4 混合问题

“混合问题”其实比较类似于我们在初中所学的化学问题：实验室里有两种溶液，溶液 A 的酒精含量是60%，溶液 B 的酒精含量是 70%。取 100 ml 溶液 A 和 200 ml 溶液 B 进行混合，问混合后形成的新溶液，酒精含量是多少?

“混合问题”永远是利用一个规则：物质在混合前和混合后的数量是保持不变的，不需要担心会不会发生化合反应的问题。只要在题目中碰到了 mix 这一单词，都要好好读题目，先判断一下这道题目一直在讨论哪一种物质。然后将该物质混合前的数量表示出来，将该物质混合后的数量也表示出来。最后在中间联立等号，求解即可。

Three grades of milk are 1 percent, 2 percent, and 3 percent fat by volume. If x gallons of the 1 percent grade, y gallons of the 2 percent grade, and z gallons of the 3 percent grade are mixed to give $x+y+z$ gallons of a 1.5 percent grade, what is x in terms of y and z?

(A) $y+3z$

(B) $\frac{(y+z)}{4}$

(C) $2y+3z$

(D) $3y+z$

(E) $3y+4.5z$

翻译 有3种牛奶，脂肪含量分别是1%，2%，3%。如果取 x 加仑脂肪含量为1%的牛奶、y 加仑脂肪含量为2%的牛奶、z 加仑脂肪含量为3%的牛奶进行混合，生成了 $x+y+z$ 加仑脂肪含量为1.5%的牛奶。问如何用 y，z 来表示 x?

思路 题目一直在讨论脂肪含量，

因为脂肪含量在混合前和混合后的数量是保持不变的，

所以可列方程：$1\%x+2\%y+3\%z=(x+y+z)\times1.5\%$，

两边同时消除%，即 $x+2y+3z=1.5x+1.5y+1.5z$，

$0.5x=0.5y+1.5z$。

两边同时 $\div0.5$，解得 $x=y+3z$。

答案 A

Seed Mixture X is 40 percent ryegrass and 60 percent bluegrass by weight; Seed Mixture Y is 25 percent ryegrass and 75 percent fescue. If a mixture of X and Y contains 30 percent ryegrass, what percent of the weight of the mixture is X?

(A) 10% (B) $33\frac{1}{3}\%$

(C) 40% (D) 50%

(E) $66\frac{2}{3}\%$

思路 文章一直在讨论黑麦草，至于兰草和牛毛草在混合后并未提及，是无效数据。

可以设 X 种子的重量是 x，Y 种子的重量是 y，

因为物质在混合前和混合后的数量是保持不变的，

所以可列方程：$40\%x+25\%y=30\%\times(x+y)$。

两边同时消除%，即 $40x+25y=30x+30y$，

$10x=5y$。

两边同时 ÷5，解得 $y=2x$。

$\frac{x}{x+y}=\frac{x}{3x}=\frac{1}{3}$

答案 B

考点 5 钱的计算问题

首先，我们需要明确一些基础的经济学概念：

工资 = 基本工资 + 提成

revenue/dollar sales = expense/cost + profit

retail price = wholesale price + markup/profit

这些基本概念，官方命题组认为是常识，必须要了解。

其次，“钱的计算问题”经常会考查“阶梯性定价”。

我们生活中的打车费、快递费、征收个人所得税都属于典型的阶梯性定价，指的是不一次性付清，而是分段计费。各段的费用再汇总，就是最后的总收费。

Each week a certain salesman is made a fixed amount equal to \$300 plus a commission equal to 5 percent of the amount of these sales that week over \$1,000. What is the total amount the salesman was paid last week?

(1) The total amount the salesman was paid last week is equal to 10 percent of the amount of these sales last week.

(2) The salesman's sales last week total \$5,000.

翻译 一个销售人员每星期的收入是：固定的工资300美元＋对于这周营业额超出1 000美元的部分有5%的佣金。问这个销售人员上星期的收入是多少？

(1) 这个销售人员上星期的收入等于上星期的销售额的10%。

(2) 这个销售人员上星期的销售额是5 000（美元）。

思路

条件1： 设这个销售人员上星期的销售额是x美元，

根据题意，可列方程$300+(x-1\,000)\times5\%=x\times10\%$，

解得$x=5\,000$（美元）。

这个销售人员上星期的收入$=300+(5\,000-1\,000)\times5\%=500$（美元）。

sufficient

条件2： 这个销售人员上星期的收入$=300+(5\,000-1\,000)\times5\%=500$（美元）。

sufficient

答案 D

An auction house charges a commission of 15 percent on the first \$50,000 of the sale price of an item, plus 10 percent on the amount of the sale price in excess of \$50,000. What was the sale price of a painting for which the auction house charged a total commission of \$24,000?

(A) \$115,000 (B) \$160,000 (C) \$215,000 (D) \$240,000 (E) \$365,000

翻译 一个拍卖行对所拍卖的产品征收佣金：对售价的头50 000美元征收15%＋售价超过50 000美元的部分征收10%。如果拍卖行对一幅油画收取了24 000美元的佣金，问这幅油画的拍卖价格是多少美元？

思路 设这幅油画的拍卖价格是x美元，

根据题意，可列方程：$50\,000\times15\%+(x-50\,000)\times10\%=24\,000$，

解得$x=215\,000$（美元）。

答案 C

例题 03.

For each order, a mail-order bookseller charges a fixed processing fee and an additional shipping fee for each book in the order. Rajeev placed five different orders with this bookseller—an order for 1 book in January, an order for 2 books in February, an order for 3 books in March, an order for 4 books in April, and an order for 5 books in May. What was the total of Rajeev's processing and shipping fees for these five orders?

(1) Rajeev's processing and shipping fees were \$1.00 more for his order in March than for his order in January.

(2) The total of Rajeev's shipping fees for the five orders was \$7.50.

翻译 一家网上书店，对于每一笔订单都收取一个固定的加工费用，并对订单中的每一本书再收取一个运费。阿吉伍在网上书店下了5笔订单：一月份买了1本书，二月份买了2本书；三月份买了3本书；四月份买了4本书；五月份买了5本书。问阿吉伍这5笔订单总的加工费用和运费是多少美元？

(1) 阿吉伍三月份的费用比一月份的费用贵1美元。

(2) 阿吉伍这5笔订单总的运费是7.5美元。

思路 费用的组成有两部分：一是固定的加工费用，每笔订单的加工费用设为x；二是变动的运费，每本书的运费设为y。

要知道总费用，需要知道x和y分别是多少。

条件1： 一月份的费用是$x+y$，三月份的费用是$x+3y$，

$(x+3y)-(x+y)=1$，即$2y=1$，

解得$y=0.5$。但不知道x。 insufficient

条件2： 总的运费$=y+2y+3y+4y+5y=7.5$，

即$15y=7.5$，解得$y=0.5$。但不知道x。 insufficient

条件1+条件2： 还是只知道y，不知道x。 insufficient

答案 E

练 习

1. Each week Connie receives a base salary of \$500, plus a 20 percent commission on the total amount of her sales that week in excess of \$1,500. What was the total amount of Connie's sales last week?

(1) Last week Connie's base salary and commission totaled \$1,200.

(2) Last week Connie's commission was \$700.

2. Alice's take-home pay last year was the same each month, and she saved the same fraction of her take-home pay each month. The total amount of money that she had saved at the end of the year was 3 times the amount of that portion of her monthly take-home pay that she did not save. If all the money that she saved last year was from her take-home pay, what fraction of her take-home pay did she save each month?

(A) $\frac{1}{2}$ (B) $\frac{1}{3}$ (C) $\frac{1}{4}$ (D) $\frac{1}{5}$ (E) 1/6

3. The toll for crossing a certain bridge is \$0.75 each crossing. Drivers who frequently use the bridge may instead purchase a sticker each month for \$13.00 and then pay only \$0.30 each crossing during that month. If a particular driver will cross the bridge twice on each of x days next month and will not cross the bridge on any other day, what is the least value of x for which this driver can save money by using the sticker?

(A) 14 (B) 15 (C) 16 (D) 28 (E) 29

答案及解析

1. Each week Connie receives a base salary of \$500, plus a 20 percent commission on the total amount of her sales that week in excess of \$1,500. What was the total amount of Connie's sales last week?

(1) Last week Connie's base salary and commission totaled \$1,200.

(2) Last week Connie's commission was \$700.

翻译 每星期，康妮都拿到500美元的基本工资，以及上星期营业额超过1 500美元的部分获得20%的佣金。求上星期康妮的总营业额是多少?

(1) 上星期康妮的总收入是1 200美元。

(2) 上星期康妮的佣金是700美元。

思路 收入=500+20%×(总营业额-1 500)

条件1：收入=1 200，即500+20%×(总营业额-1 500)=1 200，就总营业额一个未知数，所以可求总营业额的数值。 sufficient

条件2：佣金=700，即20%×(sales-1 500)=700，就总营业额一个未知数，所以可求总营业额的数值。 sufficient

答案 D

2. Alice's take-home pay last year was the same each month, and she saved the same fraction of her take-home pay each month. The total amount of money that she had saved at the end of the year was 3 times the amount of that portion of her monthly take-home pay that she did not save. If all the money that she saved last year was from her take-home pay, what fraction of her take-home pay did she save each month?

(A) $\frac{1}{2}$ (B) $\frac{1}{3}$ (C) $\frac{1}{4}$ (D) $\frac{1}{5}$ (E) $\frac{1}{6}$

翻译 爱丽丝去年每个月的到手工资都是一样的，她每个月将自己工资中固定比例的一部分存起来。年底的时候，爱丽丝的总储蓄额是她每个月未存部分的3倍。如果爱丽丝除了工资之外，没有别的储蓄来源，问她每个月存起来的钱占工资的比例是多少?

思路 爱丽丝去年每个月的收入都一样，她每月都把同样多的钱存起来了。

她年末的总存款额，是她每月收入中没存的钱的 3 倍。（注意：年存款额是月末存款的 3 倍！）

设月薪为 x 美元，每月存起来的钱占工资的比例是 a，则每月工资中未存的钱占工资的比例是 $1-a$。

$12\times a\times x=3\times(1-a)\times x$，

可解得 $a=\frac{1}{5}$。

答案 D

3. The toll for crossing a certain bridge is \$0.75 each crossing. Drivers who frequently use the bridge may instead purchase a sticker each month for \$13.00 and then pay only \$0.30 each crossing during that month. If a particular driver will cross the bridge twice on each of x days next month and will not cross the bridge on any other day, what is the least value of x for which this driver can save money by using the sticker?

(A) 14 (B) 15 (C) 16 (D) 28 (E) 29

翻译 每次过一座桥需要交过桥费 0.75 美元。需要频繁过桥的司机可以购买一张月票，月票的费用是每个月 13 美元，凭月票每次过桥只需要交过桥费 0.3 美元。如果一个司机下个月有 x 天需要过桥，每天过桥 2 次，除了这 x 天之外别的时候不过桥。问这名司机要想购买月票是划算的，x 的值最小是多少？

思路 过桥费的收取有两种方式：

方式一：单纯按次数来收，0.75 美元/次。

方式二：购买月票，13 +0.3 美元/次。

题目中说一个司机下个月有 x 天过桥，每天过桥两次，即共过桥 $2x$ 次。

$13+0.3\times 2x<0.75\times 2x$，

解得 $x>14$，所以 x 值最小是 15。

答案 B

集合问题在 GMAT 考试中是高频考点，并且很容易出难题。

集合问题有 2 个考点：文氏图和双重标准分组。

考点 1 文氏图

文氏图，又称为 Venn 图和维恩图，虽然翻译不同，但是意思完全一样。

因为 GMAT 考试属于自适应系统，在最开始大家做的题目都属于适中难度，有可能会碰到比较简单的 2 个圆的文氏图。如果前面题目的准确率比较高的话，后面难度系数会有所提升，就有可能会碰到比较复杂的 3 个圆的文氏图。

1. 2 个圆的文氏图

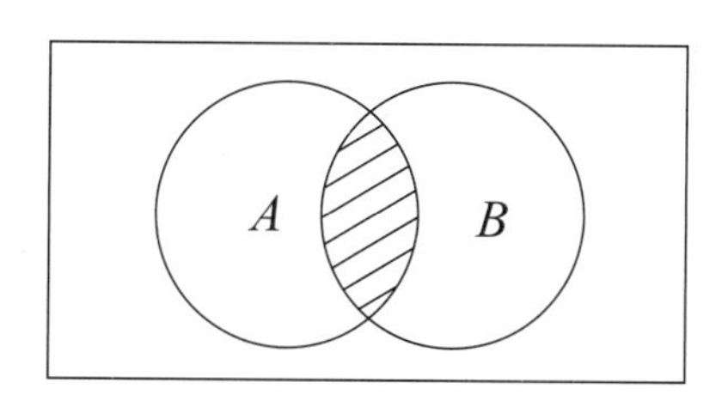

方框代表全体数据，圆 A 表示符合条件 A 的数据，圆 B 表示符合条件 B 的数据。

圆 A 和圆 B 之间存在一个重合区域，这部分数据既符合 A 又符合 B，称为 $A \cap B$。

方框中的空白区域指的是非 A 非 B。

数学中习惯于用字母 I 表示全体数据，如果题目中给的数据是百分比，那么全集就是 100%。

2 个圆的文氏图公式是：全集 $I = A + B - (A \cap B) +$ 非 A 非 B

因为圆 A + 圆 B 是有重合区域的，所以要减去重合区域 $A \cap B$。

According to a survey, 93 percent of teenagers have used a computer to play games, 89 percent have used a computer to write reports, and 5 percent have not used a computer for either of these purposes. What percent of the teenagers in the survey have used a computer both to play games and to write reports?

(A) 82% (B) 87% (C) 89% (D) 92% (E) 95%

翻译 根据一项调查，93% 的青少年使用电脑是为了打游戏，89% 的青少年使用电脑是为了写作业，5% 的青少年使用电脑既不是为了打游戏也不是为了写作业。问有多少青少年使用电脑既是为了打游戏又是为了写作业?

思路 圆 A 表示用电脑打游戏的青少年占比，圆 B 表示用电脑写作业的青少年占比，设 $A \cap B$ 是 x。

根据公式 $I = A + B - (A \cap B) +$ 非 A 非 B，

即 $100\% = 93\% + 89\% - x + 5\%$，

解得 $x = 87\%$。

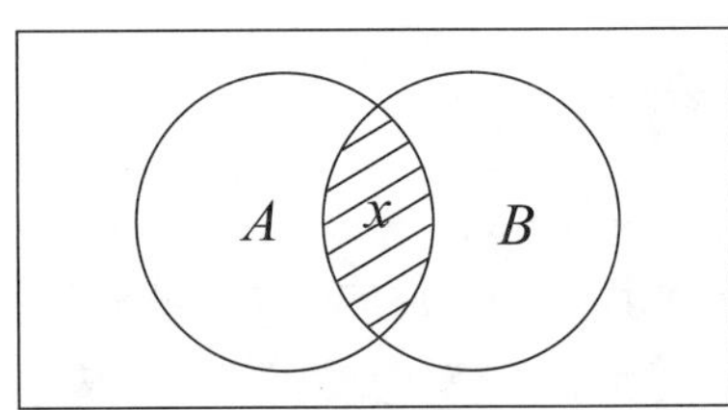

答案 B

公司招聘员工，有 40 人投了简历。在这 40 人当中既有获得数学学位的，也有获得英语学位的。有数学学位的占 50%，既有数学学位也有英语学位的占 15%，两个学位都没有的占 5%。求只有英语学位的有多少人?

思路 圆 A 表示有数学学位的人，圆 B 表示有英语学位的人。

根据公式 $I = A + B - (A \cap B) +$ 非 A 非 B，

$100\% = 50\% + B - 15\% + 5\%$，解得 $B = 60\%$。

所以，有英语学位的人占 60%。

但是题目中问的是“只有英语学位的有多少人”，

圆 B 包括 2 个区域: 空白区域和重合区域。

只有英语学位的人指的是圆 B 的空白区域。

只有英语学位的人占比 $= 60\% - 15\% = 45\%$，

只有英语学位的人数 $= 40 \times 45\% = 18$（人）。

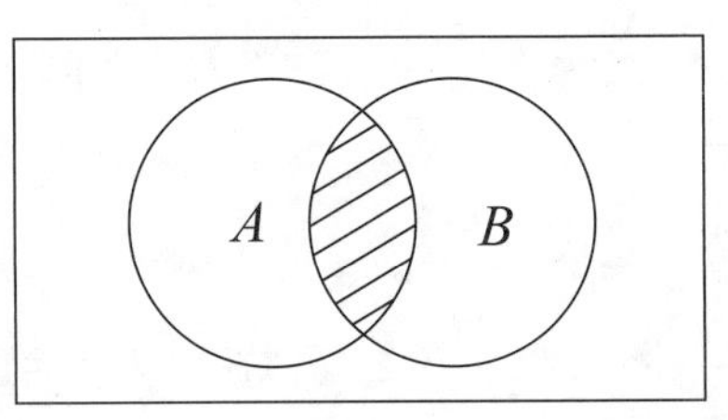

答案 18 人

All trainees in a certain aviator training program must take both a written test and a flight test. If 70 percent of the trainees passed the written test, and 80 percent of the trainees passed the flight test, what percent of the trainees passed both tests?

(1) 10 percent of the trainees did not pass either test.

(2) 20 percent of the trainees passed only the flight test.

翻译 参加飞行员培训项目的所有人员都必须参加笔试和飞行测试。如果70%的人员通过了笔试，80%的人员通过了飞行测试。问有多少比例的人既通过了笔试又通过了飞行测试?

思路 圆 A 表示通过笔试的人员占比，圆 B 表示通过飞行测试的人员占比，题目问的是 $A\cap B$ 是多少。

条件1： 设 $A\cap B$ 是 x，

根据公式 $I=A+B-(A\cap B)+$ 非 A 非 B，

即 $100\%=70\%+80\%-x+10\%$，

解得 $x=60\%$。　sufficient

条件2： 只通过飞行测试的人是20%，即圆 B 的空白区域是20%。

整个圆 $B=80\%$，其中圆 B 的空白区域是20%，

所以，$A\cap B=80\%-20\%=60\%$。　sufficient

答案 D

Of the 200 students at Harvard School of Business, 130 are majoring in marketing and 150 are majoring in finance. If at least 30 of the students are not majoring in either marketing or finance, then the number of students majoring in both marketing and finance could be any number from

(A) 20 to 50　(B) 40 to 70　(C) 50 to 130　(D) 110 to 130　(E) 110 to 150

翻译 哈佛商学院有200个学生，其中130人学营销，150人学金融。如果至少有30个人既不学营销也不学金融，求既学营销也学金融的人数范围是多少?

思路 圆 A 表示学营销的人，圆 B 表示学金融的人，设 $A\cap B$ 是 x。

根据公式 $I=A+B-(A\cap B)+$ 非 A 非 B，

因为非 A 非 $B\geqslant 30$，为了便于运算，把非 A 非 $B=30$ 作为临界值代入公式，

即 $200=130+150-x+30$，

解得 $x=110$。

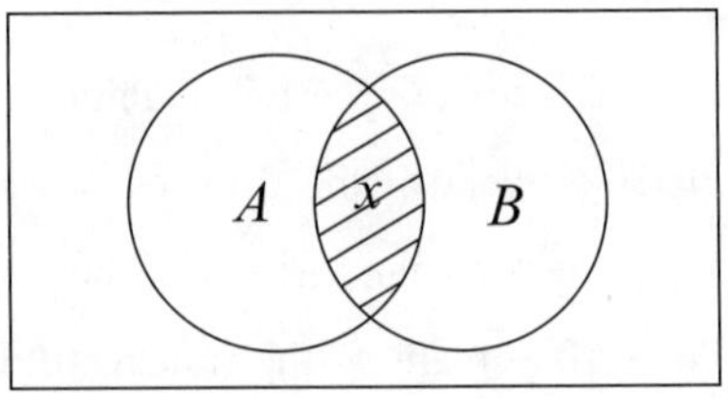

选项中把 110 作为临界值的只有 D 和 E，排除 A，B 和 C 选项。

题目问的是 $A\cap B$，集合 A 和集合 B 取交集，交集肯定是越来越小，$A\cap B$ 要小于 130，所以选择 D 选项。

答案 D

练　习

1. 需要颈椎治疗的患者占 54%，需要脑震荡治疗的患者占 69%，不需要这两项治疗的患者占 8%。求既需要颈椎治疗又需要脑震荡治疗的患者的比例是多少?

2. 一所学校中很多人选择学理工科的课程。有 76% 的人学物理，有 54% 的人学化学。问只学物理的人占多少比例?

（1）物理、化学都学的人占 44%。

（2）物理、化学都不学的人占 14%。

3. A certain one-day seminar consisted of a morning session and an afternoon session. If each of the 128 people attending the seminar attended at least one of the two sessions, how many of the people attended the morning session only?

（1）$\frac{3}{4}$ of the people attended both sessions.

（2）$\frac{7}{8}$ of the people attended the afternoon session.

答案及解析

1. 需要颈椎治疗的患者占 54%，需要脑震荡治疗的患者占 69%，不需要这两项治疗的患者占 8%。求既需要颈椎治疗又需要脑震荡治疗的患者的比例是多少?

思路 圆 A 表示需要颈椎治疗的患者，圆 B 表示需要脑震荡治疗的患者，设 $A\cap B$ 是 x。

根据公式 $I=A+B-(A\cap B)+$ 非 A 非 B，

即 $100\%=54\%+69\%-x+8\%$，

解得 $x=31\%$。

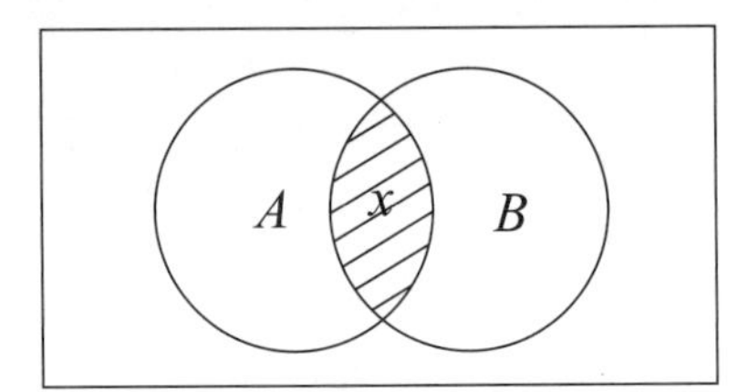

答案 31%

2. 一所学校中很多人选择学理工科的课程。有 76% 的人学物理，有 54% 的人学化学。问只学物理的人占多少比例?

(1) 物理、化学都学的人占 44%。

(2) 物理、化学都不学的人占 14%。

思路 圆 A 表示学物理的人，圆 B 表示学化学的人，设 $A\cap B$ 是 x。

"只学物理的人"指的是圆 A 的空白区域，所以题目问的是圆 A 的空白区域是多少?

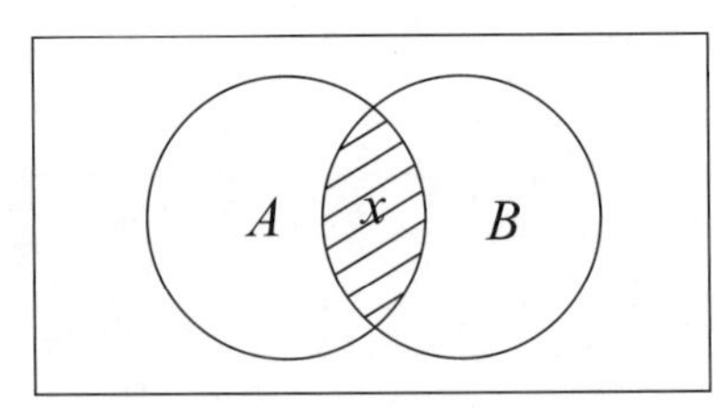

条件 1： 圆 A 的空白区域 = 圆 $A-x=76\%-44\%=32\%$。

sufficient

条件 2： $I=A+B-(A\cap B)+$ 非 A 非 B，

$100\%=76\%+54\%-x+14\%$，解得 $x=44\%$

圆 A 的空白区域 = 圆 $A-x=76\%-44\%=32\%$。 sufficient

答案 D

3. A certain one-day seminar consisted of a morning session and an afternoon session. If each of the 128 people attending the seminar attended at least one of the two sessions, how many of the people attended the morning session only?

(1) $\frac{3}{4}$ of the people attended both sessions.

(2) $\frac{7}{8}$ of the people attended the afternoon session.

翻译 一个研讨会分为上午会议和下午会议。如果 128 名与会人员至少要参加一场会议，问只参加上午会议的有多少人？

（1）与会人员中，$\frac{3}{4}$的人两场会议都参加了。

（2）与会人员中，$\frac{7}{8}$的人参加了下午会议。

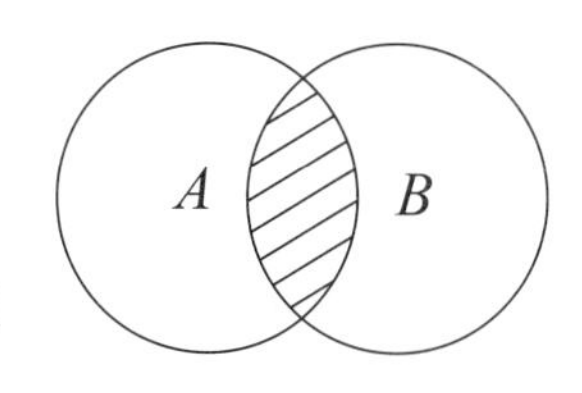

思路 用圆 A 表示参加上午会议的人，用圆 B 表示参加下午会议的人。

题目中说 128 人至少要参加一场会议，意味着 $A \cup B = 128$ 人，其中 A 和 B 之间存在交集。

题目让我们求圆 A 的空白区域。（只符合条件 A 的区域）

条件 1： $A \cap B = 128 \times \frac{3}{4} = 96$（人），但图中有两处空白区域（只符合条件 A 的区域和只符合条件 B 的区域），所以无法求圆 A 的空白区域。（只符合条件 A 的区域）

insufficient

条件 2： 圆 $B = 128 \times \frac{7}{8} = 112$（人），则圆 A 的空白区域（只符合条件 A 的区域）$= 128 - 112 = 16$（人）。　　sufficient

答案 B

2. 3 个圆的文氏图

我们接下来介绍一下比较复杂的 3 个圆的文氏图的情况。

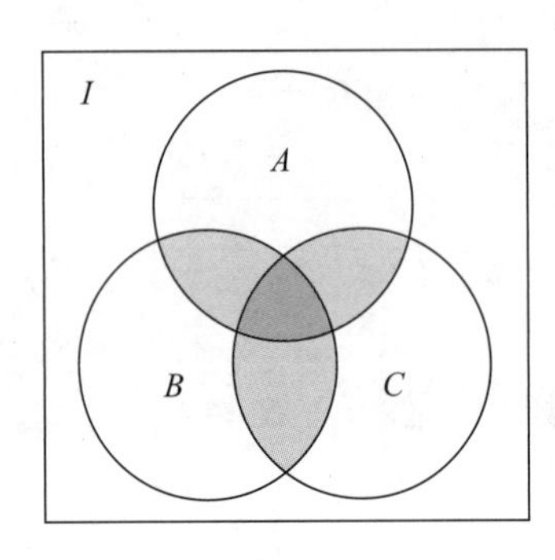

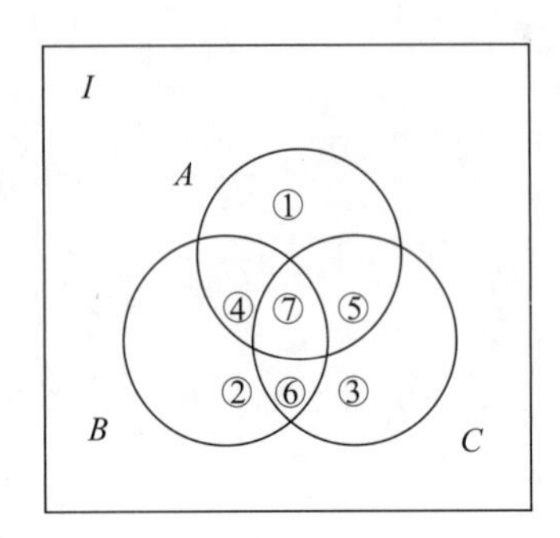

方框代表全体数据，圆 A 表示符合条件 A 的数据，圆 B 表示符合条件 B 的数据，圆 C 表示符合条件 C 的数据。

因为 3 个圆之间重合区域比较复杂，所以我们用编号来表示。

我们可以发现：

如果 3 个圆直接相加的话，区域①、②、③各出现了一次（只有圆 A 中有区域①，只有圆 B 中有区域②，只有圆 C 中有区域③）；区域④、⑤、⑥各出现了两次（圆 A 和圆 B 中都有区域④，圆 A 和圆 C 中都有区域⑤，圆 B 和圆 C 中都有区域⑥）；区域⑦出现了三次（圆 A、圆 B 和圆 C 中都有区域⑦）。

所以如果 3 个圆直接相加的话，会有很多重合区域。

数学中习惯用字母 I 表示全体数据，如果题目中给的数据是百分比，那么全集就是 100%。

3 个圆的文氏图公式是：

全集 $I = A + B + C - (A \cap B) - (A \cap C) - (B \cap C) + (A \cap B \cap C) +$ 非 A 非 B 非 C

$A \cap B$ 指的是区域④和⑦，$A \cap C$ 指的是区域⑤和⑦，$B \cap C$ 指的是区域⑥和⑦。$A \cap B \cap C$ 指的是区域⑦。

为什么公式中还要再加一个 $A \cap B \cap C$ 呢？

因为如果 3 个圆直接相加的话，会有很多重合区域（区域④、⑤、⑥出现了 2 次，区域⑦出现了 3 次），需要减去重复数据。公式中 $-(A \cap B) - (A \cap C) - (B \cap C) = -$(④+⑦)$-$(⑤+⑦)$-$(⑥+⑦)，其中区域④、⑤、⑥重复的那一次刚好扣除了，而区域⑦出现了 3 次，又减去了 3 次，把区域⑦全部减光了，所以最后要再补加回来一次区域⑦。

所以公式相当于 $I = A + B + C -$(④+⑦)$-$(⑤+⑦)$-$(⑥+⑦)+⑦+非 A 非 B 非 C。

3 个圆的文氏图的两个公式必须熟记：

$I = A + B + C - (A \cap B) - (A \cap C) - (B \cap C) + (A \cap B \cap C) +$ 非 A 非 B 非 C

$I = A + B + C -$(④+⑦)$-$(⑤+⑦)$-$(⑥+⑦)+⑦+非 A 非 B 非 C

那么考试时到底怎么考呢，我们来做 3 道例题。

In a marketing survey for products some people were asked which of the products, if any, they use. Of the people surveyed, a total of 400 use A, a total of 400 use B, a total of 450 use C, a total of 200 use A and B simultaneously, a total of 175 use B and C simultaneously, a total of 200 use C and A simultaneously, a total of 75 use A, B, and C simultaneously, and a total of 200 use none of the products. How many people were surveyed?

(A) 950　　(B) 975

(C) 1,000　　(D) 1,025

(E) 1,050

翻译 在一项市场调查中，询问消费者使用什么产品。在被调查的消费者中，400 人用产品 A，400 人用产品 B，450 人用产品 C，200 人同时用产品 A 和 B，175 人同时用产品 B 和 C，200 人同时用产品 A 和 C，75 人同时用产品 A，B 和 C，200 人什么产品都不用。问接受调查的消费者一共有多少人？

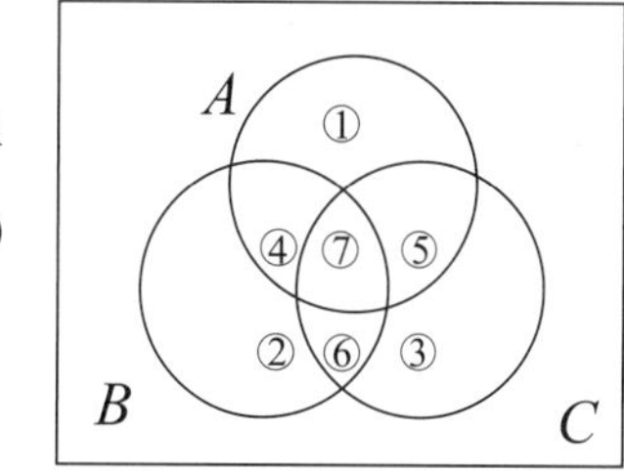

思路 总数 $I = A + B + C - (A \cap B) - (A \cap C) - (B \cap C) + (A \cap B \cap C) +$ 非 A 非 B 非 $C = 400 + 400 + 450 - 200 - 200 - 175 + 75 + 200 = 950$（人）。

答案 A

有一批手提包，有 b，s，z 三种分类法，每个包至少符合一种分类法。符合 b 分类法的有 33 个，符合 s 分类法的有 24 个，符合 z 分类法的有 29 个。符合 b 和 s 两种分类法的有 5 个；符合 b 和 z 两种分类法的有 5 个；符合 s 和 z 两种分类法的有 6 个。同时符合 b，s，z 三种分类法的有 3 个。问手提包的总数是多少？

思路 注意："符合 b 和 s 两种分类法"指的是区域④和⑦，但是"只符合 b 和 s 两种分类法"指的是区域④。

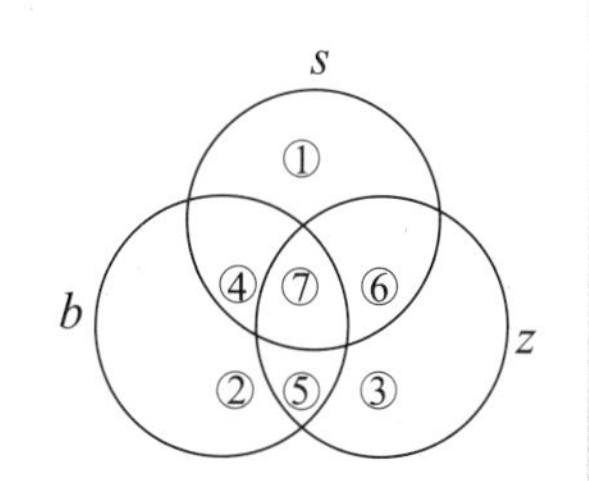

总数 $I = b + s + z - (b \cap s) - (b \cap z) - (s \cap z) + (b \cap s \cap z)$

$= 33 + 24 + 29 - (④ + ⑦) - (⑤ + ⑦) - (⑥ + ⑦) + ⑦$

$= 33 + 24 + 29 - (5 + 3) - (5 + 3) - (6 + 3) + 3 = 64$（个）。

答案 64 个

我们可以发现：不管是 2 个圆的文氏图，还是 3 个圆的文氏图，公式都是固定的，必须要熟记。但是在做题时，还需要注意 exactly/only（只有）这个单词，因为“符合……”和“只符合……”指的是不同的区域。

例题 03.

Of the 300 subjects who participated in an experiment using virtual-reality therapy to reduce their fear of heights, 40 percent experienced sweaty palms, 30 percent experienced vomiting, and 75 percent experienced dizziness. If all of the subjects experienced at least one of these effects and 35 percent of the subjects experienced exactly two of these effects, how many of the subjects experienced only one of these effects?

(A) 105　　(B) 125　　(C) 130　　(D) 180　　(E) 195

翻译 300 个人参与一个关于使用虚拟现实疗法克服恐高心理的实验，其中有 40% 的人在实验中经历了手心出汗，30% 的人在实验中经历了呕吐，75% 的人在实验中经历了晕眩。如果所有人都经历了至少一种反应，35% 的人只经历了两种反应。问有多少人只经历了一种反应？

思路 “只经历两种反应”指的是区域④、⑤、⑥，

“只经历一种反应”指的是区域①、②、③，

因所有人都经历至少一种反应，所以非 A 非 B 非 C = 0，

所以题目就是说④ + ⑤ + ⑥ = 35%，让我们求① + ② + ③的值是多少。

$I = A + B + C - (A \cap B) - (A \cap C) - (B \cap C) + (A \cap B \cap C)$ + 非 A 非 B 非 C

= $A + B + C$ − (④ + ⑦) − (⑤ + ⑦) − (⑥ + ⑦) + ⑦ + 非 A 非 B 非 C，

即 100% = 40% + 30% + 75% − (④ + ⑤ + ⑥) − 3⑦ + ⑦，

100% = 145% − 35% − 2⑦，

可以解得⑦ = 5%。

因为① + ② + ③ + ④ + ⑤ + ⑥ + ⑦ = 100%，而④ + ⑤ + ⑥ = 35%，⑦ = 5%，

所以① + ② + ③ = 100% − (④ + ⑤ + ⑥ + ⑦) = 100% − 40% = 60%。

只经历一种反应的人数 = 300 × 60% = 180（人）。

答案 D

练　习

1. 一个学校有 E、M、S 三门课程，选择 E 课程的有26人，选择 M 课程的有28人，选择 S 课程的有18人。每个学生都至少选择了一门课程，同时选择 E 和 M 两门课程的有9人，同时选择 E 和 S 两门课程的有10人，同时选择 M 和 S 两门课程的有7人。而同时选择 E，M，S 三门课程的有4人。问如果把三门课程合并，重复的算作一个人，总共有多少人？（即总共有多少人选择了这三门课程？）

2. Sets A, B, and C have some elements in common. If 16 elements are in both A and B, 17 elements are in both A and C, and 18 elements are in both B and C, how many elements do all three of the sets A, B, and C have in common?

(1) Of the 16 elements that are in both A and B, 9 elements are also in C.

(2) A has 25 elements, B has 30 elements, and C has 35 elements.

3. In a certain class, 10 students can play the piano, 14 students can play the violin, 11 students can play the flute. If 3 students can play exactly three instruments, 20 students can play exactly one instrument, how many students can play exactly two instruments?

(A) 3　　(B) 6　　(C) 9　　(D) 12　　(E) 18

答案及解析

1. 一个学校有 E、M、S 三门课程，选择 E 课程的有 26 人，选择 M 课程的有 28 人，选择 S 课程的有 18 人。每个学生都至少选择了一门课程，同时选择 E 和 M 两门课程的有 9 人，同时选择 E 和 S 两门课程的有 10 人，同时选择 M 和 S 两门课程的有 7 人。而同时选择 E、M、S 三门课程的有 4 人。问如果把三门课程合并，重复的算作一个人，总共有多少人？（即总共有多少人选择了这三门课程？）

思路 全集 $I = A + B + C - (A \cap B) - (A \cap C) - (B \cap C) + (A \cap B \cap C)$

总人数 $= E + M + S - (E \cap M) - (E \cap S) - (M \cap S) + (E \cap M \cap S)$

$= 26 + 28 + 18 - 9 - 10 - 7 + 4 = 50$（人）

答案 50 人

2. Sets A, B, and C have some elements in common. If 16 elements are in both A and B, 17 elements are in both A and C, and 18 elements are in both B and C, how many elements do all three of the sets A, B, and C have in common?

(1) Of the 16 elements that are in both A and B, 9 elements are also in C.

(2) A has 25 elements, B has 30 elements, and C has 35 elements.

翻译 集合 A，B，C 有一些共同的元素。如果有 16 个元素既在 A 中也在 B 中，有 17 个元素既在 A 中也在 C 中，有 18 个元素既在 B 中也在 C 中。问集合 A，B，C 共同包含的元素有多少个？

思路 题目就是在问 $A \cap B \cap C$ 包含元素的个数。

条件 1： 直接明确了三个集合的交集是 9 个。 sufficient

条件 2： 根据公式，全集 $I = A + B + C - (A \cap B) - (A \cap C) - (B \cap C) + (A \cap B \cap C)$，不知道总数是多少，所以求不出 $A \cap B \cap C$ 是多少。 insufficient

答案 A

3. In a certain class, 10 students can play the piano, 14 students can play the violin, 11 students can play the flute. If 3 students can play exactly three instruments, 20 students can play exactly one instrument, how many students can play exactly two instruments?

(A) 3 (B) 6 (C) 9 (D) 12 (E) 18

思路 会弹钢琴的学生 A 有 10 人，会拉小提琴的学生 B 有 14 人，会吹笛子的学生 C 有 11 人。

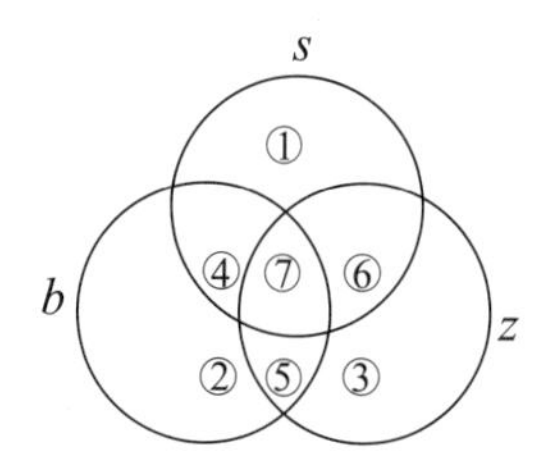

三种乐器都会的学生⑦ = 3 人，只会一种乐器的① + ② + ③ = 20 人。问④ + ⑤ + ⑥是多少。

$A+B+C=$（① + ② + ③）+ 2 ×（④ + ⑤ + ⑥）+ 3 × ⑦，

$10+14+11=20+2\times$（④ + ⑤ + ⑥）$+3\times3$，

解得④ + ⑤ + ⑥ = 3。

答案 A

考点 2 双重标准分组

官方命题组既然将“文氏图”和“双重标准分组”区分开来，说明在命题组看来，两个考点是完全不一样的。

什么是“双重标准分组”?“双重标准分组”和“文氏图”又有哪里不一样?我们先不讲方法，大家通过一个例题来感受一下。

大家做例题 1 时，先考虑一下能不能通过文氏图来做。如果不能通过文氏图来做，应该如何解决?

A shipment of banners contains banners of two different shapes, triangular and square, and two different colors, red and green. In a particular shipment 26% of the banners are square and 35% of the banners are red. If 60% of the red banners in the shipment are square, what is the ratio of red triangular banners to green triangular banners?

(A) $\frac{7}{50}$　(B) $\frac{3}{13}$　(C) $\frac{7}{30}$　(D) $\frac{13}{37}$　(E) $\frac{35}{26}$

翻译 一批旗帜有三角形和方形两种形状，红色和绿色两种颜色。在这批旗帜中，有 26% 是方形旗帜，35% 是红色旗帜，60% 的红色旗帜是方形的。求红色三角形旗帜和绿色三角形旗帜的比例是多少?

思路

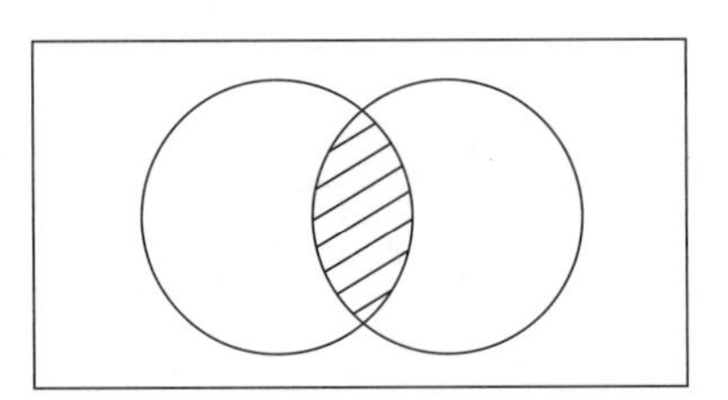

在文氏图中，有数据同时符合两个条件，有数据只符合一个条件，有数据任何条件都不符合。而在刚才的例题 1 中，所有的旗子都有形状，所有的旗子都有颜色，不存在只符合一个条件的情况，也不存在两个条件都不符合的情况，所以这个题目不能用文氏图来做。

既然不能用文氏图来解题，那这个题目应该如何解决呢?

所谓的“双重标准分组”，指的是题目中提到了两种分类依据。按照两种分类依据，可以把所有数据分为两组。只要是“双重标准分组”，就可以画 4 ×4 的表格来做。

	三角形	方形	
红色	14%	35% ×60% =21%	35%
绿色	60%		1 −35% =65%
	1 −26% =74%	26%	100%

红色三角形 = 红色总和 − 红色方形 = 35% −21% = 14%

绿色三角形 = 三角形总和 − 红色三角形 = 74% −14% = 60%

红色三角形：绿色三角形 = 14% ∶60% = $\frac{7}{30}$

答案 C

同样的道理，我们利用画表格的方法再来做两道例题。

Of the 800 students at a certain college, 250 students live on campus and are more than 20 years old. How many of the 800 students live on campus and are 20 years old or less?

(1) 640 students at the college are more than 20 years old.

(2) 60 students at the college are 20 years old or less and live off campus.

翻译 一所大学中有 800 名学生，其中有 250 名学生住校且年龄 >20 岁。问这 800 名学生中，有多少学生住校且年龄≤20 岁?

(1) 这所大学中有 640 名学生年龄 >20 岁。

(2) 这所大学中有 60 名学生年龄≤20 岁且不住校。

思路

设住校的年龄≤20 岁的学生为 x 名。

	住校	不住校	
>20 岁	250 人		
≤20 岁	x		
			800 人

题目让我们求 x 的值是多少。

条件 1：

	住校	不住校	
>20 岁	250 人		640 人
≤20 岁	x	未知	800 − 640 = 160 人
			800 人

有 640 人的年龄 >20 岁，说明有 800 − 640 = 160 人的年龄≤20 岁，

但是不知道不住校且年龄≤20 岁的人数，所以无法求 x 的值。 insufficient

条件 2：

	住校	不住校	
>20 岁	250 人		
≤20 岁	x	60 人	未知
			800 人

不知道年龄≤20 岁的总人数，所以无法求 x 的值。 insufficient

条件 1 + 条件 2：

	住校	不住校	
>20 岁	250 人		640 人
≤20 岁	x	60 人	800 − 640 = 160 人
			800 人

$x = 160 - 60 = 100$（人）。 sufficient

答案 C

One-fifth of the light switches produced by a certain factory are defective. Four-fifths of the defective switches are rejected and $\frac{1}{20}$ of the nondefective switches are rejected by mistake. If all the switches not rejected are sold, what percent of the switches sold by the factory are defective?

(A) 4%　　(B) 5%　　(C) 6.25%　　(D) 11%　　(E) 16%

翻译 一家工厂生产的电灯开关，有$\frac{1}{5}$是坏了的。坏了的开关中，有$\frac{4}{5}$被退回了；未坏的开关中，有$\frac{1}{20}$也被错误退回了。如果所有未退回的开关都被卖掉了，那么请问：工厂卖掉的开关中，坏了的占多少比例？

思路

	Defective	Nondefective	
Rejected	$20\% \times \frac{4}{5} = 16\%$	$80\% \times \frac{1}{20} = 4\%$	$16\% + 4\% = 20\%$
Sold	$20\% - 16\% = 4\%$		$100\% - 20\% = 80\%$
	20%	80%	100%

只要一句话中出现了 percent，那么介词 of 之后紧跟的数值是分母，另一个数值是分子。

卖掉的开关是分母，卖掉的开关中坏了的开关是分子，

$4\% \div 80\% = \frac{1}{20} = 5\%$。

答案 B

练　习

1. A total of 30 percent of the geese included in a certain migration study were male. If some of the geese migrated during the study and 20 percent of the migrating geese were male, what was the ratio of the migration rate for the male geese to the migration rate for the female geese?

$\left(\text{Migration rate for geese of a certain sex} = \dfrac{\text{number of geese of that sex migrating}}{\text{total number of geese of that sex}}\right)$

(A) $\frac{1}{4}$

(B) $\frac{7}{12}$

(C) $\frac{2}{3}$

(D) $\frac{7}{8}$

(E) $\frac{8}{7}$

2. 一个小区里有1500个男人。其中有大学文凭的是800人，年龄>65岁的是550人。在这些人中，既有大学文凭年龄又在65岁以下的有450人。问年龄大于65岁且没有大学文凭的男人在小区男人的总数中占多少比例?

答案及解析

1. A total of 30 percent of the geese included in a certain migration study were male. If some of the geese migrated during the study and 20 percent of the migrating geese were male, what was the ratio of the migration rate for the male geese to the migration rate for the female geese?

$\left(\text{Migration rate for geese of a certain sex} = \dfrac{\text{number of geese of that sex migrating}}{\text{total number of geese of that sex}}\right)$

(A) $\frac{1}{4}$　(B) $\frac{7}{12}$　(C) $\frac{2}{3}$　(D) $\frac{7}{8}$　(E) $\frac{8}{7}$

翻译 在一项迁徙调查中，共有30%的鹅是公鹅。在这项迁徙调查中，一些鹅迁徙了，而且迁徙的鹅中有20%是公鹅。求公鹅的迁徙率和母鹅的迁徙率的比例是多少？

$\left(\text{某一性别的鹅的迁徙率} = \dfrac{\text{该性别的迁徙的鹅的数量}}{\text{该性别的鹅的总数}}\right)$

思路 设迁徙的鹅的数量是 x，

	Male	Female	
Migrating	$20\%x$	$80\%x$	x
Not Migrating			
	30%	70%	100%

公鹅占30%，则母鹅占 $100\% - 30\% = 70\%$。

则迁徙的公鹅是 $20\%x$，迁徙的母鹅是 $x - 20\%x = 80\%x$。

the migration rate for the male geese $= \dfrac{20\%x}{30\%}$,

the migration rate for the female geese $= \dfrac{80\%x}{70\%}$,

所以，ratio $= \dfrac{20\%x}{30\%} \div \dfrac{80\%x}{70\%} = \dfrac{20\%x}{30\%} \times \dfrac{70\%}{80\%x} = \dfrac{7}{12}$。

答案 B

2. 一个小区里有1500个男人。其中有大学文凭的是800人，年龄>65岁的是550人。在这些男人中，既有大学文凭年龄又在65岁以下的有450人。问年龄大于65岁且没有大学文凭的男人在小区男人的总数中占多少比例？

思路

男人	有大学文凭	没有大学文凭	
>65	$800-450=350$	?	550
$\leqslant 65$	450		
	800		1500

求得年龄 >65 岁且有大学文凭的男人有 $800-450=350$（人），

年龄 >65 岁且没有大学文凭的男人有 $550-350=200$（人），

比例是$\frac{200}{1500}=\frac{2}{15}$。

答案 $\frac{2}{15}$

第三节
排列组合

基本词汇

combination 组合　　permutation 排列　　probability/possibility 概率

1. “可能性” 和 “概率”

“可能性”指的是符合条件的事情的发生共有多少种可能，它的结果是正整数。

“概率”指的是符合条件的事情的可能性÷没有限定条件的情况下总的可能性，它的结果是0~1之间的分数。

例如：0~9中共有10个整数，从中选取一个数值，这个数值刚好是偶数。

可能性是5（有0，2，4，6，8五个偶数，所以有5种可能）；

概率是$\frac{5}{10}=\frac{1}{2}$（偶数有5种可能，而总共有10种可能，所以偶数的可能性÷总的可能性=偶数的概率）。

2. “组合” 和 “排列”

组合：

从m个元素中，抽取n个元素。“组合”指的是单纯的抽选！

比如：在某电影节评审工作中，从电影库的10部电影中抽取3部电影进行审核，问审核的3部电影有多少种可能？

这就是典型的组合问题，只要审核的是A，B，C三部电影，不管先看哪一部，都没有区别。

组合习惯用C（combination）来表示，组合的公式如下：

$$C_m^n=\frac{m!}{n!\,(m-n)!}$$

只不过在具体运算中，组合的公式可以进行化简。比如$C_{10}^3=\frac{10!}{3!\,(10-3)!}=\frac{10!}{3!\,7!}=$

$\frac{10 \times 9 \times 8}{3 \times 2 \times 1} = 120$。

排列：

从 m 个元素中，抽取 n 个元素，并且对这 n 个元素进行排序。“排列”指的是抽选后再排序！

比如：在某电影节评审工作中，从电影库的10部电影中抽取3部电影进行审核，并且评选出谁是第一谁是第二，问评选结果有多少种可能？

这就是典型的排列问题，审核的是A，B，C三部电影，但是把谁排第一把谁排第二是完全不同的结果，因为名次本身就代表了顺序。

排列用P（permutation）或A（arrangement）来表示都可以（高中阶段不同省份的教材用的单词不一样，但在GMAT考试中随意用哪个字母表示都行），排列的公式如下：

$$P_m^n \text{ 或 } A_m^n = \frac{m!}{(m-n)!}$$

因为前面说了：“排列”指的是抽选后再排序，所以 $P_m^n = C_m^n \times P_n^n$（先从 m 个元素中抽取出 n 个元素，再对这 n 个元素进行排序）。

只不过在具体运算中，排列的公式可以进行化简。比如 $P_{10}^3 = \frac{10!}{(10-3)!} = \frac{10!}{7!} = 10 \times 9 \times 8 = 720$。

3.“加减运算”和“乘除运算”

我们在解决排列组合的问题时，难免会碰到需要分类讨论的情况。只不过分类讨论的结果之间，到底是进行加减运算还是进行乘除运算呢？

初高中老师经常告诉我们：如果分类讨论的情况，属于整个事情的一个分类，那么进行加减运算；如果分类讨论的情况，属于整个事情的一个步骤，那么进行乘除运算。

听起来非常抽象，我们来举个例子：

（1）今天逛街买了3件上衣、4条裤子、5双鞋，问一共买了多少件衣物？

单独一件上衣算衣物，单独一条裤子也算衣物，上衣、裤子和鞋子单独都可以直接和一件衣物画等号，所以就是 $3+4+5=12$ 件衣物。

（2）今天逛街买了3件上衣、4条裤子、5双鞋，问一共能构成多少套搭配？

单独一件上衣不算一套搭配，单独一条裤子也不算一套搭配，上衣、裤子和鞋子单独不能和一套衣物直接画等号，上衣、裤子、鞋组合在一起才算一套搭配，所以是 $3 \times 4 \times 5 = 60$ 套搭配。

所以，我们这么概括：

分类讨论的情况和整个事情可以直接画等号，进行加减运算；

分类讨论的情况和整个事情不能画等号，合在一起才等于这件事情，进行乘除运算。

“排列组合”这一知识点在 GMAT 中有 8 个考点：

（1）直接代公式

（2）分组抽选

（3）依次讨论

（4）正难则反

（5）捆绑问题

（6）重复元素问题

（7）逆推问题

（8）圆桌排列问题

这 8 个考点如何考查，我们分别来介绍。

考点 1　直接代公式

先读题目，判断题目描述的是组合问题还是排列问题，然后将数据代入组合或排列的公式中，进行计算即可。

John has 5 friends who want to ride in his new car that can accommodate only 3 passengers at a time. How many different combinations of 3 passengers can be formed from the 5 friends?

(A) 3　　(B) 8　　(C) 10　　(D) 15　　(E) 20

翻译 约翰有 5 名朋友想要坐他的新车，但是约翰的车只能容纳 3 名乘客。问约翰的 5 名朋友中抽出来的 3 名乘客有多少种不同的组合?

思路 从 5 名朋友中抽出 3 个人，只要是 A，B，C 三名朋友即可，不管是谁先上车谁后上车，他们如何坐，都是同样的三个人。所以是组合问题，不涉及顺序。

$C_5^3=\frac{5!}{3!(5-3)!}=\frac{5!}{3!2!}=\frac{5\times4}{2\times1}=10$。

答案 C

例题 02.

A certain club has 20 members. What is the ratio of the number of 5-member committees that can be formed from the members of the club to the number of 4-member committees that can be formed from the members of the club?

(A) 16 to 1 (B) 15 to 1 (C) 16 to 5 (D) 15 to 6 (E) 5 to 4

翻译 一家俱乐部有 20 名成员。求俱乐部成员中能够形成的 5 人委员会的数量和能够形成的 4 人委员会的数量的比率是多少?

注：the ratio of A to B 是固定搭配，指的是 A:B。

思路 从 20 名成员中抽出来 5 个人，构成一个委员会，很明显是组合问题，不涉及顺序。

所以 5 人委员会的数量是 C_{20}^{5}，4 人委员会的数量是 C_{20}^{4}。

$$C_{20}^{5}:C_{20}^{4}=\frac{20!}{5!\ 15!}:\frac{20!}{4!\ 16!}=\frac{20!}{5!\ 15!}\times\frac{4!\ 16!}{20!}=\frac{16}{5}$$

答案 C

例题 03.

If a code word is defined to be a sequence of different letters chosen from the 10 letters A, B, C, D, E, F, G, H, I, and J, what is the ratio of the number of 5-letter code words to the number of 4-letter code words?

(A) 5 to 4 (B) 3 to 2 (C) 2 to 1 (D) 5 to 1 (E) 6 to 1

翻译 如果一个号码指的是从 A ~ J 10 个字母中挑选不同的字母所构成的序列，问 5 位数号码的数量和 4 位数号码的数量的比率是多少?

思路 比如：我们在用电脑、手机、银行卡时所输入的密码：1234 和 4321 明显是两个完全不同的密码。同样的数字，顺序不同，得到的号码就完全不一样，说明号码本身是有顺序要求的。

所以我们生活中的号码问题一定是排列。

5 位数号码的数量是 P_{10}^{5}，4 位数号码的数量是 P_{10}^{4}。

$$P_{10}^{5}:P_{10}^{4}=\frac{10!}{5!}:\frac{10!}{6!}=\frac{10!}{5!}\times\frac{6!}{10!}=\frac{6}{1}=6:1$$

答案 E

练　习

1. 一个圆上均匀分布了10个点，从这十个点中取六个点，可以组成多少个六边形?

2. A company has assigned a distinct 3-digit code number to each of its 330 employees. Each code number was formed from the digits: 2, 3, 4, 5, 6, 7, 8, 9 and no digit appears more than once in any one code number. How many unassigned code numbers are there?

(A) 6

(B) 58

(C) 174

(D) 182

(E) 399

答案及解析

1. 一个圆上均匀分布了10个点，从这十个点中取六个点，可以组成多少个六边形？

思路 $C_{10}^{6}=\frac{10!}{6!\ (10-6)!}=\frac{10!}{6!\ 4!}=\frac{10\times9\times8\times7}{4\times3\times2\times1}=210$。

2. A company has assigned a distinct 3-digit code number to each of its 330 employees. Each code number was formed from the digits: 2, 3, 4, 5, 6, 7, 8, 9 and no digit appears more than once in any one code number. How many unassigned code numbers are there?

(A) 6 (B) 58 (C) 174 (D) 182 (E) 399

翻译 一家公司要给它的330名员工每人发一个三位数号码。三位数号码是从2~9中抽取数字所构成，且任何号码中三位数都不重复。问这家公司没发出去的号码有多少个？

思路 号码问题一定是排列。

从2~9中抽取3个数字构成一串号码，总的可能性是 $P_{8}^{3}=\frac{8!}{5!}=8\times7\times6=336$（个）。

给330名员工每人发一个三位数号码，即发出去了330个，

所以未发出去的号码有 $336-330=6$（个）。

答案 A

考点2 分组抽选

“分组抽选”和普通的“直接抽选”有什么区别呢？我们来看两个例子。

例1：一个班级里有8个学生，从中抽4个学生，问有多少种可能？

C_8^4 种可能。

例2：一个班级里有8个学生，4女4男。从中抽4个学生，刚好是2女2男，问有多少种可能？

答案就不是 C_8^4 了。

从4名女生中抽2名女生，有 C_4^2 种可能；从4名男生中抽2名男生，有 C_4^2 种可能。

2名女生+2名男生，一起才能构成4个学生，所以中间用乘法连接，

共有 $C_4^2 \times C_4^2$ 种可能。

“分组抽选”指的是将数据分成不同的组，从A组抽取几个元素，从B组抽取几个元素。从每个分组抽取特定数量的元素然后构成一个整体。

文字应用题 249

A certain company employs 6 senior officers and 4 junior officers. If a committee is to be created that is made up of 3 senior officers and 1 junior officer, how many different committees are possible?

(A) 8 (B) 24 (C) 58 (D) 80 (E) 210

翻译 一家公司雇用了6名高级员工和4名初级员工。如果一个委员会由3名高级员工和1名初级员工所构成，请问能组成多少个不同的委员会？

思路 从6名高级员工中抽3名，有 C_6^3 种可能；从4名初级员工中抽1名，有 C_4^1 种可能。

3名高级员工+1名初级员工，一起才能构成委员会，所以中间用乘法连接，

共有 $C_6^3 \times C_4^1$ 种可能。

$C_6^3 \times C_4^1 = 20 \times 4 = 80$。

答案 D

A certain university will select 1 of 7 candidates eligible to fill a position in the mathematics department and 2 of 10 candidates eligible to fill 2 identical positions in the computer science department. If none of the candidates is eligible for a position in both departments, how many different sets of 3 candidates are there to fill the 3 positions?

(A) 42 (B) 70 (C) 140 (D) 165 (E) 315

翻译 一个大学从7名候选人中挑出1名去数学系教数学，从10名候选人中挑出2名去计算机系教计算机。如果没有候选人同时符合两个系的资格，问填补这3个工作岗位的3名候选人有几种组合?

思路 从7名候选人中抽1名，有C_7^1种可能；从10名候选人中抽2名，有C_{10}^2种可能。

1名数学候选人+2名计算机候选人，一起才能构成3名候选人，所以中间用乘法连接，

共有$C_7^1 \times C_{10}^2$种可能。

$C_7^1 \times C_{10}^2 = 7 \times 45 = 315$

答案 E

A certain restaurant offers 6 kinds of cheese and 2 kinds of fruit for its dessert platter. If each dessert platter contains an equal number of kinds of cheese and kinds of fruit, how many different dessert platters could the restaurant offer?

(A) 8 (B) 12 (C) 15 (D) 21 (E) 27

翻译 一家餐厅提供6种奶酪和2种水果来制作甜点。如果一道甜点由相同数量的奶酪和水果所构成，问这家餐厅能够提供多少道不同的甜点?

思路 相同数量的奶酪和水果能做成一道甜点，有两种可能：

可能性1：1种奶酪和1种水果

C_6^1（6种奶酪中抽出1种）$\times C_2^1$（2种水果中抽出1种）$=12$。

可能性2：2种奶酪和2种水果

C_6^2（6种奶酪中抽出2种）$\times C_2^2$（2种水果中抽出2种）$=15$。

共有$12+15=27$种可能。

答案 E

练 习

1. There are 11 women and 9 men in a certain club. If the club is to select a committee of 2 women and 2 men, how many different such committees are possible?

(A) 120 (B) 720 (C) 1,060 (D) 1,520 (E) 1,980

2. An analyst will recommend a combination of 3 industrial stocks, 2 transportation stocks, and 2 utility stocks. If the analyst can choose from 5 industrial stocks, 4 transportation stocks, and 3 utility stocks, how many different combinations of 7 stocks are possible?

(A) 12 (B) 19 (C) 60 (D) 180 (E) 720

3. From a group of 3 boys and 3 girls, 4 children are to be randomly selected. What is the probability that equal numbers of boys and girls will be selected?

(A) $\frac{1}{10}$ (B) $\frac{4}{9}$ (C) $\frac{1}{2}$ (D) $\frac{3}{5}$ (E) $\frac{2}{3}$

4. If we select two integers from the positive integers from 13 to 27, inclusive, what is the probability that neither of them is prime number?

5. The buyer of a new home must choose 2 of 4 types of flooring and 2 of 6 paint colors. How many different combinations of type of flooring and paint color are available to the home buyer?

(A) 4 (B) 24 (C) 48 (D) 90 (E) 96

6. The membership of a committee consists of 3 English teachers, 4 Mathematics teachers, and 2 Social Studies teachers. If 2 committee members are to be selected at random to write the committee's report, what is the probability that the two members selected will both be English teachers?

(A) $\frac{2}{3}$ (B) $\frac{1}{3}$ (C) $\frac{2}{9}$ (D) $\frac{1}{12}$ (E) $\frac{1}{24}$

答案及解析

1. There are 11 women and 9 men in a certain club. If the club is to select a committee of 2 women and 2 men, how many different such committees are possible?

(A) 120 (B) 720 (C) 1,060 (D) 1,520 (E) 1,980

思路 从11名女性中抽2名，有C_{11}^2种可能；从9名男性中抽2名，有C_9^2种可能。

$C_{11}^2 \times C_9^2 = 55 \times 36 = 1\,980$。

答案 E

2. An analyst will recommend a combination of 3 industrial stocks, 2 transportation stocks, and 2 utility stocks. If the analyst can choose from 5 industrial stocks, 4 transportation stocks, and 3 utility stocks, how many different combinations of 7 stocks are possible?

(A) 12 (B) 19 (C) 60 (D) 180 (E) 720

思路 从5只工业领域的股票中抽3只，有C_5^3种可能；从4只交通领域的股票中抽2只，有C_4^2种可能；从3只公共事业领域的股票中抽2只，有C_3^2种可能。

$C_5^3 \times C_4^2 \times C_3^2 = 10 \times 6 \times 3 = 180$。

答案 D

3. From a group of 3 boys and 3 girls, 4 children are to be randomly selected. What is the probability that equal numbers of boys and girls will be selected?

(A) $\frac{1}{10}$ (B) $\frac{4}{9}$ (C) $\frac{1}{2}$ (D) $\frac{3}{5}$ (E) $\frac{2}{3}$

思路 从6个人里抽4个人，且男孩、女孩数量一样，说明肯定是男孩2名、女孩2名。

从3名男孩中抽2名，有C_3^2种可能；从3名女孩中抽2名，有C_3^2种可能。

所以抽到2名男孩2名女孩的可能性为：$C_3^2 \times C_3^2 = 3 \times 3 = 9$，

从6个人中抽4个人总的可能性为：$C_6^4 = 15$，

所以概率$= \frac{9}{15} = \frac{3}{5}$。

答案 D

4. If we select two integers from the positive integers from 13 to 27, inclusive, what is the probability that neither of them is prime number?

翻译 如果我们从 13 ~ 27 的整数中抽出 2 个整数，这两个整数都不是质数的概率是多少?

思路 13 ~ 27 中总有 15 个数，其中有 4 个质数（13，17，19，23），有 11 个合数。

两个整数都不是质数，即两个整数都是合数。

从合数中抽取 2 个数，可能性是 $C_{11}^{2}=55$，

而从 15 个数中抽 2 个数，总的可能性是 $C_{15}^{2}=105$，

概率 $=\frac{55}{105}=\frac{11}{21}$。

答案 $\frac{11}{21}$

5. The buyer of a new home must choose 2 of 4 types of flooring and 2 of 6 paint colors. How many different combinations of type of flooring and paint color are available to the home buyer?

(A) 4　　(B) 24　　(C) 48　　(D) 90　　(E) 96

思路 $C_{4}^{2}\times C_{6}^{2}=6\times 15=90$。

答案 D

6. The membership of a committee consists of 3 English teachers, 4 Mathematics teachers, and 2 Social Studies teachers. If 2 committee members are to be selected at random to write the committee's report, what is the probability that the two members selected will both be English teachers?

(A) $\frac{2}{3}$　　(B) $\frac{1}{3}$　　(C) $\frac{2}{9}$　　(D) $\frac{1}{12}$　　(E) $\frac{1}{24}$

思路 挑到的 2 名会员都是英语老师，可能性是：$C_{3}^{2}=3$。

从 $3+4+2=9$ 名会员中，随机挑选 2 名会员，总的可能性是：$C_{9}^{2}=36$，

所以概率是：$\frac{3}{36}=\frac{1}{12}$。

答案 D

考点3 依次讨论

“依次讨论”问题适用于两种情况：(1) 号码问题 (2) 依次抽选问题。

1. 号码问题

咱们在前面已经说过，号码问题是有顺序的，一定是排列问题。

比如说：从0~9中同时抽取4个数字构成一个号码，结果就是P_{10}^{4}。

但是如果我们换个问法：从0~9中同时抽取4个数字构成一个号码，要求千位不能是0，个位必须是偶数，结果还是P_{10}^{4}吗？很明显就不是了。

我们再换个问法：从0~9中抽取4个数字构成一个号码，要求各个数位之间允许重复，结果还是P_{10}^{4}吗？很明显就不是了。(因为不管是排列还是组合，都针对同时抽选的问题，既然是同时抽选，不是“抽回再放回”，肯定是不可能重复的。)

号码问题是排列问题，但是如果涉及限制条件或者允许重复，不能直接使用P_{m}^{n}的公式来做，比较好的方法是：直接罗列各个数位分别有几种选择，拿各个数位相乘，得到的结果就是总的可能性。

原则：特殊元素，优先处理；特殊位置，优先考虑。

例题

某地的车牌有4个符号，第一个是字母E，第二个是26个字母中任意一个，第三、四个是0~9中任意一个数字，皆可重复，求所有可能的车牌号的数量是多少？

思路 第一个位置只能是E，1种可能；

第二个位置有26种可能；

第三个位置是从0~9中选，有10种可能；

第四个位置是从0~9中选，第三个位置选过的还是可以再选一次，也有10种可能。

所以总的可能性是$1\times26\times10\times10=2\,600$。

答案 2600

2. 依次抽选问题

“依次抽选”和普通的抽选有什么区别呢？我们举个例子。

例1：一个班级里有8个学生，4女4男。从中抽4个学生，刚好是2女2男，问概率是多少？

从4名女生中抽2名女生，有 C_4^2 种可能；从4名男生中抽2名男生，有 C_4^2 种可能。
2名女生+2名男生，一起才能构成4个学生，所以中间用乘法连接，
共有 $C_4^2 \times C_4^2$ 种可能。
从8个学生中抽4名学生，总的可能是 C_8^4。
所以概率是 $\frac{C_4^2 \times C_4^2}{C_8^4}$。

例2：一个班级里有8个学生，4女4男。从中抽4个学生，要求一次只能抽一个，前两次是女生后两次是男生的概率是多少？
答案还是 $\frac{C_4^2 \times C_4^2}{C_8^4}$ 吗？当然不是了。
2女2男不涉及顺序的问题，不管是男男女女、男女男女、女男女男、女女男男……都属于2女2男；
但是前两次是女生后两次是男生，就涉及顺序的问题。

所以，只要题目中出现了“one at a time”（一次只能抽一个）或者是“each time”（依次来抽）这两个标志词，这个题目就属于依次抽选问题。依次抽选问题不适合直接使用 C_m^n 或 P_m^n 的公式来做，比较好的方法是：直接罗列各次分别的概率，拿各次的概率相乘，得到的结果就是总的概率。

比如说，以刚刚的例2为例：

第1次是女生，8名学生中有4个女生，概率是 $\frac{4}{8}$；

第2次是女生，剩下的7名学生中有3个女生，概率是 $\frac{3}{7}$；

第3次是男生，剩下的6名学生中有4个男生，概率是 $\frac{4}{6}$；

第4次是男生，剩下的5名学生中有3个男生，概率是 $\frac{3}{5}$。

所以总的概率是 $\frac{4}{8} \times \frac{3}{7} \times \frac{4}{6} \times \frac{3}{5} = \frac{3}{35}$。

把 begin 这个单词中的字母重新排列，以元音开头的情况有多少种？

思路 5个字母中，e 和 i 是元音，所以第1个位置有2种选择；
第2个位置：第一位选过的，不能再选，所以还有4种选择；
第3个位置：前两位选过的，不能再选，所以还有3种选择；
第4个位置：前三位选过的，不能再选，所以还有2种选择；

第 5 个位置：前四位选过的，不能再选，所以还有 1 种选择。

$2 \times 4 \times 3 \times 2 \times 1 = 48$

答案 48

A certain stock exchange designates each stock with a one-, two-, or three-letter code, where each letter is selected from the 26 letters of the alphabet. If the letters may be repeated and if the same letters used in a different order constitute a different code, how many different stocks is it possible to uniquely designate with these codes?

(A) 2,951 (B) 8,125 (C) 15,600 (D) 16,302 (E) 18,278

翻译 一个股票交易中心给每只股票起一个一位数、两位数或三位数的编码，编码中的字母都是由字母表中的 26 个字母构成的。如果字母可以重复，并且同样的字母顺序不同，就属于不同的编码，那么请问总共能有多少个不同的编码呢？

思路 因为题目第一句话说了：编码可以是一位数、两位数或三位数，所以有三种可能性。

一位数：有 26 种选择；

两位数：有 26×26 种选择；

三位数：有 $26 \times 26 \times 26$ 种选择。

把上面三种情况汇总起来，总的可能性 $= 26 + 26 \times 26 + 26 \times 26 \times 26 = 18\,278$。

答案 E

A company plans to assign identification numbers to its employees. Each number is to consist of four different digits from 0 to 9, inclusive, except that the first digit cannot be 0. How many different identification numbers are possible?

(A) 3,024 (B) 4,536 (C) 5,040 (D) 9,000 (E) 10,000

翻译 一家公司要给自己的员工发放员工号码。每一个员工号码都是由从 0 ~ 9 中选 4 个不同的数字构成的，但是第 1 位数不能是 0。问能有多少个不同的号码？

思路 0 ~ 9 共有 10 个数字，

第 1 位：不能是 0，所以有 $10 - 1 = 9$ 种选择；

第 2 位：因为要求 different digits，所以第 1 位选过的，不能再选，还有 9 种选择；

第 3 位：前两位选过的，不能再选，所以还有 8 种选择；

第 4 位：前三位选过的，不能再选，所以还有 7 种选择。

$9\times9\times8\times7=4\,536$。

答案 B

A jar contains 16 marbles, of which 4 are red, 3 are blue, and the rest are yellow. If 2 marbles are to be selected at random from the jar, one at a time without being replaced, what is the probability that the first marble selected will be red and the second marble selected will be blue?

(A) $\frac{3}{64}$　　(B) $\frac{1}{20}$　　(C) $\frac{1}{16}$　　(D) $\frac{1}{12}$　　(E) $\frac{1}{8}$

翻译 一个罐子中有 16 个小球，其中有 4 个红色，3 个蓝色，其余的都是黄色。从罐子中随机抽选 2 个小球，一次只抽一个球，并且不放回。问抽到的第 1 个球是红色、第 2 个球是蓝色的概率是多少？

思路 出现了 one at a time 这一标志词，说明是“依次抽选”问题。

第 1 次是红球，16 个小球中有 4 个红球，概率是$\frac{4}{16}$；

第 2 次是蓝球，剩下的 15 个小球中有 3 个蓝球，概率是$\frac{3}{15}$。

所以，总的概率是$\frac{4}{16}\times\frac{3}{15}=\frac{1}{20}$。

答案 B

A gardener is going to plant 2 red rosebushes and 2 white rosebushes. If the gardener is to select each of the bushes at random, one at a time, and plant them in a row, what is the probability that the 2 rosebushes in the middle of the row will be the red rosebushes?

(A) $\frac{1}{12}$　　(B) $\frac{1}{6}$　　(C) $\frac{1}{5}$　　(D) $\frac{1}{3}$　　(E) $\frac{1}{2}$

翻译 一个花农打算种 2 盆红花和 2 盆白花。如果这个花农从花中一次挑选一盆，种成一排，问中间两盆是红花的概率是多少？

思路 出现了 one at a time 这一标志词，说明是“依次抽选”问题。

总共种 4 盆花，中间两盆是红花，意味着旁边两盆是白花。

第 1 盆是白花，4 盆花中有 2 盆白花，概率是$\frac{2}{4}$；

第 2 盆是红花，剩下 3 盆花中有 2 盆红花，概率是$\frac{2}{3}$；

第 3 盆是红花，剩下 2 盆花中有 1 盆红花，概率是$\frac{1}{2}$；

第 4 盆是白花，剩下 1 盆花中有 1 盆白花，概率是$\frac{1}{1}$。

所以，总的概率是$\frac{2}{4}\times\frac{2}{3}\times\frac{1}{2}\times\frac{1}{1}=\frac{1}{6}$。

答案 B

练 习

1. How many 4-digit positive integers are there in which all 4 digits are even?

(A) 625 (B) 600 (C) 500 (D) 400 (E) 256

2. A certain roller coaster has 3 cars, and a passenger is equally likely to ride in any 1 of the 3 cars each time that passenger rides the roller coaster. If a certain passenger is to ride the roller coaster 3 times, what is the probability that the passenger will ride in each of the 3 cars?

(A) 0 (B) $\frac{1}{9}$ (C) $\frac{2}{9}$ (D) $\frac{1}{3}$ (E) 1

3. 一个大于2 000 的四位偶数，每个数位都是从 {1, 2, 3, 4} 里选的，不能重复，问能有多少个这样的数?

4. When tossed, a certain coin has equal probability of landing on either side. If the coin is tossed 3 times, what is the probability that it will land on the same side each time?

(A) $\frac{1}{8}$ (B) $\frac{1}{4}$ (C) $\frac{1}{3}$ (D) $\frac{3}{8}$ (E) $\frac{1}{2}$

5. A three-digit code for certain logs uses the digits 0, 1, 2, 3, 4, 5, 6, 7, 8, 9 according to the following constraints. The first digit cannot be 0 or 1, the second digit must be 0 or 1, and the second and third digits cannot both be 0 in the same code. How many different codes are possible?

(A) 144 (B) 152 (C) 160 (D) 168 (E) 176

6. If a certain coin is flipped, the probability that the coin will land heads up is $\frac{1}{2}$. If the coin is flipped 5 times, what is the probability that it will land heads up on the first 3 flips and not on the last 2 flips?

(A) $\frac{3}{5}$ (B) $\frac{1}{2}$ (C) $\frac{1}{5}$ (D) $\frac{1}{8}$ (E) $\frac{1}{32}$

答案及解析

1. How many 4-digit positive integers are there in which all 4 digits are even?

(A) 625 (B) 600 (C) 500 (D) 400 (E) 256

思路 任何数位的取值范围只能是 0 ~ 9，其中偶数有 0，2，4，6，8。

第一个数的可能性：因为整数的首位不能是 0，否则整数没有意义，所以有 4 种可能；

第二个数的可能性：5 种；

第三个数的可能性：5 种；

第四个数的可能性：5 种。

总共的可能性：$4 \times 5 \times 5 \times 5 = 500$。

答案 C

2. A certain roller coaster has 3 cars, and a passenger is equally likely to ride in any 1 of the 3 cars each time that passenger rides the roller coaster. If a certain passenger is to ride the roller coaster 3 times, what is the probability that the passenger will ride in each of the 3 cars?

(A) 0 (B) $\frac{1}{9}$ (C) $\frac{2}{9}$ (D) $\frac{1}{3}$ (E) 1

翻译 一个过山车有 3 节车厢，乘客每一次坐过山车，都是从 3 节车厢中选一节车厢去坐。如果一名乘客连坐了三次过山车，请问这名乘客把每一节车厢都坐了一遍的概率是多少?

思路 出现了 each time 这一标志词，说明是“依次抽选”问题。

假设过山车的三节车厢分别是：A，B，C。

连坐三次过山车，把每一节车厢都坐了一遍，就是说 A，B，C 各坐了一次。

第一次坐：共有三节车厢，A，B，C 坐哪一节车厢都可以，概率是$\frac{3}{3}$；

第二次坐：共有三节车厢，第一次坐过的不能再坐，概率是$\frac{2}{3}$；

第三次坐：共有三节车厢，前两次坐过的不能再坐，概率是$\frac{1}{3}$。

所以，总的概率是$\frac{3}{3} \times \frac{2}{3} \times \frac{1}{3} = \frac{2}{9}$。

答案 C

3. 一个大于2 000的四位偶数，每个数位都是从{1，2，3，4}里选的，不能重复，问能有多少个这样的数？

思路 第四位有2种选择（只能是2或4）；

第一位不能是1，也不能和最后一位重复，有2种选择；

第二位不能和第一位、第四位重复，有2种选择；

第三位不能和第一位、第二位、第四位重复，只有1种选择。

所以，共有$2\times2\times1\times2=8$个符合条件的四位偶数。

答案 8

4. When tossed, a certain coin has equal probability of landing on either side. If the coin is tossed 3 times, what is the probability that it will land on the same side each time?

(A) $\frac{1}{8}$　(B) $\frac{1}{4}$　(C) $\frac{1}{3}$　(D) $\frac{3}{8}$　(E) $\frac{1}{2}$

翻译 抛一枚硬币，这枚硬币正面朝上和反面朝上的概率是相等的。如果连抛3次这枚硬币，问每一次都是相同一面朝上的概率是多少？

思路 硬币就两面，正面朝上和反面朝上的概率都是$\frac{1}{2}$。

可能性1：3次都是正面朝上，$\frac{1}{2}\times\frac{1}{2}\times\frac{1}{2}=\frac{1}{8}$；

可能性2：3次都是反面朝上，$\frac{1}{2}\times\frac{1}{2}\times\frac{1}{2}=\frac{1}{8}$。

所以，总的概率$=\frac{1}{8}+\frac{1}{8}=\frac{1}{4}$。

答案 B

5. A three-digit code for certain logs uses the digits 0, 1, 2, 3, 4, 5, 6, 7, 8, 9 according to the following constraints. The first digit cannot be 0 or 1, the second digit must be 0 or 1, and the second and third digits cannot both be 0 in the same code. How many different codes are possible?

(A) 144　(B) 152　(C) 160　(D) 168　(E) 176

翻译 一个三位数号码由0~9中的数字构成，不过遵循以下规则：第一位不能是0或1，第二位必须是0或1，第二位和第三位不能都是0。问有多少种不同的号码？

思路 第一位有8种可能；

第二位有2种可能；

第三位的可能性：10 种或 9 种（取决于第二位的数值是否为 0）。

因为第二位和第三位不能都是 0，所以如果第二位是 1 的话，可能性就是 $8\times1\times10=80$；

如果第二位是 0 的话，可能性就是 $8\times1\times9=72$。

所以，总的可能性 $=80+72=152$。

答案 B

6. If a certain coin is flipped, the probability that the coin will land heads up is $\frac{1}{2}$. If the coin is flipped 5 times, what is the probability that it will land heads up on the first 3 flips and not on the last 2 flips?

(A) $\frac{3}{5}$　(B) $\frac{1}{2}$　(C) $\frac{1}{5}$　(D) $\frac{1}{8}$　(E) $\frac{1}{32}$

翻译 抛一枚硬币，这枚硬币正面朝上的概率是 $\frac{1}{2}$。如果将这枚硬币连抛 5 次，问前 3 次是正面朝上、后 2 次不是正面朝上的概率是多少？

思路 硬币就两面，正面朝上和反面朝上的概率都是 $\frac{1}{2}$。

$\frac{1}{2}\times\frac{1}{2}\times\frac{1}{2}\times\frac{1}{2}\times\frac{1}{2}=\frac{1}{32}$。

答案 E

考点4 正难则反

“正难则反”指的是正常解决一个问题非常麻烦，可以反过来思考。

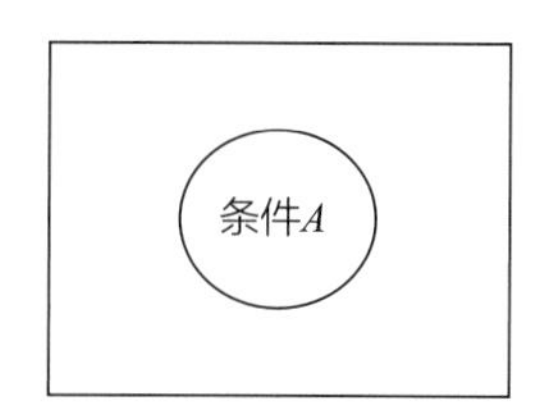

题目中让我们求条件 A 发生的可能性，我们可以先求总的可能性，然后求出与条件 A 完全相反的情况，则 A 的可能性 = 总的可能性 − 非 A 的可能性。

举个例子：

一个班级里有8个学生，4女4男。从中抽4个学生，至少有一个男生，问有多少种可能？

4个学生中至少有一个男生，可能是：3女1男；2女2男；1女3男；4男。所以如果正着做，需要分类讨论四种情况，再汇总：$C_4^3 \times C_4^1 + C_4^2 \times C_4^2 + C_4^1 \times C_4^3 + C_4^4 = 69$。

但我们不想这么麻烦，所以可以采用正难则反的方法来求解。

从8个学生中抽4个学生，总的可能性是 C_8^4。

“抽4个学生，至少有一个男生”反过来是“抽4个学生，根本没有男生”，指的就是4个学生全是女生，可能性是 C_4^4。

抽4个学生，至少有一个男生的可能性 = 总的可能性 − 4个学生全是女生的可能性 $= C_8^4 - C_4^4 = 69$。

我们可以发现，正着分类讨论的结果和正难则反的结果是完全相等的。

一般情况下，题目中如果中出现了“not/cannot”“at least one”这两个标志词，都可以用正难则反来解决。

“at least one 至少有一个”反过来是“一个都没有”，“not/cannot 不能……”反过来是“偏偏……”。

例题 01.

A certain law firm consists of 4 senior partners and 6 junior partners. How many different groups of 3 partners can be formed in which at least one member of the group is a senior partner? (Two groups are considered different if at least one group member is different.)

(A) 48　　(B) 100　　(C) 120　　(D) 288　　(E) 600

翻译 一家律师事务所由4名高级合伙人和6名初级合伙人所构成。选3名合伙人构成一个团队，且团队中至少有一名高级合伙人，有多少种可能？

思路 题目中出现了 at least one 这一标志词，可以利用“正难则反”来做。

“3 名合伙人中至少有一个高级合伙人”的可能性 = 总的可能性 - “3 名合伙人中没有高级合伙人”的可能性。

总的可能性是 10 名合伙人中随机抽 3 名：C_{10}^{3}，

3 名合伙人中没有高级合伙人（就是 3 名合伙人都是初级合伙人）的可能性是：C_{6}^{3}，

所以，3 名合伙人中至少有一个高级合伙人的可能性 $= C_{10}^{3} - C_{6}^{3} = 120 - 20 = 100$。

答案 B

例题 02.

There are 8 magazines lying on a table; 4 are fashion magazines and the other 4 are sports magazines. If 3 magazines are to be selected at random from the 8 magazines, what is the probability that at least one of the fashion magazines will be selected?

(A) $\frac{1}{2}$ (B) $\frac{2}{3}$ (C) $\frac{32}{35}$ (D) $\frac{11}{12}$ (E) $\frac{13}{14}$

翻译 桌子上有 8 本杂志，其中 4 本是时尚杂志，4 本是体育杂志。从这 8 本杂志中随机抽选 3 本杂志，至少有一本是时尚杂志的概率是多少？

思路 题目中出现了 at least one 这一标志词，可以利用“正难则反”来做。

“3 本杂志至少有一本是时尚杂志”的可能性 = 总的可能性 - “3 本杂志都不是时尚杂志”的可能性。

总的可能性是 8 本书中抽 3 本：$C_{8}^{3} = 56$，

3 本杂志中没有时尚杂志（全是体育杂志）的可能性：$C_{4}^{3} = 4$，

所以，抽到的 3 本杂志至少有一本是时尚杂志的可能性：$56 - 4 = 52$。

“3 本杂志至少有一本是时尚杂志”的概率 = 符合条件的可能性 ÷ 总的可能性 = $\frac{52}{56} = \frac{13}{14}$

答案 E

例题 03.

正方体选三条边涂色，选择的三条边不能相交于同一点，有几种涂法？

思路 题目中出现了“不能”，可以利用“正难则反”来做。

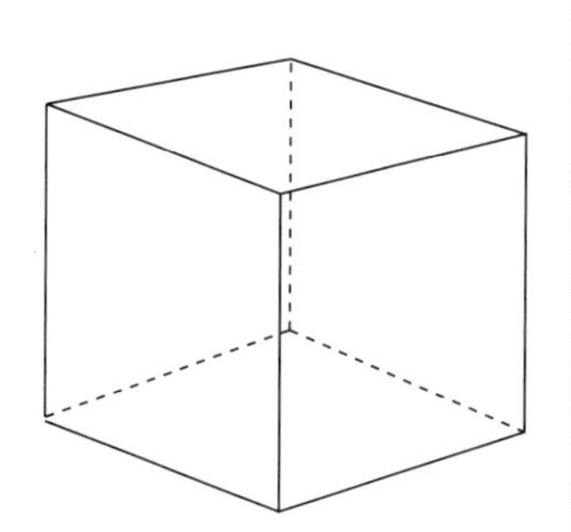

“选择的 3 条边不能相交于同一点”的可能性 = 总的可能性 − “选择的 3 条边相交于同一点”的可能性。

正方体总共有 12 条边，从中选 3 条边，总的可能性：$C_{12}^{3}=220$。

正方体中 3 条边相交于同一点指的就是顶点处，正方体有 8 个顶点，所以选的 3 条边相交于同一点的可能性有 8 种（每一个顶点对应的是 3 边相交），

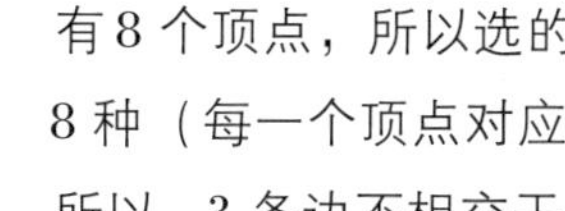

所以，3 条边不相交于一点的可能性 $=220-8=212$。

答案 212

练 习

1. There are 8 books on a shelf, of which 2 are paperbacks and 6 are hardbacks. How many possible selections of 4 books from this self include at least one paperback?

(A) 40 (B) 45 (C) 50 (D) 55 (E) 60

2. A shipment of 8 television sets contains 2 black-and-white sets and 6 color sets. If 2 television sets are to be chosen at random from this shipment, what is the probability that at least 1 of the 2 sets chosen will be a black-and-white set?

(A) $\frac{1}{7}$ (B) $\frac{1}{4}$ (C) $\frac{5}{14}$ (D) $\frac{11}{28}$ (E) $\frac{13}{28}$

3. If a committee of 3 people is to be selected from among 5 married couples so that the committee does not include two people who are married to each other, how many such committees are possible?

(A) 20 (B) 40 (C) 50 (D) 80 (E) 120

4. A coin that is tossed will land heads or tails, and each outcome has equal probability. What is the probability that the coin will land heads at least once on two tosses?

(A) $\frac{1}{4}$ (B) $\frac{1}{3}$ (C) $\frac{1}{2}$ (D) $\frac{2}{3}$ (E) $\frac{3}{4}$

答案及解析

1. There are 8 books on a shelf, of which 2 are paperbacks and 6 are hardbacks. How many possible selections of 4 books from this self include at least one paperback?

(A) 40　　(B) 45　　(C) 50　　(D) 55　　(E) 60

思路 题目中出现了 at least one 这一标志词，可以利用“正难则反”来做。

“4 本书中至少有一本是平装书”的可能性 = 总的可能性 − “4 本书都不是平装书”的可能性。

总的可能性：$C_8^4 = 70$，

4 本书都不是平装书（全都是精装书）的可能性：$C_6^4 = 15$，

所以，抽到的 4 本书中至少有一本是平装书的可能性：$70 - 15 = 55$。

答案 D

2. A shipment of 8 television sets contains 2 black-and-white sets and 6 color sets. If 2 television sets are to be chosen at random from this shipment, what is the probability that at least 1 of the 2 sets chosen will be a black-and-white set?

(A) $\frac{1}{7}$　　(B) $\frac{1}{4}$　　(C) $\frac{5}{14}$　　(D) $\frac{11}{28}$　　(E) $\frac{13}{28}$

思路 题目中出现了 at least one 这一标志词，可以利用“正难则反”来做。

“2 台电视机中至少有一台是黑白电视机”的可能性 = 总的可能性 − “2 台电视机都不是黑白电视机”的可能性。

总的可能性：$C_8^2 = 28$，

2 台电视机都不是黑白电视机（都是彩色电视机）的可能性：$C_6^2 = 15$，

所以，抽到至少 1 台黑白电视机的可能性：$C_8^2 - C_6^2 = 13$。

“2 台电视机中至少有一台是黑白电视机”的概率 = 符合条件的可能性 ÷ 总的可能性 $= \frac{13}{28}$

答案 E

3. If a committee of 3 people is to be selected from among 5 married couples so that the committee does not include two people who are married to each other, how many such committees are

possible?

(A) 20 (B) 40 (C) 50 (D) 80 (E) 120

翻译 从5对夫妻中选3个人构成委员会，要求这个委员会中不能包含一对夫妻，问委员会有多少种可能?

思路 题目中出现了"not 不能"，可以利用"正难则反"来做。

"3人委员会中不能包含一对夫妻"的可能性=总的可能性-"3人委员会中有一对夫妻"的可能性。

从10个人里抽3个人总的可能性：$C_{10}^3=120$，

3人委员会中包含一对夫妻的可能性：C_5^1（5对夫妻中抽中1对）$\times C_8^1$（剩下8个人中随机抽1人）=40，

"3人委员会中不能包含一对夫妻"的可能性=120-40=80。

答案 D

4. A coin that is tossed will land heads or tails, and each outcome has equal probability. What is the probability that the coin will land heads at least once on two tosses?

(A) $\frac{1}{4}$ (B) $\frac{1}{3}$ (C) $\frac{1}{2}$ (D) $\frac{2}{3}$ (E) $\frac{3}{4}$

翻译 抛一枚硬币，要么是正面朝上，要么是反面朝上，两个结果的概率相等。问抛两次硬币，至少有一次是正面朝上的概率是多少?

思路 题目中出现了 at least one 这一标志词，可以利用"正难则反"来做。

"抛两次硬币，至少有一次是正面朝上"的可能性=总的可能性-"两次都不是正面朝上"的可能性。

总的可能性：$2\times2=4$，

两次都不是正面朝上（两次都是反面朝上）的可能性：$1\times1=1$，

抛两次硬币，至少有一次是正面朝上的可能性：$4-1=3$。

所以，概率是$\frac{3}{4}$。

答案 E

考点 5　捆绑问题

如果题目中出现了“A 和 B 必须挨在一起”或者是“A 和 B 不能挨在一起（A 和 B 之间有人隔开）”，都可以用捆绑法来做。

标志词 1：A 和 B 必须挨在一起

举例：

A，B，C，D 四个人是大学室友，毕业时排成一排照相，因为大学期间 A 和 B 关系非常好，要求必须挨在一起。问有多少种排法?

A，B，C，D 四个元素进行排列，其中 A 和 B 必须排在一起，则先把 A 和 B 看作是同一元素，对总的三个元素进行排列，即 P_3^3。题目只是规定 A 和 B 要挨在一起，谁在左谁在右并没有规定，所以 A 和 B 之间进行内部排序，即 P_2^2。总的可能性是 $P_3^3\times P_2^2$。

做法：

要求某几个元素必须挨在一起，可以先把这些必须挨在一起的元素看作一个元素，和其他元素进行排列，然后对这些必须挨在一起的元素再进行内部排序。

引申例子：

A，B，C，D，E 五个人是同班同学，毕业时排成一排照相，因为大学期间 A 和 B 是大学室友，要求必须挨在一起。问有多少种排法?

A，B，C，D，E 五个元素进行排列，其中 A 和 B 必须排在一起，则先把 A 和 B 看作一个元素，对总的四个元素进行排列，即 P_4^4。题目只是规定 A 和 B 要挨在一起，谁在左谁在右并没有规定，所以 A 和 B 之间进行内部排序，即 P_2^2。总的可能性是 $P_4^4\times P_2^2$。

标志词 2：A 和 B 不能挨在一起

举例：

A，B，C，D 四个人是大学室友，毕业时排成一排照相，因为大学期间 A 和 B 关系很差，要求不能挨在一起。问有多少种排法?

题目中出现了“不能……”，可以利用“正难则反”来做。

“A 和 B 不能挨在一起”的可能性 = 总的可能性 −“A 和 B 挨在一起”的可能性。

总的可能性：四个人排列，即 P_4^4。

“A 和 B 挨在一起”的可能性：先把 A 和 B 看作一个元素，对总的 3 个元素进行排列，即 P_3^3，题目只是规定 A 和 B 要挨在一起，谁在左谁在右并没有规定，所以 A 和 B 之间进行内部排序，即 P_2^2。A 和 B 挨在一起的可能性是 $P_3^3\times P_2^2$。

“A 和 B 不能挨在一起”的可能性 $=P_4^4-P_3^3\times P_2^2$

做法：

先“正难则反”，然后再利用捆绑法。

不能挨在一起的可能性 = 总的可能性 − 刚好挨在一起的可能性

【典型例题】There will be 5 songs and 3 dances in a performance.

(1) How many distinguished way to arrange the shows?

(2) How many distinguished way to arrange the shows if all dances must be next to each other?

(3) How many distinguished way to arrange the shows if all dances cannot be next to each other?

【答案】(1) P_8^8

(2) $P_6^6 \times P_3^3$

(3) $P_8^8 - P_6^6 \times P_3^3$

五对夫妻参加一场晚宴，大家排成一排吃饭，要求每对夫妻必须要挨着坐。请问一共有几种排法?

思路 利用捆绑法来做，五对夫妻分别是：Aa，Bb，Cc，Dd，Ee。

两两捆绑，看成 5 组人先排列，就是 P_5^5。

每对夫妻再进行内部排序，

所以总结果是 $P_5^5 \times P_2^2 \times P_2^2 \times P_2^2 \times P_2^2 \times P_2^2 = 3\,840$。

答案 3 840

A，B，C，D，E 五个人，五个人排序，A 和 B 之间至少要隔一个人，问有多少种排序方法?

思路 题目中出现了“至少有一个”，可以利用“正难则反”来做。

“A 和 B 之间至少隔一个人”的可能性 = 总的可能性 − “A 和 B 之间一个人都没有，A 和 B 挨着”的可能性。

总的可能性：五个人排列，$P_5^5 = 120$。

“A 和 B 挨在一起”的可能性：先把 A 和 B 看作一个元素，对总的 4 个元素进行排列，即 P_4^4。题目只是规定 A 和 B 要挨在一起，谁在左谁在右并没有规定，所以 A 和 B 之间进行内部排序，即 P_2^2。“A 和 B 挨在一起”的可能性是 $P_4^4 \times P_2^2 = 48$。

“A 和 B 之间至少隔一个人”的可能性 = 120 − 48 = 72。

答案 72

练　习

1. 幼儿园里有三对兄弟，他们站成一列拍照，要求每一对兄弟要站在一起，问有多少种排法?

2. 班里有 20 个人，名字按照首字母顺序排，老师选三个人，不是连续的三个人的选法有多少种?

(A) 1 120　(B) 1 122　(C) 1 135　(D) 1 137　(E) 1 140

答案及解析

1. 幼儿园里有三对兄弟，他们站成一列拍照，要求每一对兄弟要站在一起，问有多少种排法?

思路 利用捆绑法来做，三对兄弟分别是：Aa，Bb，Cc。

两两捆绑，看成 3 组人先排列，就是 P_3^3。

每对兄弟再进行内部排序，

所以总排法 $=P_3^3\times P_2^2\times P_2^2\times P_2^2=48$。

答案 48

2. 班里有 20 个人，每个人名字的首字母不同。名字按照首字母顺序排，老师选三个人，名字首字母不是连续的三个人的选法有多少种?

(A) 1 120　(B) 1 122　(C) 1 135　(D) 1 137　(E) 1 140

思路 用 20 个连续的字母分别代表一个学生，老师每次从中选 3 人，但是不会选择连续的 3 个字母。

利用“正难则反”，“名字首字母不是连续的三个人的选法”可能性 = 总的可能性 − “刚好抽到名字是 3 个连续字母”的可能性。

20 个字母中，有 18 组 3 个连续字母（比如：ABC，BCD，DEF…）。

$C_{20}^3-18=1\,122$

答案 1 122

考点6 重复元素问题

什么是“重复元素”问题?

举个例子：利用3个A、2个B和1个C六个字母进行排列，问有多少种排法?

正常来说，6个字母进行排列，结果应该就是P_6^6。

但是大家可以发现，在这6个字母中，3个A彼此之间交换位置，得到的结果并没有变化；2个B彼此之间交换位置，得到的结果并没有变化。所以我们会发现，如果元素本身有重复的话，直接利用排列的公式P_6^6得到的结果中就会有很多是重复的。

既然P_6^6得到的结果中有很多是重复的，那么我们需要扣除重复的部分。

其中3个A彼此之间交换位置，得到的结果并没有变化，它们之间有重复，所以扣除3个A之间的内部排序P_3^3；

其中2个B彼此之间交换位置，得到的结果并没有变化，它们之间有重复，所以扣除2个B之间的内部排序P_2^2。

3个A之间内部排序并不等于六个字母的排列，2个B之间内部排序也不等于六个字母的排列，3个A、2个B不能和六个字母的排列画等号，仅仅是六个字母的排列中的一部分，所以不能进行加减运算，而应该进行乘除运算：$\frac{P_6^6}{P_2^2 \times P_3^3}$。

“重复元素”问题需要扣除重复的部分，有一个固定的公式：$\frac{P_n^n}{P_a^a \times P_b^b}$（其中，$n$表示总的元素个数，$a$表示一个元素重复了$a$次，$b$表示另一个元素重复了$b$次）。

How many different 6-letter sequences are there that consist of 1 A, 2 B's, and 3 C's ?

(A) 6　(B) 60　(C) 120　(D) 360　(E) 720

翻译 1个A、2个B、3个C构成一个六位数号码，问能构成多少个不同的六位数号码?

思路 因为B重复了2次、C重复了3次，如果直接算P_6^6，得到的结果中有很多是重复的，需要扣除重复的部分。

所以$\frac{P_6^6}{P_2^2 \times P_3^3}=60$。

答案 B

There are 5 cars to be displayed in 5 parking spaces with all the cars facing the same direction. Of the 5 cars, 3 are red, 1 is blue, and 1 is yellow. If the cars are identical except for color, how many different display arrangements of the 5 cars are possible?

(A) 20　　(B) 25　　(C) 40　　(D) 60　　(E) 125

翻译 5 辆车停放在 5 个停车位上，方向完全一样。这 5 辆车中，有 3 辆红车、1 辆蓝车、1 辆黄车。如果这 5 辆车除了颜色之外，完全相同，问这 5 辆车有多少种不同的摆法?

思路 题目说了这些车除了颜色之外完全相同，那如果颜色也一样，就说明这些车完全相同。

5 个车进行排列，其中 3 个车完全相同，

所以$\frac{P_5^5}{P_3^3}=20$。

答案 A

练 习

In how many distinguishable ways can the 7 letters in the word MINIMUM be arranged, if all the letters are used each time?

(A) 7 (B) 42 (C) 420 (D) 840 (E) 5,040

答案及解析

In how many distinguishable ways can the 7 letters in the word MINIMUM be arranged, if all the letters are used each time?

(A) 7 (B) 42 (C) 420 (D) 840 (E) 5,040

翻译 单词 MINIMUM 中的 7 个字母重新排列，如果每个字母使用一次，问能构成多少个不同的单词?

思路 因为 M 重复了 3 次、I 重复了 2 次，如果直接算 P_7^7，得到的结果中则有很多是重复的，需要扣除重复的部分。

所以$\frac{P_7^7}{P_2^2 \times P_3^3}=\frac{7!}{2!\times 3!}=420$。

答案 C

考点7 逆推问题

“逆推”问题和普通的排列组合的做题形式完全相反。

普通的排列组合是告诉你有多少个元素，让你来做总的可能性。

而“逆推”问题是题目直接告诉你已知的可能性，让你利用组合和排列的公式去反推元素个数。

“逆推”问题侧重于考查利用组合和排列的公式进行具体的运算。

To furnish a room in a model home, an interior decorator is to select 2 chairs and 2 tables from a collection of chairs and tables in a warehouse that are all different from each other. If there are 5 chairs in the warehouse and if 150 different combinations are possible, how many tables are in the warehouse?

(A) 6　　(B) 8　　(C) 10　　(D) 15　　(E) 30

翻译 为了装饰样板房，一个室内设计师从仓库的一堆椅子、桌子中挑选 2 把椅子和 2 张桌子。如果仓库中有 5 把椅子，这个室内设计师能组成 150 套搭配，问仓库中有多少张桌子？

思路 设仓库中有 n 张桌子。

根据题意，可列方程 $C_5^2 \times C_n^2 = 150$，

$\frac{5!}{2! \times 3!} \times \frac{n!}{2! \times (n-2)!} = 10 \times \frac{n \times (n-1)}{2} = 150$，

$n \times (n-1) = 30$，

$n^2 - n - 30 = 0$，

$(n-6) \times (n+5) = 0$，

解得 $n = 6$。

答案 A

In a stack of cards, 9 cards are blue and the rest are red. If 2 cards are to be chosen at random from the stack without replacement, the probability that the cards chosen will both be blue is $\frac{6}{11}$. What is the number of cards in the stack?

(A) 10　　(B) 11　　(C) 12　　(D) 15　　(E) 18

翻译 一叠卡片中，有9张卡片是蓝色的，其余的卡片是红色的。从这叠卡片中抽2张出来，两张卡片都是蓝色的概率是$\frac{6}{11}$。问这叠卡片共有多少张?

思路 设红色卡片有n张。

总的可能性：$C_{9+n}^2=\frac{(n+9)\times(n+8)}{2}$，

抽到的2张卡片都是篮色的可能性：$C_9^2=36$。

因为两张卡片都是蓝色的概率$=\frac{C_9^2}{C_{9+n}^2}=6/11$，

所以$C_{9+n}^2=\frac{(n+9)\times(n+8)}{2}=66$，

解得$n=3$。

卡片总数：$n+9=12$。

答案 C

例题 03.

A box contains 10 light bulbs, fewer than half of which are defective. Two bulbs are to be drawn simultaneously from the box. If n of the bulbs in the box are defective, what is the value of n?

(1) The probability that the two bulbs to be drawn will be defective is $\frac{1}{15}$.

(2) The probability that one of the bulbs to be drawn will be defective and the other will not be defective is $\frac{7}{15}$.

翻译 一个箱子中有10个电灯泡，其中有不到一半的灯泡是坏的。从箱子中同时拿出两个灯泡。如果这个箱子中有n个灯泡是坏的，求n值是多少?

(1) 拿出来的两个灯泡都是坏的，概率是$\frac{1}{15}$。

(2) 拿出来的两个灯泡，一个是坏的，另一个没坏，概率是$\frac{7}{15}$。

思路

条件1： 从10个灯泡中抽出2个灯泡的可能性：$C_{10}^2=45$，

抽到的2个灯泡都是坏的的可能性：$C_n^2=\frac{n(n-1)}{2}$，

概率 $=\frac{C_n^2}{C_{10}^2}=\frac{C_n^2}{45}=\frac{1}{15}$，

则 $C_n^2=\frac{n(n-1)}{2}=3$，

解得 $n=3$。 sufficient

条件 2： 从 10 个灯泡中抽 2 个灯泡的可能性：$C_{10}^2=45$，

抽到的 2 个灯泡一个坏、一个不坏的可能性：$C_n^1\times C_{10-n}^1=n\times(10-n)$，

概率 $=\frac{n\times(10-n)}{45}=\frac{7}{15}$，

则 $n\times(10-n)=21$，

解得 $n=3$ 或 7。

但是因为题干中已经说明 $n<5$，所以 $n=3$。 sufficient

答案 D

练 习

The company is to select 3 of n of their employees to participate in an exhibition show. How many of different groups of the 3 employees can be formed?

(1) If the company is to select 2 employees as a group, 105 different groups can be formed.

(2) If the company has $n+1$ employees, there will be 105 more groups can be formed compared to current one.

答案及解析

The company is to select 3 of n of their employees to participate in an exhibition show. How many of different groups of the 3 employees can be formed?

(1) If the company is to select 2 employees as a group, 105 different groups can be formed.

(2) If the company has $n+1$ employees, there will be 105 more groups can be formed compared to current one.

翻译 公司要从 n 名员工中挑出 3 名去参加展览会。问抽出来的 3 名员工有多少种不同的可能？

(1) 如果这个公司要挑出 2 名员工去参加展览会，有 105 种可能。

(2) 如果这个公司是从 $n+1$ 名员工中挑出 3 名去参加展览会，得到的结果会比从 n 名员工中挑出 3 名的结果多 105。

思路 题目就是让我们求 C_n^3 的值，

要想求 C_n^3 的值，则需要知道 n 的值。

条件 1：$C_n^2=\frac{n\times(n-1)}{2}=105$，解得 $n=15$。 sufficient

条件 2：$C_{n+1}^3-C_n^3=\frac{(n+1)\times n\times(n-1)}{3\times2\times1}-\frac{n\times(n-1)\times(n-2)}{3\times2\times1}=105$，

解得 $n=15$。 sufficient

答案 D

考点 8　圆桌排列问题

“圆桌排列”和普通的“排列”有什么区别呢?

普通的排列：ABCDEF 六个人坐成一排，问有多少种排法？直接算 P_6^6 即可。

圆桌排列：ABCDEF 六个人围着圆桌坐一圈，问有多少种排法？答案就不再是 P_6^6 了。

普通的排列问题中，谁是第 1 位谁是最后 1 位，是非常明晰的，所以在普通的排列问题中，ABCDEF，BCDEFA，CDEFAB，DEFABC，EFABCD，FABCDE 都是不同的顺序安排；

但是在圆桌排列中，谁是第 1 位谁是最后 1 位却是模糊的，因为谁是开头不清楚，所以在圆桌排列中，ABCDEF、BCDEFA、CDEFAB、DEFABC、EFABCD、FABCDE，只要两个元素之间相对位置没有变化，这些在圆桌问题中被认为是相同的顺序安排。

在普通的排列问题中，总共有 n 个元素，就直接算 P_n^n；

而在圆桌排列问题中，因为这 n 个元素谁都可以作为开头，所以不管从谁开始数，只要后面元素的相对位置没有变化，都认为是同样的结果。所以，圆桌排列如果直接使用 P_n^n 就算重了，因为这 n 个元素谁都可以作为开头，需要扣除重复的开头数。圆桌排列问题的公式非常固定：$\frac{P_n^n}{n}=\frac{n!}{n}=(n-1)!$

文字应用题 279

At a dinner party, 5 people are to be seated around a circular table. Two seating arrangements are considered different only when the positions of the people are different relative to each other. What is the total number of different possible seating arrangements for the group?

(A) 5　(B) 10　(C) 24　(D) 32　(E) 120

翻译 在一场晚宴中，5 个人围着一张圆桌坐。只有当这些人之间的相对位置改变时，才认为是不同的位置安排。问总共有多少种不同的座位安排方式?

思路 $\frac{P_5^5}{5}=\frac{5!}{5}=4!=24$

答案 C

排列组合的考点总结：

（1）直接代公式

判断是组合问题还是排列问题，直接将数据代入公式中即可。

（2）分组抽选

从每个分组抽取特定的数量然后构成一个整体。

（3）依次讨论

号码问题和依次抽选问题（标志词：one at a time；each time）

（4）正难则反

标志词：at least one 和 not/cannot

（5）捆绑问题

标志词："A 和 B 必须挨在一起" 和 "A 和 B 不能挨在一起"

（6）重复元素问题

公式：$\frac{P_n^n}{P_a^a \times P_b^b}$（其中，$n$ 表示总的元素个数，a 表示一个元素重复了 a 次，b 表示另一个元素重复了 b 次。）

（7）逆推问题

考查运算

（8）圆桌排列问题

公式：$\frac{P_n^n}{n}=\frac{n!}{n}=(n-1)!$

第四节
事件发生的概率

基本词汇

exclusive events 互斥事件　　independent events 独立事件

普通的概率问题和“事件概率问题”是不太一样的。

普通的概率问题主要是和排列组合结合起来考。在排列组合问题中，碰到题目中求概率的，只需要算出符合条件的可能性，然后符合条件的可能性 ÷ 总的可能性 = 概率。

但所谓的“事件概率问题”属于概率论的内容。

数学中认为：生活中各个事件之间都是有关系的，关系有很多种，互斥关系、独立关系、对立关系、包含关系……

不过在 GMAT 考试中，主要考查互斥关系和独立关系这两种。

考点 1 互斥关系

互斥事件：事件 A 和事件 B 不存在交集，不会同时发生。

为了方便理解，我们用文氏图的形式来表示一下：圆 A 表示事件 A 的概率，圆 B 表示事件 B 的概率，两个圆之间不存在交集。

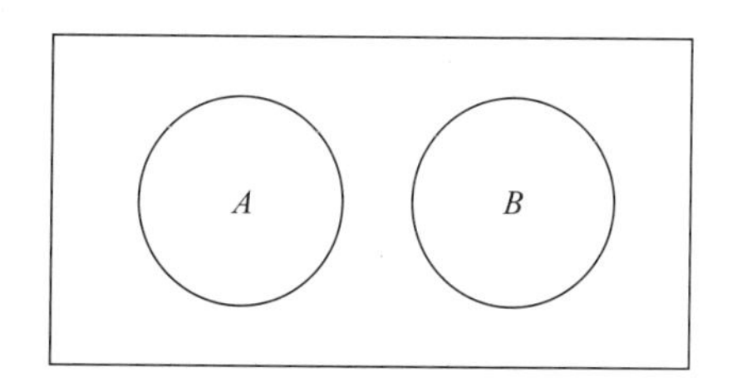

关于互斥事件，有两个公式需要掌握：

互斥事件 A 和 B 同时发生的概率：

互斥关系指的就是不会同时发生，所以 $P(A \cap B) = 0$；

互斥事件 A 和 B 至少发生一个的概率：

$P(A\cup B)=P(A)+P(B)$。

考点2 独立关系

独立事件：事件 A 和事件 B 是相互独立的，不会相互影响，可能 A 和 B 会同时发生，也可能 A 发生了 B 没发生。

为了方便理解，我们用文氏图的形式来表示一下：圆 A 表示事件 A 的概率，圆 B 表示事件 B 的概率，两个圆之间存在交集。

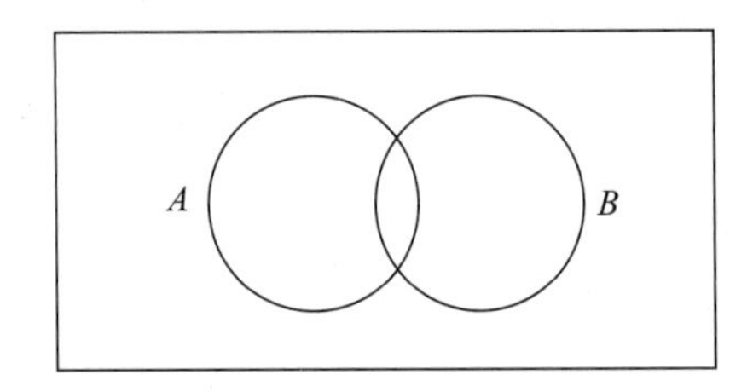

关于独立事件，有两个公式需要掌握：

独立事件 A 和 B 同时发生的概率：

$P(A\cap B)=P(A)\times P(B)$；

独立事件 A 和 B 至少发生一个的概率：

$P(A\cup B)=P(A)+P(B)-P(A)\times P(B)$。

必须要熟记互斥事件和独立事件的这几个公式：

互斥事件 A 和 B 同时发生的概率：$P(A\cap B)=0$；

互斥事件 A 和 B 至少发生一个的概率：$P(A\cup B)=P(A)+P(B)$；

独立事件 A 和 B 同时发生的概率：$P(A\cap B)=P(A)\times P(B)$；

独立事件 A 和 B 至少发生一个的概率：$P(A\cup B)=P(A)+P(B)-P(A)\times P(B)$。

Lin and Mark each attempt independently to decode a message. If the probability that Lin will decode the message is 0.80 and the probability that Mark will decode the message is 0.70, find the probability that

(a) both will decode the message

(b) at least one of them will decode the message

(c) neither of them will decode the message

翻译 林和马克两个人分别去破译一条信息，两个人之间是独立关系。已知林成功破译的概率是0.8，马克成功破译的概率是0.7，求

(a) 林和马克都破译成功的概率；

(b) 林和马克至少有一个破译成功的概率；

(c) 林和马克都没破译成功的概率。

思路 因为是独立关系，

所以两个人都成功的概率：$0.8\times0.7=0.56$；

两个人至少有一个成功的概率：$0.8+0.7-0.8\times0.7=0.94$；

两个人都没成功的概率：$(1-0.8)\times(1-0.7)=0.06$。

答案 (a) 0.56　(b) 0.94　(c) 0.06

The probability that event M will <u>not</u> occur is 0.8 and the probability that event R will <u>not</u> occur is 0.6. If events M and R cannot both occur, which of the following is the probability that either event M or event R will occur?

(A) $\frac{1}{5}$　(B) $\frac{2}{5}$　(C) $\frac{3}{5}$　(D) $\frac{4}{5}$　(E) $\frac{12}{25}$

翻译 事件 M 不发生的概率是0.8，事件 R 不发生的概率是0.6。如果 M 和 R 绝不会同时发生，请问发生 M 或 R 的概率是多少？

思路 事件 M 不发生的概率是0.8，说明事件 M 发生的概率是：$1-0.8=0.2$；

事件 R 不发生的概率是0.6，说明事件 R 发生的概率是：$1-0.6=0.4$。

M 和 R 绝不会同时发生，说明 M 和 R 是互斥关系。

利用互斥关系的公式，可求得：

发生 M 或 R 的概率 $=P(M\cup R)=P(M)+P(R)=0.2+0.4=0.6=\frac{3}{5}$。

答案 C

练 习

一个女孩参加志愿活动，周一到周日每一天的概率都是独立的，周一到周五参加志愿活动的概率每天都是0.5，周六、周日参加志愿活动的概率每天都是0.2。问这个女孩在周五、周六、周日至少有一天参加志愿活动的概率是多少?

答案及解析

一个女孩参加志愿活动，周一到周日每一天的概率都是独立的，周一到周五参加志愿活动的概率每天都是0.5，周六、周日参加志愿活动的概率每天都是0.2。问这个女孩在周五、周六、周日至少有一天参加志愿活动的概率是多少?

思路 女孩周五、周六、周日都不参加志愿活动的概率是：$(1-0.5)\times(1-0.2)\times(1-0.2)=0.32$。

总的概率是1，

所以，周五、周六、周日至少有一天参加志愿活动的概率是：$1-0.32=0.68$。

答案 0.68

第五节
统　计

基本词汇

mean/average 平均数	median 中位数	mode 众数	range 极差
variance 方差	standard deviation 标准差	percentile 百分位数	
quartile 四分位数	standard normal distribution 标准正态分布		boxplot 箱线图

一、 基本概念

(1) 平均数

平均数 = 数据总和 ÷ 数据个数。

(2) 中位数

数值从小往大排，位于最中间的那个数值就是中位数。

如果数据是奇数个，中位数就是刚好最中间的那个数；

如果数据是偶数个，中位数是中间两个值的平均数。

(3) 众数

一组数据中出现频次最高的那个数值就是众数。

(4) 极差

一组数据中的最大值 - 最小值就是极差。

(5) 方差

一组数据有 n 个数值：x_1，x_2，x_3，…，x_n，平均数用 $\bar{x}$ 表示：

方差 $=\dfrac{(x_1-\bar{x})^2+(x_2-\bar{x})^2+\cdots+(x_n-\bar{x})^2}{n}$。

(6) 标准差

标准差就是方差开根号，

标准差 $=\sqrt{方差}=\sqrt{\dfrac{(x_1-x)^2+(x_2-x)^2+\cdots+(x_n-x)^2}{n}}$

根据标准差的计算公式，可以发现：标准差其实表示了每一个数据到平均数的平均距离。

在初高中数学中，经常说标准差反映了数据的离散程度。

为什么标准差能反映数据的离散程度呢?

如果标准差的数值比较小，就说明数据到平均数的平均距离比较近，说明数据的分布比较紧凑，离散程度比较低；

如果标准差的数值比较大，就说明数据到平均数的平均距离比较远，说明数据的分布比较分散，离散程度比较高。

二、 拓展概念

但是，GMAT 考试中还有一些我们之前可能会比较陌生的概念：

（1）百分位数

将一组数据从小到大排，刚好处于第 $n\%$ 位置的值就称为 n percentile。

例 1：1 ~300 共三百个连续正整数，26 percentile 就是这 300 个数值中的第 26% 位置，也就是在第 300 ×26% = 第 78 个位置。

而 1 ~300 中第 78 个位置，就是 78。

例 2：1 ~300 共三百个连续正整数，73 percentile 就是这 300 个数值中的第 73% 位置，也就是在第 300 ×73% = 第 219 个位置。

而 1 ~300 中第 219 个位置，就是 219。

（2）四分位数

四分位数指的不是一个数值，而是三个数值，分别是：第 1 四分位数（first quartile）、第 2 四分位数（second quartile）和第 3 四分位数（third quartile）。

将一组数据从小到大排，有三个数值刚好把所有数据分成四等份，这三个数值就称为四分位数。

例 1：一组数据有 9 个数值：3，9，13，20，26，31，37，43，49，

先取中位数，中位数是 26。

中位数将数据分为两个部分：前半部分和后半部分，3，9，13，20，（26），31，37，43，49。

再取前半部分数据 3，9，13，20 的中位数，即 9 和 13 的平均数：11；

再取后半部分数据 31，37，43，49 的中位数，即 37 和 43 的平均数：40。

所以 11，26，40 这三个数值把整组数据分为四等份，这三个数值就是这组数据的四分位数。

例 2：一组数据有 10 个数值：3，9，13，20，26，31，37，43，49，55。

先取中位数，中位数就是26，31 的平均数：28.5。

中位数将数据分为两个部分：前半部分和后半部分，3，9，13，20，26，(28.5)，31，37，43，49，55。

再取前半部分数据3，9，13，20，26 的中位数，即13；

再取后半部分数据31，37，43，49，55 的中位数，即43。

所以13，28.5，43 这三个数值把整组数据分为四等份，这三个数值就是这组数据的四分位数。

（3）标准正态分布

标准正态分布，指的是数据的理想分布情况。具体来说，正态分布指的就是：一组数据从小往大排，关于平均数刚好完全对称。50% 的数据比平均数小，50% 的数据比平均数大。

因为标准正态分布指的是数据的理想分布情况，所以在题目中未明确规定之前，我们不能自己脑补，以为数据就呈标准正态分布。

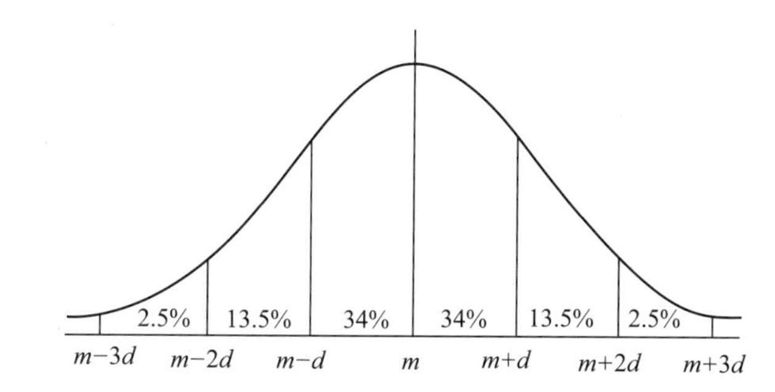

在上图中，m 表示的是平均数，d 表示的是标准差。

标准正态分布默认在 $m-d\sim m+d$ 之间分布了 68% 的数据；在 $m-2d\sim m+2d$ 之间分布了 95% 的数据；在 $m-3d\sim m+3d$ 之间基本分布了全部数据。

（4）箱线图

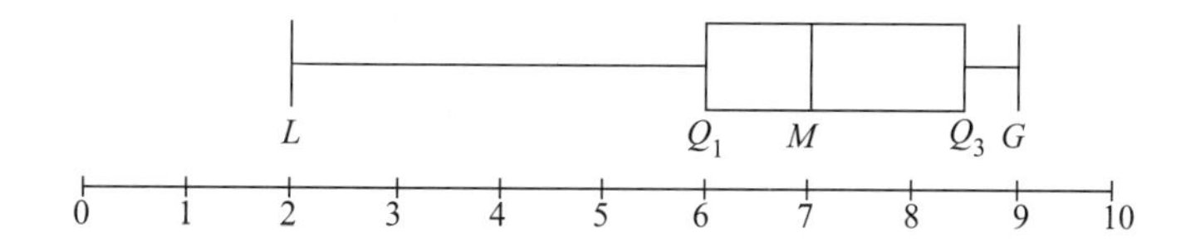

箱线图不是一种概念，而是一种图表形式（见上图）。

箱线图都是由一个数轴和一个类似于初高中物理实验测力计的东西所构成。

测力计最左端在数轴上对应的数值表示这组数据的最小值，测力计最右端在数轴上对应的数值表示这组数据的最大值。比如说：在上图中，这组数据的最小值是2，最大值是9，极差是7。

测力计中部三根线在数轴上对应的数值分别表示这组数据的第 1 四分位数、第 2 四分位数

和第 3 四分位数。比如说：在上图中，这组数据的第 1 四分位数是 6，第 2 四分位数是 7，第 3 四分位数是 8.5。

也就意味着在 2~6 之间分布了这组数据的 25%，6~7 之间分布了这组数据的 25%，7~8.5 之间分布了这组数据的 25%，8.5~9 之间分布了这组数据的 25%。有同学可能会奇怪为什么区间分布的间隔不一样呢？因为数据并不是均匀分布的，可能在某一区间段数据分布会比较集中，而在别的区间段数据分布会比较分散。

三、引申性质

等差数列的平均数和中位数相等。

了解了这些概念之后，我们来做一下统计问题的例题。

A set has 7 numbers, what is the median of the set?

(1) Four numbers in the set are 15.

(2) The mean of the set is 17.

思路 **条件 1：**

中位数指的是数值从小往大排，刚刚好最中间的那个数值。

如果数值从小往大排，四个 15 是最小的前 4 个数值的话，那么此时中位数是 15；

如果四个 15 位于中间位置的话，那么此时中位数是 15；

如果四个 15 是最大的后 4 个数值的话，那么此时中位数是 15。

所以不管这四个 15 处于前段、中间还是后段，中位数都是 15。 sufficient

条件 2：只知道平均数，无法求得中位数。 insufficient

答案 A

Yesterday each of the 35 members of a certain task force spent some time working on Project P. The graph shows the number of hours and the number of members who spent that number of hours working on Project P yesterday. What was the median number of hours that the members of the task force spent working on Project P yesterday?

(A) 2 (B) 3 (C) 4 (D) 5 (E) 6

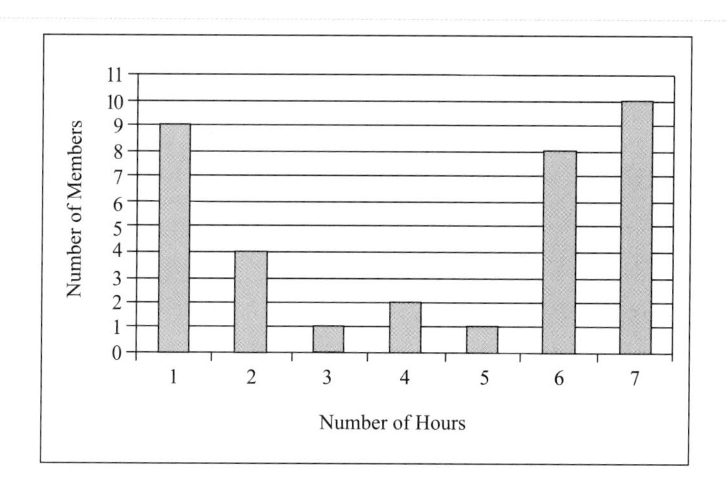

翻译 一个项目组有 35 名员工，昨天，每个员工都在项目 P 上投入了一些工作时间。这个图表显示了每个员工昨天在项目 P 上所投入的工作时间。问员工在项目 P 上工作时间的中位数是多少?

思路 中位数指的是数值从小往大排，刚好最中间的那个数值。

共有 35 个数据，35 ÷2 =17.5。

说明中位数应该比第 17 个值再多 1 个数，所以中位数是这组数据的第 18 个值。

从小往大数:

最开始是 9 个 1，后面是 4 个 2（此时有 13 个值了)，再后面是 1 个 3（此时有 14 个值了)，再后面是 2 个 4（此时有 16 个值了)，再后面是 1 个 5（此时有 17 个值了)。

所以，到 5 时才是第 17 个值，第 18 个值应该是在 6 那个位置。

所以中位数是 6。

答案 E

Is the standard deviation of the set of measurements x_1, x_2, x_3, x_4, ⋯, x_{20} less than 3?

(1) The variance for the set of measurements is 4.

(2) For each measurement, the difference between the mean and that measurement is 2.

翻译 一组数据的标准差小于 3 吗?

(1) 这组数据的方差是 4。

（2）这组数据中，每个数值和平均数的差值都是 2。

思路

条件 1： 标准差 $=\sqrt{\text{方差}}$，既然方差是 4，那么标准差就是 $=\sqrt{4}=2$。　sufficient

条件 2： 标准差其实表示了每一个数据到平均数的平均距离。

既然每个数值和平均数的差值都是 2，那么每一个数据到平均数的平均距离也就是 2，所以标准差就是 2。　sufficient

答案 D

例题 04.

集合 A 的极差是 240，集合 B 的极差是 320。问两组数据合并之后，极差最小是多少？

（A）80　（B）240　（C）320　（D）440　（E）560

思路

两组集合如果完全不相交的话，极差肯定 $>240+320$（即 560）；

两组集合如果有部分交集的话，$320<$ 极差 <560；

两组集合如果完全重合的话，极差 $=320$。

所以两组数据合并之后，极差最小是 320。

答案 C

The table shows the distribution of test scores for a group of management trainees. Which score interval contains the median of the 73 scores?

（A）60 – 69　（B）70 – 79　（C）80 – 89　（D）90 – 99

（E）It cannot be determined from the information given.

Score Interval	Number of Scores
50—59	2
60—69	10
70—79	16
80—89	27
90—99	18

翻译 这个表显示了一组管培生的成绩分布情况。问这 73 份成绩的中位数位于哪一分数区间内?

思路 中位数指的是数值从小往大排，刚好最中间的那个数值。

共有 73 个数据，$73 \div 2 = 36.5$。

说明中位数应该比 36 再多一个位置的数，所以中位数是这组数据的第 37 个值。

从小往大数:

第 1 组有 2 个数值，第 2 组有 10 个数值（此时有 12 个值了），再后面第 3 组是 16 个数值（此时有 28 个值了），再后面第 4 组是 27 个数值。

所以，第 38 个成绩位于 80 ~ 89 这个区间内。

答案 C

例题 06.

If M is an odd number and the median of M consecutive integers is 140, what is the largest of these integers?

(A) $\frac{M-1}{2}+140$　(B) $\frac{M}{2}+139$　(C) $\frac{M}{2}+140$　(D) $\frac{M+139}{2}$　(E) $\frac{M+140}{2}$

翻译 已知 M 是奇数，M 个连续整数的中位数是 140，问这 M 个连续整数中的最大值是多少?

思路 中位数指的是数值由小往大排，刚好位于最中间的那个数值。

M 个连续整数的中位数是 140，那么除了 140 之外，还有 $M-1$ 个数值。

因为 140 处于最中间，所以 140 左右两边分别有$\frac{(M-1)}{2}$个数。

连续整数指的是差值为 1 的递增等差数列，

所以数列中最大的数比 140 大$\frac{(M-1)}{2}$个 1，

最大值就是 $140+\frac{(M-1)}{2}$。

答案 A

例题 07.

What is the value of the standard deviation of the first 5 positive integers?

思路 平均数 =3,

标准差 $=\sqrt{\dfrac{(1-3)^2+(2-3)^2+(3-3)^2+(4-3)^2+(5-3)^2}{5}}=\sqrt{2}$。

答案 $\sqrt{2}$

例题 08.

哪组数标准差最大?

(A) 5 6 6 8　(B) 5 5 8 8　(C) 5 5 9 9　(D) 5 7 8 9　(E) 5 6 6 9

思路 从本质上来说，标准差反映的是数据的离散程度，

哪组数据相差最远，则说明离散程度越高。

很明显 C 选项的数据相差最远，离散程度最高，标准差也最大。

答案 C

The standard deviation of four numbers a, b, c, and d is M. Then the standard deviation of which of the following MUST be M?

(A) $\sqrt{a^2}$, $\sqrt{b^2}$, $\sqrt{c^2}$, $\sqrt{d^2}$　(B) a^2, b^2, c^2, d^2

(C) $2a$, $2b$, $2c$, $2d$　(D) $a+2$, $b+2$, $c+2$, $d+2$

(E) $a+2$, $b-2$, $c+2$, $d-2$

思路 一组数据同时增加或减少相同的单位：平均数、中位数、众数发生相同的变化，极差和标准差不变。

答案 D

Last year the range of the annual salaries of the 100 employees at Company X was \$30,000. If the annual salary of each of the 100 employees this year is 10 percent greater than it was last year, what is the range of the annual salaries of the 100 employees this year?

(A) \$27,000 (B) \$30,000 (C) \$33,000 (D) \$36,000 (E) \$63,000

翻译 去年 X 公司 100 名员工的年薪的极差是 30 000。如果今年这 100 名员工每个员工的年薪都增加了 10%，那么今年这 100 名员工的年薪极差是多少？

思路 增加 10%，指的是 $\times(1+10\%)=\times 1.1$ 倍。

一组数据同时乘以或同时除以相同的数值，平均数、中位数、众数、极差、标准差都发生相同的变化。

这 100 个员工的年薪都 $\times 1.1$ 倍，极差应该也是 $\times 1.1$ 倍，

所以，新的年薪极差 = 原本的年薪极差 $\times 1.1 = 30\,000 \times 1.1 = 33\,000$。

答案 C

The standard deviation of five numbers a, b, c, d and e is M. If each number multiplied by 2, then what is the standard deviation of the five resulting number?

(A) M (B) M^2 (C) $2M$ (D) $M+2$ (E) $M-2$

思路 一组数据同时乘以或同时除以相同的数值，平均数、中位数、众数、极差、标准差都发生相同的变化。

答案 C

For a certain examination, a score of 58 was 2 standard deviations below the mean, and a score of 98 was 3 standard deviations above the mean. What was the mean score for the examination?

(A) 74 (B) 76 (C) 78 (D) 80 (E) 82

翻译 在一次考试中，分数 58 比平均分数低 2 个标准差，分数 98 比平均分数高 3 个标准差。求这次考试的平均分数是多少分？

思路 设考生的平均分数是 m，标准差是 d。

根据题意，可列两个方程：

$58=m-2d$，$98=m+3d$。

联立两个方程，解得 $m=74$，$d=8$。

答案 A

例题 13.

A certain characteristic in a large population has a distribution that is symmetric about the mean m. If 68 percent of the distribution lies within one standard deviation d of the mean, what percent of the distribution is less than $m+d$?

(A) 16%　　(B) 32%　　(C) 48%　　(D) 84%　　(E) 92%

翻译 一组数据关于平均数 m 完全对称。如果有68%的数据分布在距离平均数1个标准差的区间范围内（用 d 表示标准差），请问有多少数据小于 $m+d$ 呢？

思路

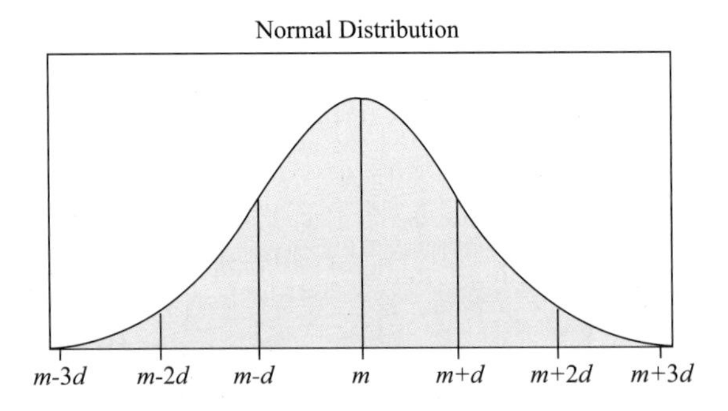

因为所有数据关于平均数完全对称，所以有50%的数据 $<m$，有50%的数据 $>m$。
因为在 $m-d \sim m+d$ 之间有68%的数据，所有数据关于平均数完全对称，所以在 $m-d \sim m$ 之间有34%的数据、在 $m \sim m+d$ 之间有34%的数据。
因此，$<m+d$ 的数据有 50% +34% =84%。

答案 D

例题 14.

The residents of Town X participated in a survey to determine the number of hours per week each resident spent watching television. The distribution of the results of the survey had a mean of 21 hours and a standard deviation of 6 hours. The number of hours that Pat, a resident of Town X, watched television last week was between 1 and 2 standard deviations below the mean. Which of the following could be the number of hours that Pat watched television last week?

(A) 30　　(B) 20　　(C) 18　　(D) 12　　(E) 6

翻译 X镇的居民参加了一项调查，这项调查是想确定每一个居民每周看电视的时长。调查的统计数据平均数是21小时，标准差是6小时。其中，居民帕特上星期看电视的时长在比平均数小 1 个标准差和比平均数小 2 个标准差之间。下面哪个选项有可能是居民帕特上星期的看电视的时长?

思路 平均数 =21，标准差 =6。

比平均数小 1 个标准差 $=m-d$;

比平均数小 2 个标准差 $=m-2d$

所以在比平均数小 1 个标准差和比平均数小 2 个标准差之间指的是 $m-2d \sim m-d$，即在 9 ~ 15 之间。

答案 D

If the average (arithmetic mean) of positive integers x, y, and z is 10, what is the greatest possible value of z?

(A) 8 (B) 10 (C) 20 (D) 28 (E) 30

翻译 正整数 x，y，z 的平均数是 10，求 z 的最大可能值是多少?

思路 数据总和是 $10 \times 3 = 30$，

求 z 的最大可能值，就意味着 x，y 取最小可能值，

因为 x，y 都是正整数，所以 x，y 的最小可能值是 1，

则 z 的最大可能值 $=30-1-1=28$。

答案 D

Three boxes of supplies have an average (arithmetic mean) weight of 7 kilograms and a median weight of 9 kilograms. What is the max x imum possible weight, in kilograms, of the lightest box?

(A) 1 (B) 2 (C) 3 (D) 4 (E) 5

翻译 有 3 箱设施，这 3 个箱子重量的平均数是 7 公斤，中位数是 9 公斤。求其中最轻的那个箱子重量的最大可能值是多少?

思路 中位数的概念是：数值由小往大排，刚好排在最中间的数值。

设三个箱子按重量从小到大分别是：x，9，y，

数据总和是 $7\times3=21$，

求 x 的最大可能值，就意味着 y 取最小可能值，

y 的最小可能值是9（不可能比中位数还小），

则 x 的最大可能值 $=21-9-9=3$。

答案 C

For a certain race, 3 teams were allowed to enter 3 members each. A team earned $6-n$ points whenever one of its members finished in the nth place, where $1\leqslant n\leqslant5$. There were no ties, disqualifications, or withdrawals. If no team earned more than 6 points, what is the least possible score a team could have earned?

(A) 0 (B) 1 (C) 2 (D) 3 (E) 4

翻译 在一场田径比赛中，3 支队伍各自派了 3 名成员参赛。如果一名成员得了第 n 名的话，他所在的队伍就得 $6-n$ 分。在比赛中，没有平局、没有弃权、没有退赛。如果没有任何一支队伍的得分会超过 6 分，那么请问得分最少的队伍最少得几分?

思路 根据题意，设有 3 支队伍为：A，B，C，每支队伍各有三名成员参赛，则共有 9 名成员。

如果得第 1 名，所在队伍得 5 分；

如果得第 2 名，所在队伍得 4 分；

如果得第 3 名，所在队伍得 3 分；

如果得第 4 名，所在队伍得 2 分；

如果得第 5 名，所在队伍得 1 分；

如果得第 6，7，8，9 名，所在队伍不得分。

大家可以发现，哪名队员、哪支队伍得分是不固定的，但是总分是固定的：$5+4+3+2+1=15$ 分。

所以，题目的意思是在问这 15 分在 3 支队伍中如何分配。

假设 A 队伍得分最少，因为最小可能值 = 总和 − 其他数据最大值，

所以意味着 B 和 C 队伍得分尽可能多，而 B 和 C 队伍得分最多是 6 分（题目中规定了：没有任何一支队伍的得分会超过 6 分）。

A 队伍最少得分 $=15-6-6=3$ 分。

答案 D

第五章

CHAPTER

GMAT 数学模考题

5

模考（一）

1. If n and m are positive integers, what is the remainder when $3^{(4n+2+m)}$ is divided by 10 ?

(1) $n=2$

(2) $m=1$

2. If p is a positive odd integer, what is the remainder when p is divided by 4?

(1) When p is divided by 8, the remainder is 5.

(2) p is the sum of the squares of two positive integers.

3. A grocery store purchased crates of 40 oranges each for \$5.00 per crate and then sold each orange for \$0.20. What was the store's gross profit on each crate of oranges?

(A) \$3.00 (B) \$6.00 (C) \$8.00 (D) \$10.00 (E) \$13.00

4. The product P of two prime numbers is between 9 and 55. If one of the prime numbers is greater than 2 but less than 6 and the other is greater than 13 but less than 25, then $P=$

(A) 15 (B) 33 (C) 34 (D) 46 (E) 51

5. Of the 25 cars sold at a certain dealership yesterday, some had automatic transmission and some had antilock brakes. How many of the cars had automatic transmission but not antilock brakes?

(1) All of the cars that had antilock brakes also had automatic transmission.

(2) 2 of the cars had neither automatic transmission nor antilock brakes.

6. Lines n and p lie in the xy-plane. Is the slope of line n less than the slope of line p?

(1) Lines n and p intersect at the point (5, 1).

(2) The y-intercept of line n is greater than the y-intercept of line p.

7. A certain taxi company charges \$3.10 for the first $\frac{1}{5}$ of a mile plus \$0.40 for each additional $\frac{1}{5}$ of a mile. What would this company charge for a taxi ride that was 8 miles long?

(A) \$15.60 (B) \$16.00 (C) \$17.50 (D) \$18.70 (E) \$19.10

8. In a stack of boards at a lumber yard, the 20th board counting from the top of the stack is immediately below the 16th board counting from the bottom of the stack. How many boards are

in the stack?

(A) 38 (B) 36 (C) 35 (D) 34 (E) 32

9. Six countries in a certain region sent a total of 75 representatives to an international congress, and no two countries sent the same number of representatives. Of the six countries, if Country A sent the second greatest number of representatives, did Country A send at least 10 representatives?

(1) One of the six countries sent 41 representatives to the congress.

(2) Country A sent fewer than 12 representatives to the congress.

10. Is z equal to the median of the three positive integers x, y, and z?

(1) $x < y + z$

(2) $y = z$

11. If $\left(\frac{1}{5}\right)^m\left(\frac{1}{4}\right)^{18}=\frac{1}{2\ (10)^{35}}$, then $m =$

(A) 17 (B) 18 (C) 34 (D) 35 (E) 36

12. When $\frac{2}{3}$ of the garments in a shipment were inspected, 18 of the garments passed inspection and the remaining 2 garments failed. How many of the uninspected garments must pass inspection in order that 90 percent of the garments in the shipment pass?

(A) 10 (B) 9 (C) 8 (D) 7 (E) 5

13. In a certain board game, a stack of 48 cards, 8 of which represent shares of stock, are shuffled and then placed face down. If the first 2 cards selected do not represent shares of stock, what is the probability that the third card selected will represent a share of stock?

(A) $\frac{1}{8}$ (B) $\frac{1}{6}$ (C) $\frac{1}{5}$ (D) $\frac{3}{23}$ (E) $\frac{4}{23}$

14. A certain one-day seminar consisted of a morning session and an afternoon session. If each of the 128 people attending the seminar attended at least one of the two sessions, how many of the people attended the morning session only?

(1) $\frac{3}{4}$ of the people attended both sessions.

(2) $\frac{7}{8}$ of the people attended the afternoon session.

15. If a certain charity collected a total of 360 books, videos, and board games, how many videos

did the charity collect?

(1) The number of books that the charity collected was 40 percent of the total number of books, videos, and board games that the charity collected.

(2) The number of books that charity collected was $66\frac{2}{3}$ percent of the total number of videos and board games that charity collected.

16. For a finite sequence of nonzero numbers, the number of variations in sign is defined as the number of pairs of consecutive terms of the sequence for which the product of the two consecutive terms is negative. What is the number of variations in sign for the sequence 1, −3, 2, 5, −4, −6?

(A) One (B) Two (C) Three (D) Four (E) Five

17. The formula $F=\frac{9C}{5}+32$ gives the relationship between the temperature in degrees Fahrenheit, F, and the temperature given in degrees Celsius, C. If the temperature is 85 degrees Fahrenheit, what is the temperature, to the nearest degree, in degrees Celsius?

(A) 18 (B) 23 (C) 29 (D) 47 (E) 51

18. During an experiment, some water was removed from each of 6 water tanks. If the standard deviation of the volumes of water in the tanks at the beginning of the experiment was 10 gallons, what was the standard deviation of the volumes of water in the tanks at the end of the experiment?

(1) For each tank, 30 percent of the volume of water that was in the tank at the beginning of the experiment was removed during the experiment.

(2) The average (arithmetic mean) volume of water in the tanks at the end of the experiment was 63 gallons.

19. For the 5 days shown in the graph, how many kilowatt-hours greater was the median daily electricity use than the average (arithmetic mean) daily electricity use?

(A) 1 (B) 2 (C) 3

(D) 4 (E) 5

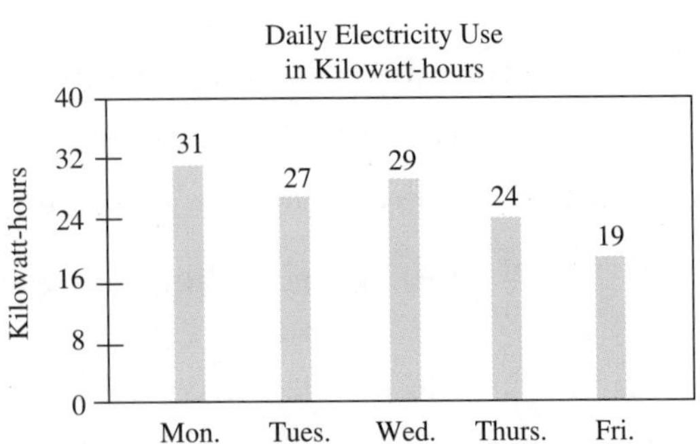

20. A furniture dealer purchased a desk for \$150 and then set the selling price equal to the

purchase price plus a markup that was 40 percent of the selling price. If the dealer sold the desk at the selling price, what was the amount of the dealer's gross profit from the purchase and the sale of the desk?

(A) \$40 (B) \$60 (C) \$80 (D) \$90 (E) \$100

21. In a certain deck of cards, each card has a positive integer written on it. In a multiplication game, a child draws a card and multiplies the integer on the card by the next larger integer. If each possible product is between 15 and 200, then the least and greatest integers on the cards could be

(A) 3 and 15 (B) 3 and 20 (C) 4 and 13 (D) 4 and 14 (E) 5 and 14

22. If p and n are positive integers and $p>n$, what is the remainder when p^2-n^2 is divided by 15?

(1) The remainder when $p+n$ is divided by 5 is 1.

(2) The remainder when $p-n$ is divided by 3 is 1.

23. When 1,000 children were inoculated with a certain vaccine, some developed inflammation at the site of the inoculation and some developed fever. How many of the children developed inflammation but not fever?

(1) 880 children developed neither inflammation nor fever.

(2) 20 children developed fever.

24. For every integer k from 1 to 10, inclusive, the k th term of a certain sequence is given by $(-1)^{k+1}\left(\frac{1}{2^k}\right)$. If T is the sum of the first 10 terms in the sequence, then T is

(A) greater than 2 (B) between 1 and 2

(C) between $\frac{1}{2}$ and 1 (D) between $\frac{1}{4}$ and $\frac{1}{2}$

(E) between $\frac{1}{4}$

25. A committee of three people is to be chosen from four married couples. What is the number of different committees that can be chosen if two people who are married to each other cannot both serve on the committee?

(A) 16 (B) 24 (C) 26 (D) 30 (E) 32

26. The table shows the distribution of scores on a geography quiz given to a class of 25 students.

Which of the following is closest to the average (arithmetic mean) quiz score for the class?

Quiz Score	Number of Students
6	2
7	4
8	7
9	9
10	3

(A) 8.6　　(B) 8.5　　(C) 8.4

(D) 8.3　　(E) 8.0

27. If r and s are positive integers, is $\frac{r}{s}$ an integer?

(1) Every factor of s is also a factor of r.

(2) Every prime factor of s is also a prime factor of r.

28. For the students in Class A, the range of their heights is r centimeters and the greatest height is g centimeters. For the students in Class B, the range of their heights is s centimeters and the greatest height is h centimeters. Is the least height of the students in Class A greater than the least height of the students in Class B?

(1) $r<s$

(2) $g>h$

29. Circular gears P and Q start rotating at the same time at constant speeds. Gear P makes 10 revolutions per minute, and gear Q makes 40 revolutions per minute. How many seconds after the gears start rotating will gear Q have made exactly 6 more revolutions than gear P?

(A) 6　　(B) 8　　(C) 10　　(D) 12　　(E) 15

30. As shown in the figure, a thin conveyor belt 15 feet long is drawn tightly around two circular wheels each 1 foot in diameter. What is the distance, in feet, between the centers of the two wheels?

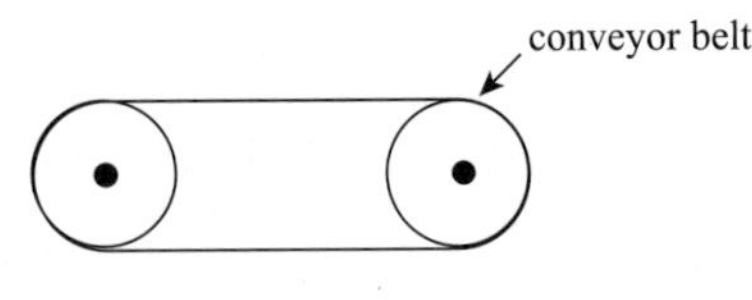

Note: Figure not drawn to scale.

(A) $\frac{(15-\pi)}{2}$　　(B) $\frac{5\pi}{4}$　　(C) $15-2\pi$　　(D) $15-\pi$　　(E) 2π

31. For how many integers n is $2^n=n^2$?

(A) None　　(B) One　　(C) Two　　(D) Three　　(E) More than three

答案

1 ~ 5	BDAEE	6 ~ 10	CDDEB	11 ~ 15	DBEBE	16 ~ 20	CCAAE
21 ~ 25	CECDE	26 ~ 30	DACDA	31	C		

模考（二）

1. The perimeters of square region S and rectangular region R are equal. If the sides of R are in the ratio 2:3, what is the ratio of the area of region R to the area of region S?

(A) 25:16　(B) 24:25　(C) 5:6　(D) 4:5　(E) 4:9

2. At least 100 students at a certain high school study Japanese. If 4 percent of the students at the school who study French also study Japanese, do more students at the school study French than Japanese?

(1) 16 students at the school study both French and Japanese.

(2) 10 percent of the students at the school who study Japanese also study French.

3. A thin piece of wire 40 meters long is cut into two pieces. One piece is used to form a circle with radius r, and the other is used to form a square. No wire is left over. Which of the following represents the total area, in square meters, of the circular and the square regions in terms of r?

(A) πr^2

(B) $\pi r^2 + 10$

(C) $\pi r^2 + \frac{1}{4}\pi^2 r^2$

(D) $\pi r^2 + (40 - 2\pi r)^2$

(E) $\pi r^2 + \left(10 - \frac{1}{2}\pi r\right)^2$

4. If each term in the sum $a_1 + a_2 + \cdots + a_n$ is either 7 or 77 and the sum equals 350, which of the following could be equal to n?

(A) 38　(B) 39　(C) 40　(D) 41　(E) 42

5. A construction company was paid a total of \$500,000 for a construction project. The company's only costs for the project were for labor and materials. Was the company's profit for the project greater than \$150,000?

(1) The company's total cost was three times its cost for materials.

(2) The company's profit was greater than its cost for labor.

6. What is the total value of Company H's stock?

(1) Investor P owns $\frac{1}{4}$ of the shares of Company H's total stock.

(2) The total value of Investor Q's shares of Company H's stock is \$16,000.

7. If the average (arithmetic mean) of four different numbers is 30, how many of the numbers are greater than 30?

(1) None of the four numbers is greater than 60.

(2) Two of the four numbers are 9 and 10, respectively.

8. Is $x-y+1$ greater than $x+y-1$?

(1) $x>0$

(2) $y<0$

9. During a sale, a clothing store sold each shirt at a price of \$15 and each sweater at a price of \$25. Did the store sell more sweaters than shirts during the sale?

(1) The average (arithmetic mean) of the prices of all of the shirts and sweaters that the store sold during the sale was \$21.

(2) The total of the prices of all of the shirts and sweaters that the store sold during the sale was \$420.

10. An investment of d dollars at k percent simple annual interest yields \$600 interest over a 2-year period. In terms of d, what dollar amount invested at the same rate will yield \$2,400 interest over a 3-year period?

(A) $\frac{2d}{3}$　(B) $\frac{3d}{4}$　(C) $\frac{4d}{3}$　(D) $\frac{3d}{2}$　(E) $\frac{8d}{3}$

11. In the addition table shown, what is the value of $m+n$?

(A) −19　(B) 4　(C) 5

(D) 6　(E) 22

+	x	y	z
4	1	-5	m
e	7	n	10
f	2	-4	5

12. What is the remainder when the positive integer x is divided by 3?

(1) When x is divided by 6, the remainder is 2.

(2) When x is divided by 15, the remainder is 2.

13. Ann deposited money into two new accounts, A and B. Account A earns 5 percent simple annual interest and Account B earns 8 percent simple annual interest. If there were no other transactions in the two accounts, then the amount of interest that Account B earned in the first year was how many dollars greater than the amount of interest that Account A earned in the first year?

(1) Ann deposited \$200 more in Account B than in Account A.

(2) The total amount of interest that the two accounts earned in the first year was \$120.

14. What was the percent increase in the population of City K from 1980 to 1990?

(1) In 1970 the population of City K was 160, 000.

(2) In 1980 the population of City K was 20 percent greater than it was in 1970, and in 1990 the population of City K was 30 percent greater than it was in 1970.

15. Of the 60 animals on a certain farm, $\frac{2}{3}$ are either pigs or cows. How many of the animals are cows?

(1) The farm has more than twice as many cows as it has pigs.

(2) The farm has more than 12 pigs.

16. At a certain college there are twice as many English majors as history majors and three times as many English majors as mathematics majors. What is the ratio of the number of history majors to the number of mathematics majors?

(A) 6 to 1 (B) 3 to 2 (C) 2 to 3 (D) 1 to 5 (E) 1 to 6

17. A company has two types of machines, Type R and Type S. Operating at a constant rate, a machine of Type R does a certain job in 36 hours and a machine of Type S does the same job in 18 hours. If the company used the same number of each type of machine to do the job in 2 hours, how many machines of Type R were used?

(A) 3 (B) 4 (C) 6 (D) 9 (E) 12

18. In isosceles $\triangle RST$, what is the measure of $\angle R$?

(1) The measure of $\angle T$ is 100°.

(2) The measure of $\angle S$ is 40°.

19. The cost of delivery for an order of desk chairs was \$10.00 for the first chair, and \$1.00 for each additional chair in the order. If an office manager placed an order for n desk chairs, is $n > 24$?

(1) The delivery cost for the order totaled more than \$30.00.

(2) The average (arithmetic mean) delivery cost per chair of the n chairs was \$1.36.

20. In triangle ABC, what is the length of side BC?

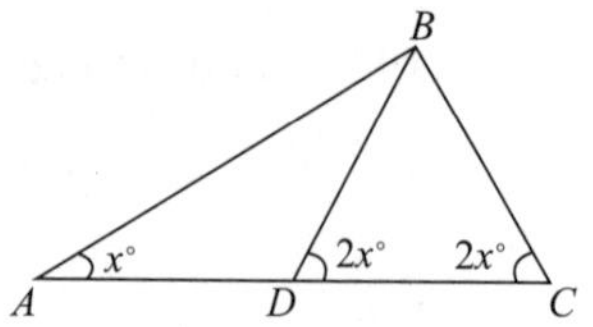

(1) Line segment AD has length 6.

(2) $x = 36$

21. Are at least 10 percent of the people in Country X who are 65 years old or older employed?

(1) In Country X, 11.3 percent of the population is 65 years old or older.

(2) In Country X, of the population 65 years old or older, 20 percent of the men and 10 percent of the women are employed.

22. If $0 < x < 1$, what is the median of the values x, x^{-1}, x^2, $\sqrt{x}$, and x^3?

(A) x　(B) x^{-1}　(C) x^2　(D) $\sqrt{x}$　(E) x^3

23. Of the 800 sweaters at a certain store, 150 are red. How many of the red sweaters at the store are made of pure wool?

(1) 320 of the sweaters at the store are neither red nor made of pure wool.

(2) 100 of the red sweaters at the store are not made of pure wool.

24. A certain junior class has 1,000 students and a certain senior class has 800 students. Among these students, there are 60 sibling pairs, each consisting of 1 junior and 1 senior. If 1 student is to be selected at random from each class, what is the probability that the 2 students selected will be a sibling pair?

(A) $\frac{3}{40000}$　(B) $\frac{1}{3600}$　(C) $\frac{9}{2000}$

(D) $\frac{1}{60}$　(E) $\frac{1}{15}$

25. If x is a positive number less than 10, is z greater than the average (arithmetic mean) of x and 10?

(1) On the number line, z is closer to 10 than it is to x.

(2) $z = 5x$

26. In the finite sequence of positive integers K_1, K_2, K_3, $\cdots$, K_9, each term after the second is the sum of the two terms immediately preceding it. If $K_5 = 18$, what is the value of K_9?

(1) $K_4 = 11$

(2) $K_6 = 29$

27. Is the integer x divisible by 6?

(1) $x+3$ is divisible by 3.

(2) $x+3$ is an odd number.

28. Two water pumps, working simultaneously at their respective constant rates, took exactly 4 hours to fill a certain swimming pool. If the constant rate of one pump was 1.5 times the constant rate of the other, how many hours would it have taken the faster pump to fill the pool if it had worked alone at its constant rate?

(A) 5 (B) $\frac{16}{3}$ (C) $\frac{1}{2}$ (D) 6 (E) $\frac{20}{3}$

29. A certain office supply store stocks 2 sizes of self-stick notepads, each in 4 colors: blue, green, yellow, and pink. The store packs the notepads in packages that contain either 3 notepads of the same size and the same color or 3 notepads of the same size and of 3 different colors. If the order in which the colors are packed is not considered, how many different packages of the types described above are possible?

(A) 6 (B) 8 (C) 16 (D) 24 (E) 32

30. In the figure, if x and y are each less than 90 and $PS \parallel QR$ is the length of segment PQ less than the length of segment SR?

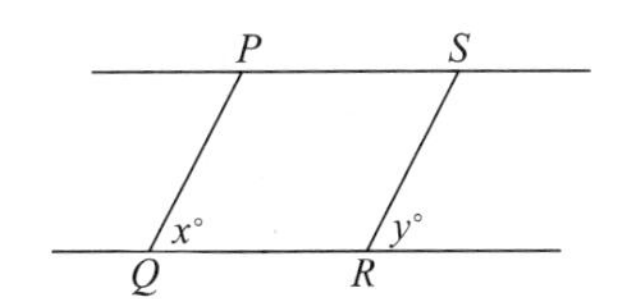

(1) $x>y$

(2) $x+y>90$

31. What is the average (arithmetic mean) of eleven consecutive integers?

(1) The average of the first nine integers is 7.

(2) The average of the last nine integers is 9.

答案

1 ~ 5	BBECC	6 ~ 10	ECBAE	11 ~ 15	CDCBC	16 ~ 20	BCABA
21 ~ 25	BABAA	26 ~ 30	DCECA	31	D		

模考（三）

1. For each of her sales, a saleswoman receives a commission equal to 20 percent of the first \$500 of the total amount of the sale, plus 30 percent of the total amount of the sale in excess of \$500. If the total amount of one of her sales was \$800, the saleswoman's commission was approximately what percent of the total amount of the sale?

(A) 22%　　(B) 24%　　(C) 25%　　(D) 27%　　(E) 28%

2. If the speed of x meters per second is equivalent to the speed of y kilometers per hour, what is y in terms of x? (1 kilometer = 1, 000 meters)

(A) $\frac{5x}{18}$　　(B) $\frac{6x}{5}$　　(C) $\frac{18x}{5}$　　(D) $60x$　　(E) $3, 600, 000x$

3. If x is a negative number, what is the value of x?

(1) $x^2 = 1$

(2) $x^2 + 3x + 2 = 0$

4. In the figure, what is the ratio of KN to MN?

(1) The perimeter of rectangle $KLMN$ is 30 meters.

(2) The three small rectangles have the same dimensions.

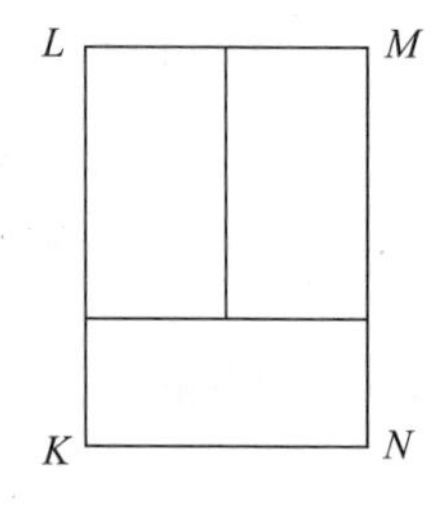

5. 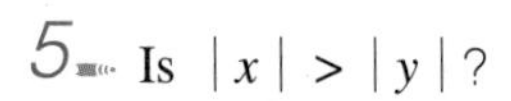
Is $|x| > |y|$?

(1) $x^2 > y^2$

(2) $x > y$

6. If p is a prime number greater than 2, what is the value of p?

(1) There are a total of 100 prime numbers between 1 and $p + 1$.

(2) There are a total of p prime numbers between 1 and 3, 912.

7. In the figure, segments PQ and PR are each parallel to one of the rectangular coordinate axes. What is the sum of the coordinates of point P?

(1) The x-coordinate of point Q is -1.

(2) The y-coordinate of point R is 1.

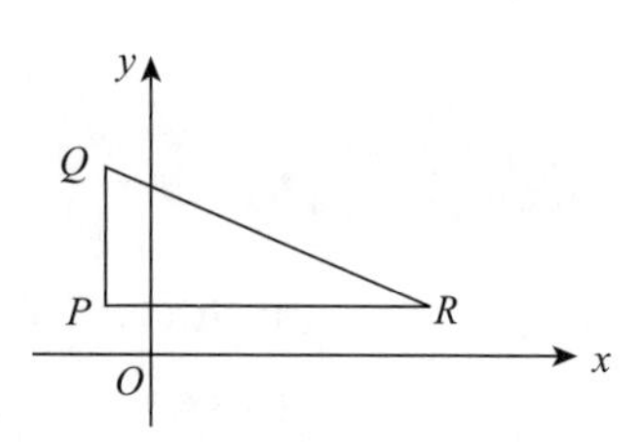

8. The cost to park a car in a certain parking garage is \$8.00 for up to 2 hours of parking and \$1.75 for each hour in excess of 2 hours. What is the average (arithmetic mean) cost per hour to park a car in the parking garage for 9 hours?

(A) \$1.09 (B) \$1.67 (C) \$2.25 (D) \$2.37 (E) \$2.50

9. The rate of a certain chemical reaction is directly proportional to the square of the concentration of Chemical A present and inversely proportional to the concentration of Chemical B present. If the concentration of Chemical B is increased by 100 percent, which of the following is closest to the percent change in the concentration of Chemical A required to keep the reaction rate unchanged?

(A) 100% decrease (B) 50% decrease (C) 40% decrease

(D) 40% increase (E) 50% increase

10. What is the greatest common divisor of positive integers m and n?

(1) m is a prime number.

(2) $2n = 7m$

11. On Jane's credit card account, the average daily balance for a 30-day billing cycle is the average (arithmetic mean) of the daily balances at the end of each of the 30 days. At the beginning of a certain 30-day billing cycle, Jane's credit card account had a balance of \$600. Jane made a payment of \$300 on the account during the billing cycle. If no other amounts were added to or subtracted from the account during the billing cycle, what was the average daily balance on Jane's account for the billing cycle?

(1) Jane's payment was credited on the 21st day of the billing cycle.

(2) The average daily balance through the 25th day of the billing cycle was \$540.

12. If the integer n is greater than 1, is n equal to 2?

(1) n has exactly two positive factors.

(2) The difference of any two distinct positive factors of n is odd.

13. Is $\frac{1}{a-b} < b - a$?

(1) $a < b$

(2) $1 < |a - b|$

14. In a survey of students, each student selected from a list of 12 songs the 2 songs that the student liked best. If each song was selected 4 times, how many students were surveyed?

(A) 96 (B) 48 (C) 32 (D) 24 (E) 18

15. Each of 10 machines works at the same constant rate doing a certain job. The amount of time needed by the 10 machines, working together, to complete the job is 16 hours. How many hours would be needed if only 8 of the machines, working together, were used to complete the job?

(A) 18 (B) 20 (C) 22 (D) 24 (E) 26

16. Is $\sqrt{(x-3)^2}=3-x$?

(1) $x \neq 3$

(2) $-x \times |x| > 0$

17. In the rectangular coordinate system shown, does the line k (not shown) intersect quadrant II?

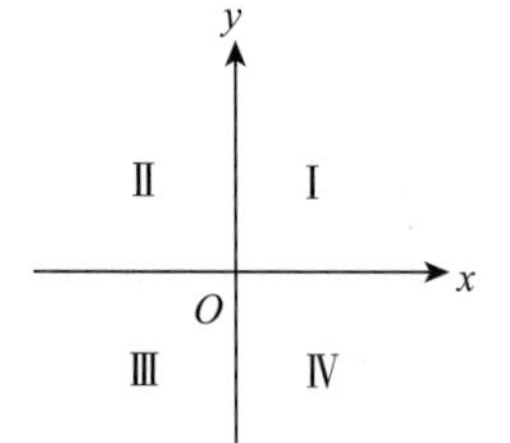

(1) The slope of k is $-\frac{1}{6}$.

(2) The y-intercept of k is -6.

18. A combined total of 55 lightbulbs are stored in two boxes; of these, a total of 7 are broken. If there are exactly 2 broken bulbs in the first box, what is the number of bulbs in the second box that are not broken?

(1) In the first box, the number of bulbs that are not broken is 15 times the number of broken bulbs.

(2) The total number of bulbs in the first box is 9 more than the total number of bulbs in the second box.

19. If $z^n = 1$, what is the value of z?

(1) n is a nonzero integer.

(2) $z > 0$

20. If x, y, and z are positive integers, what is the remainder when $100x + 10y + z$ is divided by 7?

(1) $y = 6$

(2) $z = 3$

21. A long-distance telephone company charges a monthly fee of \$4.95 plus \$0.07 per minute for long-distance telephone calls. If a person's long-distance telephone calls for a certain month

totaled 320 minutes, what was the total amount that the telephone company charged the person for that month?

(A) \$22.90 (B) \$24.06 (C) \$25.87 (D) \$26.67 (E) \$27.35

22. A certain library assesses fines for overdue books as follows. On the first day that a book is overdue, the total fine is \$0.10. For each additional day that the book is overdue, the total fine is either increased by \$0.30 or doubled, whichever results in the lesser amount. What is the total fine for a book on the fourth day it is overdue?

(A) \$0.60 (B) \$0.70 (C) \$0.80 (D) \$0.90 (E) \$1.00

23. Company C has a machine that, working alone at its constant rate, processes 100 units of a certain product in 5 hours. If Company C plans to buy a new machine that will process this product at a constant rate and if the two machines, working together at their respective constant rates, are to process 100 units of this product in 2 hours, what should be the constant rate, in units per hour, of the new machine?

(A) 50 (B) 45 (C) 30 (D) 25 (E) 20

24. Each person attending a fund-raising party for a certain club was charged the same admission fee. How many people attended the party?

(1) If the admission fee had been \$0.75 less and 100 more people had attended, the club would have received the same amount in admission fees.

(2) If the admission fee had been \$1.50 more and 100 fewer people had attended, the club would have received the same amount in admission fees.

25. For a certain set of n numbers, where $n>1$, is the average (arithmetic mean) equal to the median?

(1) If the n numbers in the set are listed in increasing order, then the difference between any pair of successive numbers in the set is 2.

(2) The range of the n numbers in the set is $2(n-1)$.

26. A contractor combined x tons of a gravel mixture that contained 10 percent Gravel G, by weight, with y tons of a mixture that contained 2 percent Gravel G, by weight, to produce z tons of a mixture that was 5 percent Gravel G, by weight. What is the value of x?

(1) $y=10$

(2) $z=16$

27. During a 40-mile trip, Marla traveled at an average speed of x miles per hour for the first y miles of the trip and at an average speed of $1.25x$ miles per hour for the last $40-y$ miles of the trip. The time that Marla took to travel the 40 miles was what percent of the time it would have taken her if she had traveled at an average speed of x miles per hour for the entire trip?

(1) $x=48$

(2) $y=20$

28. If n is a positive integer and the product of all the integers from 1 to n, inclusive, is a multiple of 990, what is the least possible value of n ?

(A) 10　(B) 11　(C) 12　(D) 13　(E) 14

29. If $2^x-2^{(x-2)}=3(2^{13})$, what is the value of x?

(A) 9　(B) 11　(C) 13　(D) 15　(E) 17

30. The sequence a_1, a_2, a_3, …, a_n of n integers is such that $a_k=k$ if k is odd and $a_k=-a_{k-1}$ if k is even. Is the sum of the terms in the sequence positive?

(1) n is odd.

(2) a_n is positive.

31. On the number line, if the number k is to the left of the number t, is the product kt to the right of t?

(1) $t<0$

(2) $k<1$

答案

1 ~ 5	BCABA	6 ~ 10	DCCDC	11 ~ 15	DBADB	16 ~ 20	BADCE
21 ~ 25	EBCCA	26 ~ 30	DBBDD	31	A		

附录　GMAT 数学词汇

1. 数学符号

等于：$=$　equal to，the same as，is

不等：$>$　more than

$<$　less than

$\geqslant$　no less than

$\leqslant$　no more than

加（+）：add A to B，plus

结果（和）：sum，total

减（−）：minus，differ，subtract A from B

结果（差）：difference

乘（×）：multiply

结果（乘积）：product

除（÷）：A divided by B，A divided into B，A divisible by B

被除数　dividend

商　quotient

有理数　rational number

无理数　irrational number

实数　real number

非零　nonzero

倒数　reciprocal

绝对值：$|\cdots|$　absolute value

平方：X^2　square

立方：X^3　cube

开平方：$\sqrt{\ }$　square root

开立方：$\sqrt[3]{\ }$　cube root

2. 数论

odd number	奇数	common factor/divisor	公因数
even number	偶数	common multiple	公倍数
positive number	正数	greatest common factor	最大公约数
negative number	负数	least common multiple	最小公倍数
integer	整数	consecutive integers	连续整数
factor/divisor	因数	quotient	商
multiple	倍数	remainder	余数
prime number	质数	decimal	小数
composite number	合数	fraction	分数
prime factor	质因数	decimal notation	十进制

(续)

decimal point	小数点	2-digit number	两位数
numerator	分子	round to/to the nearest	四舍五入
denominator	分母	round up	只入不舍
digit	数位上的数值	round down	只舍不入
hundreds digit	百位数	scientific/base decimal notation	科学计数法
tens digit	十位数	terminating decimal	有限小数
units/ones digit	个位数	in terms of	用……表达
tenths digit	十分位		

3. 代数

equation 方程
inequality 不等式
arithmetic sequence 等差数列
geometric sequence 等比数列
set 集合
subset 子集
sequence 序列
term 序列中的项
function 函数
arithmetic mean 算术平均数
average/mean 平均数
base 底数
closest approximation 近似
directly proportional to 成正比
inversely proportional to 成反比
factorial 阶乘
maximum 最大值
minimum 最小值
per capita 人均

4. 几何

line 线
angle 角
degree 度数
acute angle 锐角
right angle 直角
obtuse angle 钝角
be parallel to 平行
be perpendicular to 垂直
polygon 多边形
triangle 三角形
quadrilateral 四边形
pentagon 五边形
hexagon 六边形
octagon 八边形
decagon 十边形
regular polygon 正多边形
equilateral triangle 等边三角形
isosceles triangle 等腰三角形
right triangle 直角三角形
hypotenuse 斜边
leg 侧边
rectangle 矩形

square	正方形
parallelogram	平行四边形
trapezoid	梯形
rhombus	菱形
perimeter	周长
area	面积
diagonal	对角线
altitude	高
width	宽
height	高
face	面
length	长度
dimension	大小，维度
distance	距离
due north	正北方
angle bisector	角平分线
bisect	平分
circle	圆
center	圆心
radius	半径
diameter	直径
circumference	圆周长
chord	弦
arc	弧
sector	扇形
concentric circle	同心圆
circumscribe	外接，外切
inscribe	内接，内切
clockwise	顺时针
counterclockwise	逆时针
congruent	全等的
cube	正方体
rectangular solid	长方体
cylinder	圆柱
sphere	球
cone	圆锥
prism	棱柱
surface area	表面积
volume	体积
segment	线段
tangent	相切
vertex （vertices） angle	顶角
vertical angle	对顶角
intersect	相交
mid point	中点
number lines	数轴
overlap	交叠
plane	平面
rectangular coordinate system	平面直角坐标系
quadrant	象限
coordinate	坐标
slope	斜率
intercept	截距

5. 文字应用题

compound interest	复利
simple interest	单利
cost	成本
discount	折扣
down payment	预付款，现付款
interest rate	利率
list price	标价
margin	利润

mark up	涨价	mean/average	平均数
mark down	降价	median	中位数
markup	毛利	mode	众数
profit	利润	range	极差
purchasing price	购买价	variance	方差
retail value	零售价	standard deviation	标准差
sale price	销售价	percentile	百分位数
combination	组合	quartile	四分位数
permutation	排列	interquartile	四分位距
probability/possibility	概率	normal distribution	正态分布
independent events	独立事件	greatest possible value	最大（可能）值
exclusive events	互斥事件	least possible value	最小（可能）值